Base of Medical Science

放射線物理学演習

―― 特に計算問題を中心に ――

第2版

共著 福田 覚・前川昌之

医療科学社

ISBN978-4-86003-472-6

はじめに

　最近の学生は，分数の計算ができないというように，数学の計算が不得手であるといわれている．
　このような状況の下で，放射線物理の計算がスムーズにできるとはとても思えない．放射線技師を目指す人にとって，放射線物理学を省くわけにはいかない．放射化学，放射線計測学など他の教科の基礎となっているからである．このようなことから「放射線物理学演習――特に計算問題を中心に――」を思いたった．放射線物理学の計算に慣れるようにすることが本書の最大の目的である．難関を突破するには例題の検討と練習の積み重ねが非常に大切であると考えているし，このことをおいて他にないと信じている．表題から一見して，難しいと考えられ，敬遠されてしまいそうであるので，取り組みやすいように細かい注意をはらった．
　本書の特色は以下のようになっている．
　1．構成は要項，例題，問題，解答という形をとっている．
　2．演習を目的とするので，要項は必要最小限度にまとめることにした．
　3．難しい証明はできるだけ省略して，公式のみですますことにした．
　4．例題は解き方を詳しく示し，解説をつけたりして，易しいところから始めている．
　5．演習問題は比較的容易なもの，基礎となるものを編集した．
　6．なるべく，黒板に書くような図を多くつけることにした．
　第1章では，すべての物質に存在する電子はいかなる性質を持つのか．携帯電話，パソコンなど電子機器はこの電子の働きを利用している．電子と並んで重要なものは光子である．我々にとって太陽光は欠くことのできないもので，その本体は何か．電子と光子の計算問題を検討する．
　第2章は原子と原子核である．物質を構成する基本粒子は原子と原子核であ

る．原子と原子核はどのような構造になっているのか．我々にとって大変興味のあるところであり，原子核反応についても検討する．

第3章はX線と物質との相互作用である．X線が医療に欠くことのできないものであることは周知のことである．X線はどのようにして発生し，X線が照射されることによって，物質内に起きている現象はどのようなことがあるのかを検討してゆく．

第4章は放射性元素である．放射性元素はポジトロンやγ線源として利用されている．放射性崩壊とはどのような現象か，また放射線はどのような機序で放射性元素から放出されるのかを学習していく．この分野は放射化学との重なりが大きいので，できるだけ物理的に重要な項目に絞り込んだ．

第5章は粒子放射線と物質との相互作用である．現在，医療に用いられている粒子放射線は電子線，陽子線と中性子であるが，炭素イオンががんの治療に用いられ良い成績をあげているため重粒子治療に期待が集まっている．質量の軽い電子と重粒子では，また荷電粒子と非荷電粒子では物質内での挙動がどのように異なるのかを学習する．

このように放射線物理学に関する基礎を計算問題を中心に学習することを目的としている．各章の終わりに解答をつけたので，これを参考にして，問題を解く練習をしていただきたい．おそらく，これならできると自信がつくものと思う．大いに，有効に本書を利用していただきたい．いろいろと細心の注意をはらって編集したつもりであるが，放射線物理ということでデータが変わり，思わぬ不備な点があるかもしれない．そのような事項は今後改めてゆきたいと考えている．

多くの方々のご指摘をお願いする次第です．

2001年8月

著者

●目　　次●

第1章　光子と電子 ——————————————— 1

1.1　電　子 ——————— 2
1.1.1　電子ボルト　2
1.1.2　電子の速度　3
1.1.3　電界中で荷電粒子が受ける力　3
1.1.4　電界中の電子の運動　4
1.1.5　磁界内の荷電粒子の運動　5
1.1.6　電界と磁界中の電子の運動　6
1.1.7　比電荷　7
　　　例題 1.1　9
　　　演習問題 1.1　11
　　　演習問題 1.1 解答　12

1.2　波動性と粒子性 ——————— 13
1.2.1　光子エネルギー　13
1.2.2　光子の運動量　14
1.2.3　物質波の波長　15
1.2.4　電子線の波長　15
　　　例題 1.2　15
　　　演習問題 1.2　19
　　　演習問題 1.2 解答　21

1.3　ローレンツ変換 ——————— 26
1.3.1　マイケルソン・モーレーの実験　26
1.3.2　ローレンツ変換　26
1.3.3　質量とエネルギー　27
1.3.4　高電圧による電子の加速　27
　　　例題 1.3　28
　　　演習問題 1.3　32

演習問題 1.3 解答　33

第 2 章　原子と原子核 ―――――――――――――― 37

2.1　原　　子 ――――― 38
2.1.1　電気分解　38
2.1.2　アボガドロの法則　39
2.1.3　原子の質量　39
2.1.4　原子の大きさ　39
　　　例題 2.1　39
　　　演習問題 2.1　40
　　　演習問題 2.1 解答　41

2.2　原子の構造 ――――― 42
2.2.1　ボーアの水素原子　42
2.2.2　水素原子のエネルギー準位　43
2.2.3　振動数条件　44
　　　例題 2.2　44
　　　演習問題 2.2　47
　　　演習問題 2.2 解答　47

2.3　原　子　核 ――――― 49
2.3.1　同位元素　49
2.3.2　放射線　50
2.3.3　原子核の自然壊変　50
2.3.4　原子核の人工変換　51
2.3.5　核　力　52
2.3.6　質量欠損と結合エネルギー　52
2.3.7　中性子　52
2.3.8　核分裂　53
2.3.9　核融合　53
　　　例題 2.3　53
　　　演習問題 2.3　56
　　　演習問題 2.3 解答　57

2.4 断面積 ——— 60
　2.4.1 放射線場の強さ　60
　2.4.2 原子密度と電子密度　61
　2.4.3 原子断面積と電子断面積　62
　2.4.4 実効原子番号　63
　　　　例題 2.4　64
　　　　演習問題 2.4　69
　　　　演習問題 2.4 解答　71

第3章　X線と物質との相互作用 ——— 75

3.1 X線の発生 ——— 76
　3.1.1 特性X線の発生　76
　3.1.2 制動X線の発生　78
　　　　例題 3.1　79
　　　　演習問題 3.1　83
　　　　演習問題 3.1 解答　85
3.2 干渉性散乱 ——— 89
　3.2.1 X線の反射式　89
　3.2.2 古典散乱断面積　89
　　　　例題 3.2　91
　　　　演習問題 3.2　95
　　　　演習問題 3.2 解答　97
3.3 光電吸収 ——— 100
　3.3.1 光電子のエネルギー　100
　3.3.2 蛍光収率とオージェ効果　100
　3.3.3 光電吸収断面積　101
　　　　例題 3.3　101
　　　　演習問題 3.3　107
　　　　演習問題 3.3 解答　109
3.4 非干渉性散乱 ——— 114
　3.4.1 散乱角とコンプトンシフト　114

3.4.2　散乱光子と反跳電子のエネルギー　114
3.4.3　散乱角と反跳角　115
3.4.4　非干渉性散乱断面積　115
　　　　例題 3.4　116
　　　　演習問題 3.4　125
　　　　演習問題 3.4 解答　129
3.5　電子対生成 ──────── 140
3.5.1　陰陽電子のエネルギー　140
3.5.2　電子対生成断面積　140
　　　　例題 3.5　141
　　　　演習問題 3.5　144
　　　　演習問題 3.5 解答　145
3.6　X 線束の減弱 ──────── 147
3.6.1　減弱係数　147
3.6.2　指数関数則　148
3.6.3　半価層　149
3.6.4　エネルギー吸収　150
　　　　例題 3.6　151
　　　　演習問題 3.6　162
　　　　演習問題 3.6 解答　167

第 4 章　放射性元素 ──────── 175

4.1　放射性崩壊の法則 ──────── 176
4.1.1　放射性崩壊の式　176
4.1.2　半減期　177
4.1.3　放射能と比放射能　178
　　　　例題 4.1　178
　　　　演習問題 4.1　185
　　　　演習問題 4.1 解答　189

4.2　放射性崩壊 ──────── 196
4.2.1　α 崩壊　196

4.2.2 β 崩壊　197
4.2.3 γ 線放射　199
　　　例題 4.2　199
　　　演習問題 4.2　206
　　　演習問題 4.2 解答　210
4.3 放射平衡 ———————— 219
4.3.1 永続平衡　221
4.3.2 過渡平衡　222
4.3.3 平衡不成立の場合　223
　　　例題 4.3　225
　　　演習問題 4.3　231
　　　演習問題 4.3 解答　234

第 5 章　粒子放射線と物質との相互作用 ———— 243

5.1 阻止能と比電離能 ———————— 244
5.1.1 阻止能　244
5.1.2 比電離能　245
　　　例題 5.1　246
　　　演習問題 5.1　249
　　　演習問題 5.1 解答　250
5.2 電子線と物質との相互作用 ———————— 253
5.2.1 電子線の衝突阻止能　253
5.2.2 電子線の放射阻止能　254
5.2.3 チェレンコフ光放射　255
5.2.4 電子線の飛程　256
　　　例題 5.2　257
　　　演習問題 5.2　264
　　　演習問題 5.2 解答　268
5.3 重荷電粒子と物質との相互作用 ———————— 276
5.3.1 重荷電粒子の衝突阻止能　276
5.3.2 核的弾性散乱　276

5.3.3 重荷電粒子の飛程　277
　　　 例題 5.3　278
　　　 演習問題 5.3　283
　　　 演習問題 5.3 解答　286

5.4　中性子と物質との相互作用 ——— 292
5.4.1 捕獲反応　292
5.4.2 弾性散乱　293
5.4.3 マクロ断面積と平均自由行程　294
　　　 例題 5.4　295
　　　 演習問題 5.4　301
　　　 演習問題 5.4 解答　304

付　録 ——— 311
索　引 ——— 318

第 1 章

光子と電子

第1章　光子と電子

●学習のポイント●

電子にはどのような性質があるのか，光子についてはどうなっているかについて学ぶ．電子は質量と電荷を持ち，すべての物質にある基本粒子である．金属中を自由に動き回ることのできる電子を自由電子といい，物質原子の軌道を回っている電子を軌道電子という．電子はフィラメントを熱するとエネルギーをもらい原子外に飛び出す．電子は電界中で陰極から陽極に向かって走る．また磁界の中では進行方向が曲げられる．

一方，光子は電磁波であり，光量子という光の速度で走る粒子でもある．電荷はなく，静止質量はゼロである．光子は運動量とエネルギーを持っていて，振動数の大小でエネルギーが決まる．光子が粒子と波動の二つの性質を持つのと同じように，電子にも粒子と波動性の二つの性質がある．

ここでは電子と光について，計算問題を学習してみる．

1.1 電　子

■要　項■

1.1.1 電子ボルト

電界 V [V] が電荷 Q [C] を運ぶ仕事 W [J]

$$W = VQ$$
$$[J] = [V] \times [C] \quad (1.1)$$

1ボルトの電位差で電子を加速するとき，電子の得るエネルギーを1電子ボルト (eV) という．電気素量は 1.602×10^{-19} [クーロン] である（図1.1）．

$$1\,\mathrm{eV} = 1.602 \times 10^{-19}\ [\mathrm{C}] \cdot 1[\mathrm{V}]$$
$$= 1.602 \times 10^{-19}\ [\mathrm{J}]$$

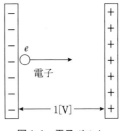

図1.1　電子ボルト

1.1 電　子

$$1\,[\mathrm{MeV}] = 10^6\,[\mathrm{eV}] = 1.602 \times 10^{-13}\,[\mathrm{J}]$$

電圧 V [V] で，電荷 e [C]，質量 m [kg] の荷電粒子を加速するとき，荷電粒子は $\frac{1}{2}mv^2$ の運動エネルギーを得る．電圧 V による電界が荷電粒子にした仕事は eV になる．

$$\frac{1}{2}mv^2 = eV$$

この式を解いて，速度を求める．

$$v = \sqrt{\frac{2eV}{m}} \tag{1.2}$$

1.1.2 電子の速度

電子が進行する方向に対して，電界と磁界を垂直に働かせ，適当に調節するとつり合わせることができる（図1.2）．

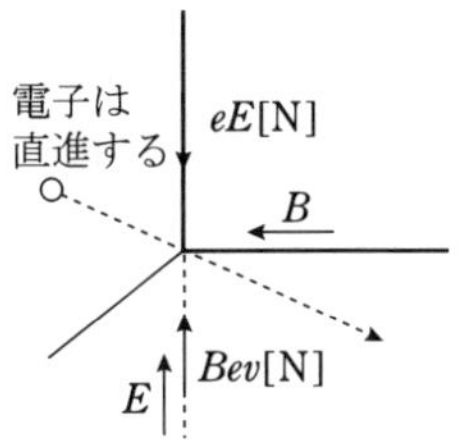

電界 E [V/m] によって受ける力 F [N] は下向きである．

$$F = eE\,[\mathrm{N}] \tag{1.3}$$

磁界 B [Wb/m²] によって受ける力 F [N]（ローレンツ力）は上向きである．

$$F = Bev\,[\mathrm{N}]$$

二力がつり合ったとき電子は直進する．

$$eE = Bev$$

$$\therefore\quad v = \frac{E}{B} \tag{1.4}$$

E [V/m] と B [Wb/m²] の値がわかれば電子の速さが求められる．

図 1.2　電子の速さ

1.1.3 電界中で荷電粒子が受ける力

電界の強さ $E = \dfrac{V}{d}$ [V/m]

第1章 光子と電子

$$F = qE \;[\mathrm{N}]$$

電界が E，電荷 e の電子が受ける力（図1.3）．

$$F = eE \;[\mathrm{N}]$$

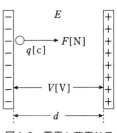

図1.3 電界と荷電粒子

1.1.4 電界中の電子の運動

電子が速度 v で電界 E に垂直に入射した．

$$a = \frac{eE}{m} \quad \text{加速度}$$

$$E = \frac{V}{d} \quad \text{電界の強さ}$$

t 秒後における速度 (v_x, v_y)（図1.4）（図1.5）．

$$v_x = v$$
$$v_y = at$$

t 秒後における位置 (x, y)

$$x = vt$$

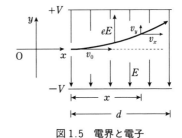

図1.5 電界と電子

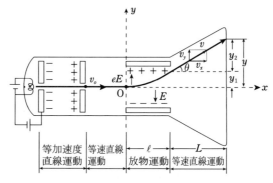

図1.4 電界の中を通る電子の運動
 x 軸方向は等速度運動を行う．
 y 軸方向は等加速度運動を行う．

4

$$y = \frac{1}{2}at^2$$

電界内で電子は放物運動を行う．

$$y = \frac{1}{2}\frac{eE}{mv_0^2}x^2 \tag{1.5}$$

1.1.5 磁界内の荷電粒子の運動

磁束密度 B_0 [Wb/m²]

磁界の強さ H [A/m]

$$B_0 = \mu_0 \cdot H$$

$$\mu_0 = 4\pi \times 10^{-7} \text{ [Wb/A·m]}$$

電荷 q [C] の荷電粒子が磁界から受ける力

$$F = Bqv \text{ [N]}$$

これをローレンツ力という．求心力となって等速円運動を行う（図1.6）．電荷が正負により，回転方向は逆向きになる（図1.7）．

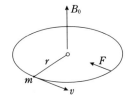

図1.6
磁束密度 B_0 の中を電荷 q の粒子が円運動を行う．

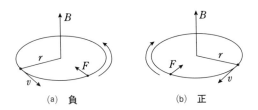

図1.7 磁界内の正負荷電粒子の運動

遠心力 $\dfrac{mv^2}{r}$ とローレンツ力 Bqv がつり合う．

$$Bqv = \frac{mv^2}{r} \tag{1.6}$$

等速円運動の半径 r，周期 T，求心加速度 a は

$$r = \frac{mv}{Bq} \ [\mathrm{m}]$$

$$T = \frac{2\pi r}{v} = 2\pi \cdot \frac{m}{Bq} \tag{1.7}$$

$$a = \frac{qE}{m} \tag{1.8}$$

1.1.6 電界と磁界中の電子の運動

電界の作用により速度 v で z 軸に等速度運動を行う．

磁界の作用により (x, y) 平面内で半径 r の等速円運動を行う．

$$r = \frac{mv}{Be} \tag{1.9}$$

電界と磁界の作用により，半径 r，ピッチ $l = Tv\cos\theta$ で z 軸方向のラセン運動を行う．（図 1.8）

$$Bev\sin\theta = \frac{m(v\sin\theta)^2}{r}$$

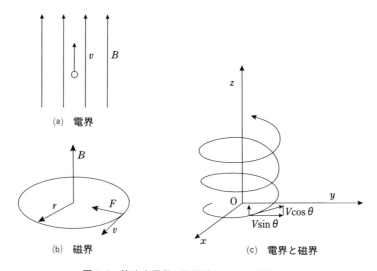

図 1.8　等速度運動，円運動とラセン運動

1.1 電　子

$$r = \frac{mv \sin \theta}{Be}$$

$$l = Tv \cos \theta$$

$$= \frac{2\pi mv \cos \theta}{Be} \tag{1.10}$$

$$\begin{cases} 電界に平行な方向の電子……等加速度直線運動 \\ 電界に垂直な方向の電子……等速直線運動 \\ 磁界に垂直な面の電子………等速円運動 \end{cases}$$

サイクロトロン角周波数 ω_c [rad/s]

$$\nu_c = \frac{1}{T} = \frac{\omega_c}{2\pi}$$

$$\frac{\omega_c}{2\pi} = \frac{1}{2\pi} \frac{eB}{m}$$

$$\therefore \ \omega_c = \frac{eB}{m} \tag{1.11}$$

1.1.7 比電荷

$$ma = eE \quad \therefore \quad a = \frac{eE}{m} \ [\text{m/s}^2]$$

$$v_0 t = l \quad \therefore \quad t = \frac{l}{v_0} \ [\text{s}]$$

$$y_1 = \frac{1}{2} at^2 = \frac{1}{2} \frac{eE}{m} \left(\frac{l}{v_0}\right)^2$$

$$\tan \theta = \frac{at}{v}$$

$$y_2 = \left(L - \frac{l}{2}\right) \tan \theta$$

$$v_y = at = \frac{eE}{m} \cdot \left(\frac{l}{v_0}\right)$$

$$\tan \theta = \frac{v_y}{v_x} = \frac{at}{v_0} = \frac{eE}{m} \cdot \frac{l}{v_0^2}$$

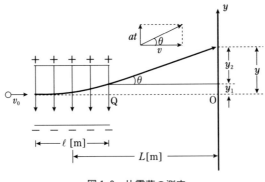

図1.9　比電荷の測定

$QO = L - \dfrac{l}{2}$ と決めると式が短くなる（図1.9）．

$$y = y_1 + y_2$$
$$= \dfrac{1}{2}at^2 + \left(L - \dfrac{l}{2}\right)\tan\theta$$
$$= \dfrac{1}{2}\dfrac{eE}{m}\left(\dfrac{l}{v_0}\right)^2 + L \cdot \dfrac{eE}{m} \cdot \dfrac{l}{v_0^2} - \dfrac{l}{2} \cdot \dfrac{eE}{m} \cdot \dfrac{l}{v_0^2}$$
$$= L \cdot \dfrac{eE}{m} \cdot \dfrac{l}{v_0^2}$$
$$\therefore \quad \dfrac{e}{m} = \dfrac{v_0^2}{l \cdot E \cdot L} \cdot y \qquad (1.12)$$

となって，y が測定できれば比電荷を求めることができる．電気素量 e と電子の質量 m の比 (e/m) を比電荷という．

磁場の強さ $B\,[\mathrm{Wb/m^2}]$ のとき，電子は半径 $r\,[\mathrm{m}]$ の円周上を速度 $v\,[\mathrm{m/s}]$ で等速円運動を行った．

ローレンツ力＝遠心力である（図1.10）．

$$Bev = \dfrac{mv^2}{r}$$

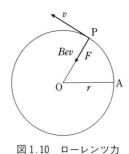

図1.10　ローレンツ力

1.1 電　子

$$\therefore v = \frac{Ber}{m} \quad (1.13)$$

$$eV = \frac{1}{2}mv^2 = \frac{1}{2} \cdot m \cdot \left(\frac{Ber}{m}\right)^2$$

$$\therefore \left(\frac{e}{m}\right) = \frac{2V}{B^2 r^2} \quad (1.14)$$

磁場の強さ，電圧，円運動の半径を測定すると比電荷の値が求められる．

【例題 1.1】

1. 2.0×10^{10} [eV] は何 J になるか．
 【解】　$1\,[\text{eV}] = 1.602 \times 10^{-19}$ [J]
 　　　$\therefore\ 1.602 \times 10^{-19} \times 2.0 \times 10^{10} = 3.2 \times 10^{-9}$ [J]

2. 8.01×10^{-20} [J] は何 eV になるか．
 【解】　$1\,\text{J} = 6.242 \times 10^{18}$ [eV]
 　　　$\therefore\ 8.01 \times 10^{-20} \times 6.242 \times 10^{18} = 50 \times 10^{-2} = 0.5$ [eV]

3. 2.6×10^{10} [eV] を cal に換算せよ．
 【解】　$1\,[\text{cal}] = 4.18\,[\text{J}]\quad \therefore\ 1\,[\text{J}] = 0.239$ [cal]
 　　　$1\,[\text{J}] = 6.242 \times 10^{18}\,[\text{eV}] = 0.239$ [cal]
 　　　$1\,[\text{eV}] = 1.602 \times 10^{-19}\,[\text{J}] = 1.602 \times 10^{-19} \times 0.239$ [cal]
 　　　$2.6 \times 10^{10} \times 3.827 \times 10^{-20} = 9.95 \times 10^{-10}$ [cal]

4. 7.25×10^3 [cal] を [J] に換算せよ．
 【解】　$7.25 \times 10^3 \times 4.186 = 30.35 \times 10^3 = 3.04 \times 10^4$ [J]

5. 10 [kV] で加速した電子の速度を求めなさい．電子の質量 $m = 9.1 \times 10^{-31}$ [kg]，電気素量 $e = 1.602 \times 10^{-19}$ [C] とする．
 【解】　$E = 1.602 \times 10^{-19} \times 1.0 \times 10^4 = 1.602 \times 10^{-15}$ [J]
 　　　$v = \sqrt{\dfrac{2 \times 1.602 \times 10^{-15}}{9.1 \times 10^{-31}}} = 5.9 \times 10^7$ [m/s]

6. 電界の強さ 4×10^4 [V/m]，磁束密度 2×10^{-3} [Wb/m^2] を同時に加えた．陰極線はまっすぐ蛍光板に到達した．この時，電子の速さを求めなさい．

第1章　光子と電子

【解】　$eE = Bev$

$$\therefore v = \frac{E}{B} = \frac{4 \times 10^4}{2 \times 10^{-3}} = 2 \times 10^7 \ [\text{m/s}]$$

7. 磁束密度 $B = 2.3 \times 10^{-3}$ [Wb/m²] のとき，電子は磁場に垂直に半径 2.5×10^{-2} [m]，速度 1×10^7 [m/s] で円運動を行った．電子の比電荷を求めなさい．

【解】　ローレンツ力と遠心力がつり合うことから式 (1.9) を使う．

$$\left(\frac{e}{m}\right) = \frac{v}{B \cdot r} = \frac{1.0 \times 10^7}{2.3 \times 10^{-3} \times 2.5 \times 10^{-2}}$$

$$= 1.74 \times 10^{11} \ [\text{C/kg}]$$

電圧 V [V] で加速したときは (1.13) 式を使って求める．

8. 電圧 1 [kV] で，極板間の距離が 0.1 [m] とする．次の値を求めなさい．
   1. 電界の強さ
   2. 電子の受ける力
   3. 電子の加速度

   電気素量 $e = 1.602 \times 10^{-19}$ [C]，質量 $m = 9.1 \times 10^{-31}$ [kg] とする．

【解】　1.　1 kV = 1000 [V]，10 cm = 10×10^{-2} [m]

$$\therefore E = \frac{1000}{10 \times 10^{-2}} = 10^4 \ [\text{V/m}]$$

2.　F [N] = 1.602×10^{-19} [C] $\cdot 10^4$ [V/m] = 1.6×10^{-15} [N]

3.　$a = \frac{1.602 \times 10^{-15}}{9.1 \times 10^{-31}} = 1.76 \times 10^{15} \ [\text{m/s}^2]$

9. 磁束密度が $B = 5.5 \times 10^{-2}$ [Wb/m²] の磁場内を陽子が $v = 4 \times 10^6$ [m/s] で等速円運動を行っている．円運動の半径と周期を求めなさい．陽子の質量 1.6725×10^{-27} [kg]，電気素量 $e = 1.602 \times 10^{-19}$ [C] とする．

【解】　陽子は正電荷であるから電子とは逆にまわる．

$$Bev = \frac{mv^2}{r}$$

$$\therefore r = \frac{mv}{Be} = \frac{1.6725 \times 10^{-27} \times 4 \times 10^6}{5.5 \times 10^{-2} \times 1.602 \times 10^{-19}}$$

1.1 電　子

$$= 0.76 \ [\text{m}]$$

$$T = \frac{2\pi r}{v} = \frac{2\pi m}{B \cdot e}$$

$$= \frac{2 \times 3.14 \times 1.6725 \times 10^{-27}}{5.5 \times 10^{-2} \times 1.602 \times 10^{-19}} = 1.192 \times 10^{-6}$$

$$= 1.2 \ [\mu\text{s}]$$

● **演習問題 1.1**

1. 8.5 [eV] は何 [J] になるか．
2. 100 [J] は何 [eV] になるか．
3. 50 [eV] を [erg] に換算しなさい．
4. 7.84×10^{10} [eV] を [cal] に換算しなさい．
5. 2.51×10^6 [J] を [cal] に換算しなさい．
6. 電界の強さ $E = 2.0 \times 10^4$ [V/m] と磁束密度 $B = 3.2 \times 10^{-3}$ [Wb/m²] の磁界を加えたとき陰極線は直進した．電子の速度を求めなさい．
7. 電界の強さ $E = 6.0 \times 10^3$ [V/m]，磁界の強さ 2×10^{-3} [Wb/m²] のとき，直進する電子の速さを求めなさい．
8. 加速電圧 300 [V]，磁束密度 6×10^{-3} [Wb/m²] にしたとき，電子は半径 9.75×10^{-3} [m] の円運動を行った．比電荷の値を求めなさい．
9. 加速電圧が 1500 [V]，磁束密度 5×10^{-4} [Wb/m²] のとき，電子の円運動の半径は 2.58×10^{-1} [m] であった．比電荷の値を求めなさい．
10. 磁束密度が 5×10^{-2} [Wb/m²] である磁場に，速度 6×10^6 [m/s] の電子が磁場に垂直に入射した．電子の受ける力を求めなさい．電気素量を $e = 1.602 \times 10^{-19}$ [C] とする．
11. 磁束密度 5×10^{-2} [Wb/m²] の磁場の中を陽子が速度 6×10^6 [m/s] の速さで，磁場に垂直な面内で等速円運動を行っている．陽子の質量 $m = 1.76 \times 10^{-27}$ [kg]，電気素量 $e = 1.602 \times 10^{-19}$ [C] とするとき，円運動の半径を求めなさい．

第1章 光子と電子

演習問題1.1 解答

1. $8.5 \times 1.602 \times 10^{-19} = 13.617 \times 10^{-19} = 1.36 \times 10^{-18}$ [J]
2. $100 \times 6.242 \times 10^{18} = 624.2 \times 10^{18} = 6.24 \times 10^{20}$ [eV]
3. $50 \times 1.602 \times 10^{-12} = 80.1 \times 10^{-12} = 8.0 \times 10^{-11}$ [erg]
4. $7.84 \times 10^{10} \times 3.827 \times 10^{-20} = 30 \times 10^{-10} = 3.0 \times 10^{-9}$ [cal]
5. $2.51 \times 10^{6} \times 0.2388 = 0.5993 \times 10^{6} = 6.0 \times 10^{5}$ [cal]
6. $v = \dfrac{2 \times 10^{4}}{3.2 \times 10^{-3}} = 0.625 \times 10^{7} = 6.25 \times 10^{6}$ [m/s]
7. $v = \dfrac{6 \times 10^{3}}{2 \times 10^{-3}} = 3 \times 10^{6}$ [m/s]
8. $\left(\dfrac{e}{m}\right) = \dfrac{2 \times 300}{(9.75 \times 10^{-3})^{2} \cdot (6 \times 10^{-3})^{2}} = 1.75 \times 10^{11}$ [C/kg]
9. $\left(\dfrac{e}{m}\right) = \dfrac{2 \times 1500}{(5 \times 10^{-4})^{2} \cdot (2.58 \times 10^{-1})^{2}} = 1.8 \times 10^{11}$ [C/kg]
10. $F = Bev$
    $= 5 \times 10^{-2} \times 1.602 \times 10^{-19} \times 6 \times 10^{6} = 48.06 \times 10^{-15}$
    $= 4.8 \times 10^{-14}$ [N]
11. $r = \dfrac{mv}{Be} = \dfrac{1.76 \times 10^{-27} \times 6 \times 10^{6}}{1.602 \times 10^{-19} \times 5 \times 10^{-2}} = 1.318 = 1.32$ [m]

1.2 波動性と粒子性

■要　項■

1.2.1 光子エネルギー

X線とγ線は，図1.11に示すように波長やエネルギーが異なるだけで，電波や光と同じ電磁波である．電磁波の伝播速度，すなわち光子の速度cは

$$c = \nu\lambda \tag{1.15}$$

ν：振動数 [s^{-1}]，λ：波長 [m]

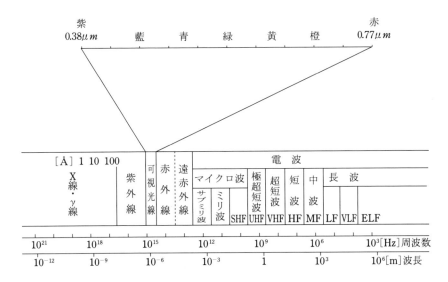

ELF : extremely low frequency
VLF : very low frequency
LF : low frequency
MF : medium frequency
HF : high frequency
VHF : very high frequency
UHF : ultra high frequency
SHF : super high frequency

図1.11　電磁波

である．特に真空中での速度
$$c = 299792458 \text{ [m/s]}$$
は普遍定数であるが，実用的に
$$c = 3 \times 10^8 \text{ [m/s]}$$
として差し支えない．

光子のエネルギー E は，式 (1.15) を使い

$$E = h\nu = \frac{hc}{\lambda} \tag{1.16}$$

h：プランク定数（$6.6260755 \times 10^{-34}$ [J·s]）

E の単位：[J]

で与えられる．E の単位を [keV]，λ の単位を [Å] にとると

$$E = \frac{12.4}{\lambda} \tag{1.17}$$

$$1 \text{ [Å]} = 1 \times 10^{-10} \text{ [m]} = 1 \times 10^{-8} \text{ [cm]}$$

と数値化できる．

1.2.2 光子の運動量

光速度 c は物質中で遅くなることはあるが，決してゼロにはならない．すなわち光子は静止しないため，静止質量 m_0 をもたない．しかし，後述する(p.27)ように $E = mc^2$ であるから（式 (1.28) p.27 参照），これを式 (1.16) に代入して

$$E = h\nu = m_{eff}c^2 \tag{1.18}$$

h：プランク定数（$6.6260755 \times 10^{-34}$ [J·s]），ν：振動数 [s^{-1}]，
m_{eff}：光子の有効質量 [kg]，$c = 3 \times 10^8$ [m/s]

と書くことができる．

運動量 p はふつう質点の質量 m と速度 v との積 mv で与えられるが，光子の運動量は式 (1.18) を使い

$$p = m_{eff}c = \frac{h\nu}{c} = \frac{h}{\lambda} \tag{1.19}$$

ν：振動数 [s^{-1}]，λ：波長 [m]
p の単位：[N・s]

で与えられる．

1.2.3 物質波の波長

ド・ブロイの物質波

$$\lambda = \frac{h}{mv} = \frac{h}{p} \quad (mv = p) \tag{1.20}$$

m は物質の質量 [kg]，v は速度 [m/s]，h はプランク定数 [J・s]，p は運動量 [kg・m/s]．

1.2.4 電子線の波長

電子を電圧 V [V] で加速するとき電子の速さを v [m/s] とする．

$$eV = \frac{1}{2}mv^2 \tag{1.21}$$

$$\therefore v = \sqrt{\frac{2eV}{m}}$$

これを (1.20) 式に代入する．

$$\lambda = \frac{h}{\sqrt{2meV}} = \sqrt{\frac{150}{V}} \times 10^{-8} \ [\text{cm}] \tag{1.22}$$

【例題 1.2】

1. 振動数 2.45×10^9 [s^{-1}] の電磁波の波長を求めよ．

【解】 式(1.15)を使い，$\lambda = c/\nu$ と変形して

$$\lambda = \frac{c}{\nu} = \frac{3 \times 10^8}{2.45 \times 10^9} \cong 0.122 \ [\text{m}]$$

である．この波長はマイクロ波領域のもので（図1.11で確認せよ），同じ電磁波でも電波の場合，振動数といわず周波数といい，記号も f を用いる．したがって振動数 2.45×10^9 [s^{-1}] は周波数 2450 [MHz] とふつうは書く．

第1章　光子と電子

2. エネルギー 3×10^{-15} [J] の光子の振動数を求めよ．また，この光子エネルギーを [keV] 単位に換算せよ．ただし，プランク定数は 6.626×10^{-34} [J·s]，1 [eV]$=1.602\times10^{-19}$ [J] とする．

【解】　式(1.16)を $\nu=E/h$ と変形して

$$\nu=\frac{E}{h}=\frac{3\times10^{-15}}{6.626\times10^{-34}}\cong4.528\times10^{18}\ [\text{s}^{-1}].$$

1 [keV] $= 1.602\times10^{-16}$ [J] であるから，

$$h\nu=\frac{3\times10^{-15}\ [\text{J}]}{1.602\times10^{-16}\ [\text{J/keV}]}\cong18.73\ [\text{keV}]$$

である．

3. 波長 0.024 [Å] の光子のエネルギーを求めよ．

【解】　式(1.17)を使い，

$$h\nu=\frac{12.4}{0.024}\cong516.7\ [\text{keV}]$$

である．精密な電子のコンプトン波長（0.024263089 [Å]）で求めれば電子の静止エネルギー 511 [keV] を得る．言い換えれば，電子の静止質量は約 0.024 [Å] の波長に等しい．

4. 波長 0.024 [Å] の光子は十分に高エネルギーであり質点として扱うことができる．この光子の有効質量 m_{eff} はいくらか．ただし，1[eV]$=1.602\times10^{-19}$ [J] とする．

【解】　式(1.17)より

$$h\nu=\frac{12.4}{0.024}=516.7\ [\text{keV}]$$

1 [keV]$=1.602\times10^{-16}$ [J] であるから，

$$h\nu=516.7\cdot1.602\times10^{-16}=8.278\times10^{-14}\ [\text{J}].$$

また式(1.18)を $m_{eff}=h\nu/c^2$ と変形して

$$m_{eff}=\frac{h\nu}{c^2}=\frac{8.278\times10^{-14}}{(3\times10^8)^2}\cong9.2\times10^{-31}\ [\text{kg}]$$

である．精密な電子のコンプトン波長（0.024263089 [Å]）で求めれば電子

の静止質量 9.10953×10^{-31} [kg] を得る．

5. 有効質量 2.21×10^{-32} [kg] の光子の運動量を求めよ．

【解】 式(1.19)より
$$p = m_{eff}c = 2.21 \times 10^{-32} \cdot 3 \times 10^8 = 6.63 \times 10^{-24} \text{ [N·s]}$$

また有効質量よりエネルギーを求めると，1.986×10^{-15} [J] を得る．これは 12.4[keV] に等しい．言い換えれば，1[Å] の光子の運動量が 6.63×10^{-24} [N·s] である．

6. 波長 0.024 [Å] の光子の運動量を求めよ．ただし，1 [eV] = 1.602×10^{-19} [J] とする．

【解】 式(1.17)より
$$h\nu = \frac{12.4}{0.024} = 516.7 \text{ [keV]}$$

1 [keV] = 1.602×10^{-16} [J] であるから，
$$h\nu = 516.7 \cdot 1.602 \times 10^{-16} = 8.277 \times 10^{-14} \text{ [J]}$$

また式(1.19)より
$$p = \frac{h\nu}{c} = \frac{8.277 \times 10^{-14}}{3 \times 10^8} = 2.759 \times 10^{-22} \text{ [N·s]}$$

である．ただし，放射線物理では，運動量をもっと単純に 516.7[keV/c] とか 0.5167 [MeV/c] と記述する．この [keV/c] 中の c は単位ではなく，真空中の光速度を表す記号である．

7. 波長が $\lambda = 6000$ Å の光子のエネルギーを求めなさい．光速度 $c = 3 \times 10^8$ [m/s]，プランク定数 $h = 6.626 \times 10^{-34}$ [J·s]，1Å = 10^{-10} [m] とする．

【解】 $E = h\nu = \dfrac{hc}{\lambda} = \dfrac{6.626 \times 10^{-34} \times 3 \times 10^8}{6000 \times 10^{-10}} = 0.0033 \times 10^{-16}$
$= 3.3 \times 10^{-19}$ [J]

8. 振動数が 6×10^{14} [Hz] の光子のエネルギーを [J] 単位で表し，[eV] に換算しなさい．$c = 3 \times 10^8$ [m/s]，$h = 6.626 \times 10^{-34}$ [J·s]，1 [eV] = 1.602×10^{-19} [C] とする．

【解】 $E = h\nu = 6.626 \times 10^{-34} \times 6 \times 10^{14} = 3.97 \times 10^{-19}$ [J]

第1章　光子と電子

[eV] に換算するには $e=1.602\times10^{-19}$ で割ればよい．
$$\frac{39.756\times10^{-20}}{1.602\times10^{-19}}=24.816\times10^{-1}=2.5 \text{ [eV]}$$

9. 振動数が 4×10^{17} [Hz] の光子の運動量を求めなさい．$h=6.626\times10^{-34}$ [J・s]，$c=3\times10^{8}$ [m/s] とする．

【解】　光子の運動量は $p=\dfrac{h}{\lambda}=\dfrac{h\nu}{c}$ より求める．
$$p=\frac{6.626\times10^{-34}\times4\times10^{17}}{3\times10^{8}}=8.8\times10^{-25} \text{ [kg・m/s]}$$

10. 波長が 5.3×10^{-7} [m] の光子の運動量を求めなさい．

【解】　$p=\dfrac{6.626\times10^{-34}}{5.3\times10^{-7}}=1.25\times10^{-27}$ [kg・m/s]

11. 電子が $v=3.4\times10^{7}$ [m/s] で運動しているとき，物質波を求めなさい．$m=9.1\times10^{-31}$ [kg]，$h=6.626\times10^{-34}$ [J・s] とする．

【解】　$\lambda=\dfrac{h}{mv}=\dfrac{6.626\times10^{-34}}{9.1\times10^{-31}\times3.4\times10^{7}}=2.14\times10^{-11}$ [m]

12. 質量 1.8×10^{-20} [kg] の物質が 4.5×10^{5} [m/s] で運動しているとき，物質波を求めなさい．$h=6.626\times10^{-34}$ [J・s] とする．

【解】　$\lambda=\dfrac{6.626\times10^{-34}}{1.8\times10^{-20}\times4.5\times10^{5}}=8.2\times10^{-20}$ [m]

13. 2500 [V] で電子を加速するとき，電子線の波長を求めなさい．$h=6.626\times10^{-34}$ [J・s]，$e=1.602\times10^{-19}$ [C]，$m=9.1\times10^{-31}$ [kg] とする．

【解】　(1.22) 式を利用する．
$$\lambda=\frac{h}{mv}=\frac{h}{\sqrt{2meV}}=\frac{6.626\times10^{-34}}{\sqrt{2\times9.1\times10^{-31}\times1.602\times10^{-19}\times2.5\times10^{3}}}$$
$$=\frac{6.626\times10^{-34}}{26.9983\times10^{-23}}=2.45\times10^{-12} \text{ [m]}$$

14. 900 [V] で電子を加速した．$m=9.1\times10^{-31}$ [kg]，$e=1.602\times10^{-19}$ [C]，$h=6.626\times10^{-34}$ [J・s] として次の問に答えなさい．

　1. 電子のエネルギーを求めなさい．

1.2 波動性と粒子性

2. 電子の運動量を求めなさい．
3. 電子の物質波を求めなさい．

【解】 1. $E = eV = 1.602 \times 10^{-19} \times 900 = 1.44 \times 10^{-16}$ [J]

2. $v = \sqrt{\dfrac{2 \times 1.44 \times 10^{-16}}{9.1 \times 10^{-31}}} = 1.78 \times 10^7$ [m/s]

∴ $p = mv = 9.1 \times 10^{-31} \times 1.78 \times 10^7 = 1.62 \times 10^{-23}$ [kg·m/s]

3. $\lambda = \dfrac{h}{p} = \dfrac{6.626 \times 10^{-34}}{1.62 \times 10^{-23}} = 4.1 \times 10^{-11}$ [m]

15. 90万 [V] で陽子を加速した．陽子の速度，波長を求めなさい．$m = 1.67 \times 10^{-27}$ [kg], $h = 6.626 \times 10^{-34}$ [J·s], $e = 1.602 \times 10^{-19}$ [C] とする．

【解】 $v = \sqrt{\dfrac{2eV}{m}} = \sqrt{\dfrac{2 \times 1.602 \times 10^{-19} \times 90 \times 10^4}{1.67 \times 10^{-27}}} = 1.31 \times 10^7$ [m/s]

$\lambda = \dfrac{h}{mv} = \dfrac{6.626 \times 10^{-34}}{1.67 \times 10^{-27} \times 1.314 \times 10^7} = 3 \times 10^{-14}$ [m]

● 演習問題 1.2

1. 上空 35790 [km] にある静止衛星を経由して，放送局のアンテナから発信された電波が各家庭に届くまでに何秒かかるか．
2. マックスウェルは電磁場の振動が真空中を伝播する速さ v が，$v = 1/\sqrt{\varepsilon_0 \mu_0}$ であることを導いた．μ_0 は真空の透磁率で $4\pi \times 10^{-7}$ [N/A²] である．これを使って，クーロンの法則の比例定数 $1/(4\pi\varepsilon_0)$ を求めよ．
3. エネルギー 62 [keV] の光子の波長は何メートルか．
4. 重水素の結合エネルギーは 2.225 [MeV] である．重水素を水素と中性子に分離するためのX線の限界波長は何メートルか．
5. 可視光の長波長端は 0.77 [μm] である．赤外線の上限波長を 100 [μm] として，赤外線のエネルギー範囲を [eV] 単位で求めよ．
6. エネルギー 20 [keV] の光子の振動数は何ヘルツか．
7. 水素原子のバルマー系列には −1.5 [eV] から −3.4 [eV] への放射遷移が含まれる．この遷移が起こったときに放出される光の振動数は何ヘルツか．

第1章 光子と電子

8. AM KOBE では周波数 558 [kHz] の電波を出力 20 [kW] で発信している．これを光子数に換算すると，1秒間あたり何個になるか．ただし，プランク定数は 6.626×10^{-34} [J·s] とする．

9. He-Ne レーザーの波長は 632.8 [nm] である．出力 8.5 [W] の場合，1秒間あたりに放射される光子数はいくらか．ただし，1 [eV] $=1.602\times10^{-19}$ [J] とする．

10. 12.4 [keV·Å] または 1.24 [keV·nm] を導出せよ．ただし，プランク定数は 6.626×10^{-34} [J·s]，1 [eV] $=1.602\times10^{-19}$ [J] とする．

11. エネルギー 100 [keV] の光子の運動量はいくらか．[eV/c] 単位で答えよ．

12. 波長 0.1 [Å] の光子の運動量はいくらか．[eV/c] 単位で答えよ．

13. 運動量 2 [MeV/c] の光子の波長と振動数はいくらか．SI 単位で答えよ．

14. 振動数 1.5×10^{20} [s^{-1}] の光子の運動量はいくらか．[eV/c] 単位で答えよ．

15. エネルギー 100 [keV] の光子の運動量を [N·s] 単位で求めよ．ただし，1 [eV] $=1.602\times10^{-19}$ [J] とする．

16. 可視光の短波長端は 0.38 [μm] である．紫外線の下限波長を 10 [nm] として，紫外線の運動量の範囲を [Ns] 単位で求めよ．ただし，1 [eV] $=1.602\times10^{-19}$ [J] とする．

17. エネルギー 10 [keV] の光子の有効質量は何キログラムか．

18. 運動量 5.11×10^{-22} [N·s] の光子の有効質量とエネルギーはいくらか．SI 単位で答えよ．

19. 有効質量 5×10^{-30} [kg] の光子の運動量はいくらか．[eV/c] 単位で答えよ．

20. エネルギー 4 [MeV] の光子と電子ではどちらの運動量がどれだけ大きいか．式 (1.28)，p.27 を利用すること．

21. 電子が 5.5×10^6 [m/s] で運動しているとき，これに伴う物質波を求めな

さい．$m=9.1\times10^{-31}$ [kg]，$h=6.626\times10^{-34}$ [J・s] とする．

22. 質量 500 [kg] の自動車が 20 [m/s] で運動しているとき，物質波を求めなさい．
23. 質量 200 [g] のボールが 30 [m/s] で運動しているとき，物質波を求めなさい．
24. 電子が 2.5×10^8 [m/s] で運動しているとき，物質波を求めなさい．
25. 1 [kV] で電子を加速するとき，電子線の波長を求めなさい．
26. 波長 5.5×10^{-7} [m] の光子が 1 W の出力で放出されている．毎秒放出される光子数を求めなさい．プランク定数 $h=6.626\times10^{-34}$ [J・s]，光速度 $c=3\times10^8$ [m/s] とする．

演習問題1.2 解答

1. $\dfrac{2\cdot(35790\times10^3)}{3\times10^8}=0.2386$ [s]

2. $v=c$ なので，

    $c^2=\dfrac{1}{\mu_0\varepsilon_0}$　　$\dfrac{1}{\varepsilon_0}=c^2\cdot\mu_0=(3\times10^8)^2\cdot4\pi\times10^{-7}$

    ∴　$\dfrac{1}{4\pi\varepsilon_0}=9\times10^{16}\cdot1\times10^{-7}=9\times10^9$ [N・m²/C²]

    1 [C] = 1 [A・s] を用いて単位を変換した．

3. $\lambda=\dfrac{12.4}{62}=0.2$ [Å]

    1 [Å] = 1×10^{-10} [m] だから，0.2 [Å] = 2×10^{-11} [m]

4. $\dfrac{12.4}{2.225\times10^3}=5.573\times10^{-3}$ [Å] = 0.5573 [pm]

5. 0.77 [μm] = 7.7×10^3 [Å]，100 [μm] = 1×10^6 [Å] だから，

    $E_{\max}=\dfrac{12.4\times10^3}{7.7\times10^3}=1.61$ [eV]

    $E_{\min}=\dfrac{12.4\times10^3}{1\times10^6}=0.0124$ [eV]

第1章 光子と電子

6. $\lambda = \dfrac{12.4}{20} = 0.62$ [Å] $= 6.2 \times 10^{-11}$ [m]

   $\nu = \dfrac{3 \times 10^8}{6.2 \times 10^{-11}} \cong 4.84 \times 10^{18}$ [s^{-1}] $= 4.84$ [EHz] （E：エクサ）

7. $-1.5 - (-3.4) = 1.9$ [eV]

   $\lambda = \dfrac{1.24 \times 10^3}{1.9} = 652.63$ [nm]

   $\nu = \dfrac{3 \times 10^8}{652.63 \times 10^{-9}} \cong 4.6 \times 10^{14}$ [s^{-1}] $= 0.46$ [PHz] （P：ペタ）

8. $E = 6.626 \times 10^{-34} \cdot 558 \times 10^3 \cong 3.7 \times 10^{-28}$ [J]

   $n = \dfrac{20 \times 10^3}{3.7 \times 10^{-28}} \cong 5.41 \times 10^{31}$ [s^{-1}]

   1 [W] = 1 [J/s] を用いて単位を変換した．

9. $E = \dfrac{1.24 \times 10^3}{632.8} \cong 1.96$ [eV]

   1 [eV] $= 1.602 \times 10^{-19}$ [J] だから，

   1.96 [eV] $= 3.14 \times 10^{-19}$ [J]

   $n = \dfrac{8.5}{3.14 \times 10^{-19}} \cong 2.71 \times 10^{19}$ [s^{-1}]

10. $E = h\nu = hc/\lambda$ より，

    $hc = 6.626 \times 10^{-34} \cdot 3 \times 10^8 = 1.9878 \times 10^{-25}$ [J・m]

    1 [keV] $= 1.602 \times 10^{-16}$ [J], 1 [Å] $= 1 \times 10^{-10}$ [m] だから，

    $\dfrac{1.9878 \times 10^{-25}}{1.602 \times 10^{-16} \cdot 1 \times 10^{-10}} = 12.4$ [keV・Å]

    1 [nm] $= 1 \times 10^{-9}$ [m] とすれば，

    $\dfrac{1.9878 \times 10^{-25}}{1.602 \times 10^{-16} \cdot 1 \times 10^{-9}} = 1.24$ [keV・nm]

11. $p = \dfrac{E}{c} = 100$ [keV/c]

12. 光子のエネルギー E は，

    $E = \dfrac{12.4}{0.1} = 124$ [keV]

1.2 波動性と粒子性

$$\therefore\ p=\frac{E}{c}=124\ [\mathrm{keV}/c]$$

13. 運動量 2 [MeV/c] の光子のエネルギーは 2 [MeV] だから，

$$\lambda=\frac{12.4}{2\times10^3}=6.2\times10^{-3}\ [\text{Å}]=6.2\times10^{-13}\ [\mathrm{m}]$$

$$\nu=\frac{3\times10^8}{6.2\times10^{-13}}\cong4.84\times10^{20}\ [\mathrm{s}^{-1}]$$

14. 波長 λ は，

$$\lambda=\frac{3\times10^8}{1.5\times10^{20}}=2\times10^{-12}\ [\mathrm{m}]=0.02\ [\text{Å}]$$

$$E=\frac{12.4}{0.02}=620\ [\mathrm{keV}]$$

したがって，運動量 p は 620 [keV/c] である．

15. エネルギー 100 [keV] の光子の運動量は 100 [keV/c] だから，

$$100\ [\mathrm{keV}/c]=\frac{100\cdot1.602\times10^{-16}}{3\times10^8}=5.34\times10^{-23}\ [\mathrm{kg\cdot m\cdot s^{-1}}]$$

$$=5.34\times10^{-23}\ [\mathrm{N\cdot s}]$$

16. 0.38 [μm]$=3.8\times10^3$ [Å], 10 [nm]$=100$ [Å] だから，

$$E_{\max}=\frac{12.4\times10^3}{100}=124\ [\mathrm{eV}]$$

$$E_{\min}=\frac{12.4\times10^3}{3.8\times10^3}\cong3.263\ [\mathrm{eV}]$$

したがって，$p_{\max}$ は 124 [eV/c], $p_{\min}$ は 3.263 [eV/c] となる．

$$124\ [\mathrm{eV}/c]=\frac{124\cdot1.602\times10^{-19}}{3\times10^8}\cong6.62\times10^{-26}\ [\mathrm{N\cdot s}]$$

$$3.263\ [\mathrm{eV}/c]=\frac{3.263\cdot1.602\times10^{-19}}{3\times10^8}\cong1.74\times10^{-27}\ [\mathrm{N\cdot s}]$$

17. $$m_{eff}=\frac{E}{c^2}=\frac{10\cdot1.602\times10^{-16}}{(3\times10^8)^2}=1.78\times10^{-32}\ [\mathrm{kg}]$$

18. $$m_{eff}=\frac{p}{c}=\frac{5.11\times10^{-22}}{3\times10^8}\cong1.7\times10^{-30}\ [\mathrm{kg}]$$

$$E=m_{eff}c^2=pc=5.11\times10^{-22}\cdot3\times10^8=1.533\times10^{-13}\ [\mathrm{J}]$$

19. $E = m_{eff}c^2 = 5 \times 10^{-30} \cdot (3 \times 10^8)^2 = 4.5 \times 10^{-13}$ [J]

$\dfrac{4.5 \times 10^{-13}}{1.602 \times 10^{-13}} \cong 2.81$ [MeV].

したがって,運動量 p は 2.81 [MeV/c] である.

20. 光子の運動量を p_p,電子を p_e と書くと,

$p_p = \dfrac{E}{c} = 4$ [MeV/c]

$p_e = mv = (4+0.511)v$

4 [MeV] の電子の速さ v は,

$v = c \cdot \sqrt{\dfrac{m^2c^4 - m_0^2c^4}{m^2c^4}} = c \cdot \sqrt{\dfrac{4.511^2 - 0.511^2}{4.511^2}} \cong 0.9936 c$

$p_e = 4.511 \cdot 0.9936 \cong 4.482$ [MeV/c]

したがって,電子の方が 0.482 [MeV/c] だけ大きい.

21. $\lambda = \dfrac{h}{mv} = \dfrac{6.626 \times 10^{-34}}{9.1 \times 10^{-31} \times 5.5 \times 10^6} = 1.32 \times 10^{-10}$ [m]

22. $\lambda = \dfrac{6.626 \times 10^{-34}}{500 \times 20} = 6.626 \times 10^{-38}$ [m]

23. $\lambda = \dfrac{6.626 \times 10^{-34}}{200 \times 10^{-3} \times 30} = 1.1 \times 10^{-34}$ [m]

24. $\lambda = \dfrac{6.626 \times 10^{-34}}{9.1 \times 10^{-31} \times 2.5 \times 10^8} = 2.9 \times 10^{-12}$ [m]

25. $\lambda = \dfrac{h}{\sqrt{2meV}} = \dfrac{6.626 \times 10^{-34}}{\sqrt{2 \times 9.1 \times 10^{-31} \times 1.602 \times 10^{-19} \times 1000}}$

$= \dfrac{6.626 \times 10^{-34}}{17.07 \times 10^{-24}} = 0.388 \times 10^{-10}$ [m]

もう一つの求め方は (1.22) 式を利用する.

$\lambda = \sqrt{\dfrac{150}{V}}$ [Å]

$= \sqrt{\dfrac{150}{1000}} \times 10^{-8}$ [cm] $= 0.387 \times 10^{-8}$ [cm]

26. $W = J/s$ であるから,これをエネルギーに直す.

$$E = h\nu = \frac{hc}{\lambda} = \frac{6.626 \times 10^{-34} \times 3 \times 10^8}{5.5 \times 10^{-7}} = 3.614 \times 10^{-19} \text{ [J]}$$

放出される光子の数を N とする.

$$N = \frac{1}{3.614 \times 10^{-19}} = 0.2767 \times 10^{19} = 2.767 \times 10^{18} \text{ [個/s]}$$

1.3 ローレンツ変換

■要　項■

1.3.1 マイケルソン・モーレーの実験

平行（図 1.12 (a)）
$$t_{/\!/} = \frac{2cl}{c^2 - v^2}$$

垂直（図 1.12 (b)）
$$t_\perp = \frac{2l}{\sqrt{c^2 - v^2}}$$

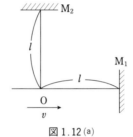

図 1.12 (a)

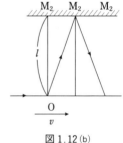

図 1.12 (b)

1.3.2 ローレンツ変換

$$\begin{cases} x' = \dfrac{x - vt}{\sqrt{1 - \left(\dfrac{v}{c}\right)^2}} \\ y' = y \\ z' = z \\ t' = \dfrac{t - \left(\dfrac{v}{c^2}\right)x}{\sqrt{1 - \left(\dfrac{v}{c}\right)^2}} \end{cases} \quad \begin{cases} x = \dfrac{x' + vt'}{\sqrt{1 - \left(\dfrac{v}{c}\right)^2}} \\ y = y' \\ z = z' \\ t = \dfrac{t' + \left(\dfrac{v}{c^2}\right)x'}{\sqrt{1 - \left(\dfrac{v}{c}\right)^2}} \end{cases} \quad (1.23)$$

(1) 時間間隔の伸び
$$t' = \frac{t}{\sqrt{1 - \left(\dfrac{v}{c}\right)^2}} \tag{1.24}$$

(2) 長さの収縮

$$l' = l\sqrt{1-\left(\frac{v}{c}\right)^2} \tag{1.25}$$

(3) 速度の加法

$$w = \frac{u+v}{1+\dfrac{u \cdot v}{c^2}} \tag{1.26}$$

(4) 運動方程式

$$\frac{\mathrm{d}}{\mathrm{d}t}\left(\frac{m_0 v}{\sqrt{1-\left(\frac{v}{c}\right)^2}}\right) = F \qquad p = mv \text{ と表せば } \frac{\mathrm{d}}{\mathrm{d}t}(mv) = \frac{\mathrm{d}p}{\mathrm{d}t} = F$$

$$\frac{\mathrm{d}}{\mathrm{d}t}\left(\frac{m_0 c^2}{\sqrt{1-\left(\frac{v}{c}\right)^2}}\right) = v \cdot F \qquad \frac{\mathrm{d}E}{\mathrm{d}t} = vF$$

(5) 質量の増加

$$m = \frac{m_0}{\sqrt{1-\left(\frac{v}{c}\right)^2}} \qquad m_0 \text{ は静止質量} \tag{1.27}$$

1.3.3 質量とエネルギー

$$E = mc^2 = \frac{m_0 c^2}{\sqrt{1-\left(\frac{v}{c}\right)^2}} \tag{1.28}$$

$$= m_0 c^2 + \frac{1}{2} m_0 v^2 + \frac{3}{8} m_0 v^2 \cdot \left(\frac{v^2}{c^2}\right) + \frac{5}{16} m_0 v^2 \cdot \left(\frac{v^2}{c^2}\right)^2 + \cdots$$

$$\left(\frac{E}{c}\right)^2 - p^2 = (m_0 c)^2$$

1.3.4 高電圧による電子の加速

加速電圧が 100 [kV] を越えてくると質量の増加があるので，運動エネルギー $\frac{1}{2}mv^2$ は使えなくなる．

第1章　光子と電子

$$E = mc^2 - m_0 c^2 = \frac{m_0 c^2}{\sqrt{1-\left(\dfrac{v}{c}\right)^2}} - m_0 c^2 \tag{1.29}$$

$$v = c \cdot \sqrt{1 - \left(\frac{m_0 c^2}{E + m_0 c^2}\right)^2} \tag{1.29'}$$

【例題 1.3】

1. $v = 2.4 \times 10^8$ [m/s] で運動するとき，長さの収縮を求めなさい．

   【解】 $l = l_0 \cdot \sqrt{1 - \left(\dfrac{v}{c}\right)^2}$

   $= l_0 \cdot \sqrt{1 - \left(\dfrac{2.4 \times 10^8}{3 \times 10^8}\right)^2} = l_0 \cdot \sqrt{1 - 0.64} = 0.6 l_0$

2. μ 粒子の寿命は 2.19×10^{-6} 秒である．$v = 0.94c$ で運動するとき，地上の時計で測ると何秒になるか．

   【解】 $t = \dfrac{2.19 \times 10^{-6}}{\sqrt{1 - (0.94)^2}} = \dfrac{2.19 \times 10^{-6}}{0.34} = 6.44 \times 10^{-6}$ 秒

3. 速度 v で走る列車から速度 v で物体を打ち出すとき，合成された速度を求めなさい．

   【解】 (1.26) 式において $u = v$ とおく．

   $$w = \frac{2v}{1 + \dfrac{v^2}{c^2}}$$

   $\left(\dfrac{v}{c}\right)^2 \ll 1$ の場合は $w = 2v$ となる．

4. 式(1.26)で u, v が 2.4×10^8 [m/s] のとき，合成された速度を求めなさい．

   【解】 $w = \dfrac{2.4 \times 10^8 + 2.4 \times 10^8}{1 + \left(\dfrac{2.4}{3}\right)^2} = \dfrac{4.8 \times 10^8}{1.64} = 2.93 \times 10^8$ [m/s]

5. 電子が $v = 2.1 \times 10^8$ [m/s] で運動しているとすれば，質量は静止質量の何倍になるか．

1.3 ローレンツ変換

【解】 (1.27) 式を用いる．

$$m = \frac{m_0}{\sqrt{1-\left(\frac{2.1}{3}\right)^2}} = \frac{m_0}{0.7141} = 1.4\,m_0$$

6. 電子の静止質量は 9.1×10^{-31} [kg] である．これをエネルギーに換算すると何 [J] になるか．また，何 MeV になるか．$1\,\mathrm{eV} = 1.602\times10^{-19}$ [J] とする．

【解】 $E = m_0 c^2$ において，$m_0 = 9.1\times10^{-31}$ [kg]，$c = 3\times10^8$ [m/s] とおく．

$$E = 9.108\times10^{-31}\times(3\times10^8)^2 = 8.185\times10^{-14}\ [\mathrm{J}]$$

[eV] 単位で表す．

$$E = \frac{8.1858\times10^{-14}}{1.602\times10^{-19}} = 0.5109\times10^6\ [\mathrm{eV}] = 0.51\ [\mathrm{MeV}]$$

7. 運動エネルギーが 500 kV である電子の速度を求めなさい．$c = 3\times10^8$ [m/s] とする．

【解】 $E = \dfrac{m_0 c^2}{\sqrt{1-\left(\dfrac{v}{c}\right)^2}}$ である．$\therefore\ \sqrt{1-\left(\dfrac{v}{c}\right)^2} = \dfrac{m_0 c^2}{E}$

$$\sqrt{1-\left(\frac{v}{c}\right)^2} = \frac{0.51}{0.51+0.5} = 0.5049$$

$$1-\left(\frac{v}{c}\right)^2 = 0.2549$$

$$v = 0.863\,c = 2.59\times10^8\ [\mathrm{m/s}]$$

8. $E = mc^2$ の式を導きなさい．

【解】 $F = m\cdot\dfrac{\mathrm{d}v}{\mathrm{d}t} = \dfrac{\mathrm{d}}{\mathrm{d}t}(mv)$

$m = \dfrac{m_0}{\sqrt{1-\left(\dfrac{v}{c}\right)^2}}$ を変形すれば $v = c\cdot\sqrt{1-\left(\dfrac{m_0}{m}\right)^2}$ となる．

エネルギーは運動の第二法則を用いて求める．

$$\mathit{\Delta}E = \int F\,\mathrm{d}s = \int \frac{\mathrm{d}}{\mathrm{d}t}(mv)\,\mathrm{d}s = \int v\,\mathrm{d}(mv)$$

$$= \int c \cdot \sqrt{1-\left(\frac{m_0}{m}\right)^2} \cdot \mathrm{d}\left\{c \cdot m \cdot \sqrt{1-\left(\frac{m_0}{m}\right)^2}\right\}$$

積の微分法を用いる．

$$\left\{m \cdot \sqrt{1-\left(\frac{m_0}{m}\right)^2}\right\}' = m' \cdot \sqrt{1-\left(\frac{m_0}{m}\right)^2} + m \cdot \left\{\sqrt{1-\left(\frac{m_0}{m}\right)^2}\right\}'$$

$$= \sqrt{1-\left(\frac{m_0}{m}\right)^2} + m \cdot \frac{\left\{1-\left(\frac{m_0}{m}\right)^2\right\}'}{2 \cdot \sqrt{1-\left(\frac{m_0}{m}\right)^2}}$$

$$= \sqrt{1-\left(\frac{m_0}{m}\right)^2} - \frac{m}{2} \cdot \frac{m_0{}^2 \cdot (-2) \cdot m^{-3}}{\sqrt{1-\left(\frac{m_0}{m}\right)^2}}$$

$$= \sqrt{1-\left(\frac{m_0}{m}\right)^2} + \frac{1}{\sqrt{1-\left(\frac{m_0}{m}\right)^2}} \cdot \left(\frac{m_0}{m}\right)^2$$

$$\sqrt{1-\left(\frac{m_0}{m}\right)^2} \cdot \left\{\sqrt{1-\left(\frac{m_0}{m}\right)^2} + \frac{1}{\sqrt{1-\left(\frac{m_0}{m}\right)^2}} \cdot \left(\frac{m_0}{m}\right)^2\right\}$$

$$= 1 - \left(\frac{m_0}{m}\right)^2 + \left(\frac{m_0}{m}\right)^2 = 1$$

ここに示したように非常に簡単になる．

$$\Delta E = c^2 \int \left\{\sqrt{1-\left(\frac{m_0}{m}\right)^2} \cdot \mathrm{d}\left\{m \cdot \sqrt{1-\left(\frac{m_0}{m}\right)^2}\right\}\right\} = c^2 \int \mathrm{d}m$$

$\Delta m = \int \mathrm{d}m$ とおけば $\Delta E = c^2 \cdot \Delta m$ となる．これを改めて次の式で表す．

$$E = mc^2$$

質量 m [kg] は E [J] というエネルギーにかわることができることを示している．

9. ローレンツ変換式を求めなさい．

【解】　$x^2 + y^2 + z^2 - (ct)^2 = x'^2 + y'^2 + z'^2 - (ct')^2$ 　　　　　　(1.30)

このように表せば光の速度は静止している座標から見ても，速度 v で運動している座標から見ても一定不変である．

1.3 ローレンツ変換

$$\begin{cases} x' = k_1(x - vt) \\ y' = y \\ z' = z \\ t' = k_2 t - k_3 x \end{cases} \quad (1.31)$$

とおき，係数 k_1, k_2, k_3 を求める．

$$\{k_1(x-vt)\}^2 + y^2 + z^2 - \{c(k_2 t - k_3 x)\}^2 = 0 \quad (1.32)$$

$$(k_1^2 - c^2 k_3^2)x^2 + y^2 + z^2 + (k_1^2 v^2 - c^2 k_2^2)t^2 - 2(k_1^2 v - c^2 k_2 k_3)\cdot xt = 0$$

(1.32) 式の両辺が恒等的に成りたつようにするには次のようにおけばよい．

$$\begin{cases} k_1^2 - c^2 k_3^2 = 1 & (1) \\ k_1^2 v^2 - c^2 k_2^2 = -c^2 & (2) \\ k_1^2 v - c^2 k_2 k_3 = 0 & (3) \end{cases}$$

(3) から $c^2 k_2 k_3 = k_1^2 v$

$$k_3 = \frac{k_1^2 v}{c^2 k_2} \quad \therefore \quad k_3^2 = \frac{v^2 k_1^4}{c^4 \cdot k_2^2} \quad (4)$$

(4)式を(1)式に代入する．

$$k_1^2 - c^2 \cdot \frac{v^2 \cdot k_1^4}{c^4 \cdot k_2^2} = 1 \quad \therefore \quad c^2 k_2^2 (k_1^2 - 1) = v^2 \cdot k_1^4 \quad (5)$$

(2)式と(5)式から

$$(v^2 k_1^2 + c^2)(k_1^2 - 1) = v^2 k_1^4 \quad \therefore \quad k_1^2(c^2 - v^2) = c^2$$

$$\therefore \quad k_1^2 = \frac{c^2}{c^2 - v^2} \quad (6)$$

$$\therefore \quad k_1 = \frac{1}{\sqrt{1 - \left(\frac{v}{c}\right)^2}} \quad (k_1 > 0)$$

(6)式を(2)式に代入する．

$$\frac{c^2}{c^2 - v^2} \cdot v^2 - c^2 k_2^2 = -c^2$$

$$\therefore \quad k_2 = \frac{1}{\sqrt{1 - \left(\frac{v}{c}\right)^2}} \quad (7)$$

(6)式と(7)式を(4)式に代入する．
$$k_3{}^2 = \frac{v^2}{c^4} \cdot \left(\frac{c^2}{c^2-v^2}\right)^2 \cdot \left(\frac{c^2-v^2}{c^2}\right) = \frac{v^2}{c^4} \cdot \frac{c^2}{c^2-v^2}$$

故に，k_1, k_2, k_3 は次のようになる．

$$k_1 = k_2 = \frac{1}{\sqrt{1-\left(\frac{v}{c}\right)^2}}$$

$$k_3 = \frac{v}{c^2} \cdot \frac{1}{\sqrt{1-\left(\frac{v}{c}\right)^2}}$$

$$\begin{cases} x' = \dfrac{x-vt}{\sqrt{1-\left(\dfrac{v}{c}\right)^2}} \\ y' = y \\ z' = z \\ t' = \dfrac{1}{\sqrt{1-\left(\dfrac{v}{c}\right)^2}}\left(t - \dfrac{v}{c^2}x\right) \end{cases}$$

10．200[kV]で加速した電子の質量を求めなさい．

【解】 $v = c \cdot \sqrt{1-\left(\dfrac{m_0 c^2}{E+m_0 c^2}\right)^2} = c \cdot \sqrt{1-\left(\dfrac{0.51}{0.2+0.51}\right)^2} = 0.695c$

$m = \dfrac{m_0}{\sqrt{1-(0.6957)^2}} = \dfrac{m_0}{0.7183} = 1.39 m_0$

● 演習問題 1.3

1． $\left(\dfrac{E}{c}\right)^2 - p^2 = (m_0 c)^2$ となることを証明しなさい．

2． 1万[V]で加速した電子の速度を求めなさい．
  (1.2)式で求めた値と比較するとよい．

3． 運動エネルギーが 350[kV] のとき電子の速度を求めなさい．

4． 質量が静止質量の5倍となる電子の速度を求めなさい．

1.3 ローレンツ変換

5. 陽子の質量は 1.673×10^{-27} [kg] である．エネルギーに換算しなさい．
6. 1 [amu] $= 1.6604 \times 10^{-27}$ [kg] である．エネルギーに換算しなさい．
7. マイケルソン・モーレーの実験で，平行方向と垂直方向の時間差を求めなさい．
8. 電子が 2.83×10^8 [m/s] の速度で運動している．運動エネルギーは何 MeV で加速したことになるか．
9. 2.5×10^8 [m/s] で運動している物体から 2.7×10^8 [m/s] で物体を打ち出すときの合成速度を求めなさい．
10. 500 [kV] で加速した電子の速度と質量を求めなさい．
11. 100万 [V] で加速した電子の速度と質量を求めなさい．
12. 100万 [V] で加速した陽子の質量と速度を求めなさい．
13. 300 [m/s] のとき，質量の増加は静止質量 m_0 の何倍か．
14. 25 [kV] で電子を加速するとき，電子線の波長を求めなさい．
15. 10 [kV] で電子を加速するとき，電子線の速度と波長を求めなさい．
16. 式 (1.28) から，$v = c \cdot \sqrt{\dfrac{m^2 c^4 - m_0^2 c^4}{m^2 c^4}}$ を導きなさい．

演習問題 1.3 解答

1. $\left(\dfrac{E}{c}\right)^2 - p^2 = \left(\dfrac{mc^2}{c}\right)^2 - (mv)^2 = (mc)^2 - (mv)^2 = m^2(c^2 - v^2) \times \dfrac{c^2}{c^2}$

$\qquad = m^2 c^2 \left(1 - \dfrac{v^2}{c^2}\right) = \dfrac{m_0^2}{1 - \left(\dfrac{v}{c}\right)^2} \cdot c^2 \cdot \left(1 - \dfrac{v^2}{c^2}\right) = m_0^2 c^2$

2. 10000 [V] $= 10$ [kV] $= 0.1$ [MV]

$E = 0.51 + 0.01 = 0.52$

$\sqrt{1 - \left(\dfrac{v}{c}\right)^2} = \dfrac{m_0 c^2}{E} = \dfrac{0.51}{0.52} = 0.98$

$1 - \left(\dfrac{v}{c}\right)^2 = 0.962$

第1章　光子と電子

$\therefore \quad v = c \cdot \sqrt{1-0.98^2} = 5.96 \times 10^7$ [m/s]

3. $E = 0.51 + 0.35 = 0.86$

$\sqrt{1-\left(\dfrac{v}{c}\right)^2} = \dfrac{0.51}{0.86} = 0.593$

$\left(\dfrac{v}{c}\right) = \sqrt{1-0.593^2} = 0.805$

$\therefore \quad v = 3 \times 10^8 \times 0.805 = 2.415 \times 10^8$ [m/s]

4. 式 (1.27) において $m = 5m_0$ とおく．

$\sqrt{1-\left(\dfrac{v}{c}\right)^2} = \dfrac{1}{5} \quad \therefore \quad 1-\left(\dfrac{v}{c}\right)^2 = 0.04$

$\dfrac{v}{c} = 0.9797$

$v = 0.9797c = 2.939 \times 10^8$ [m/s]

5. 式 (1.28) を用いる．
$E = 1.673 \times 10^{-27} \times (2.9979 \times 10^8)^2 = 15.036 \times 10^{-11}$ [J]

$= \dfrac{15.036 \times 10^{-11}}{1.602 \times 10^{-19}} = 938.58$ [MeV]

6. $E = 1.6604 \times 10^{-27} \times (2.9979 \times 10^8)^2 = 14.923 \times 10^{-11}$ [J]

$= \dfrac{14.923 \times 10^{-11}}{1.602 \times 10^{-19}} = 931.5$ [MeV]

7. $t_{/\!/} = \dfrac{2l}{c} \cdot \dfrac{1}{1-\left(\dfrac{v}{c}\right)^2} \qquad t_{\perp} = \dfrac{2l}{c} \cdot \dfrac{1}{\sqrt{1-\left(\dfrac{v}{c}\right)^2}}$

$t_{/\!/} - t_{\perp} = \dfrac{2l}{c}\left\{\dfrac{1}{1-\left(\dfrac{v}{c}\right)^2} - \dfrac{1}{\sqrt{1-\left(\dfrac{v}{c}\right)^2}}\right\} = \dfrac{2l}{c} \cdot \dfrac{1}{\sqrt{1-\left(\dfrac{v}{c}\right)^2}}\left\{\dfrac{1}{\sqrt{1-\left(\dfrac{v}{c}\right)^2}} - 1\right\}$

$\fallingdotseq \dfrac{2l}{c} \cdot \dfrac{1}{2} \cdot \left(\dfrac{v^2}{c^2}\right) = \dfrac{l}{c} \cdot \left(\dfrac{v}{c}\right)^2$

［注］　$\dfrac{v}{c} \ll 1$ の場合の近似式を使う．

$\dfrac{1}{\sqrt{1-x^2}} = (1-x^2)^{-\frac{1}{2}} \fallingdotseq 1 + \dfrac{1}{2}x^2$

1.3 ローレンツ変換

$$\frac{1}{\sqrt{1-\left(\dfrac{v}{c}\right)^2}}-1=1+\frac{1}{2}\left(\dfrac{v}{c}\right)^2-1=\frac{1}{2}\left(\dfrac{v}{c}\right)^2 \qquad \frac{1}{\sqrt{1-\left(\dfrac{v}{c}\right)^2}}\fallingdotseq 1$$

8. $E=\dfrac{m_0c^2}{\sqrt{1-\left(\dfrac{v}{c}\right)^2}}-m_0c^2$ を利用する．

   $E=\dfrac{0.51}{\sqrt{1-\left(\dfrac{2.83}{3}\right)^2}}-0.51=\dfrac{0.51}{0.3318}-0.51=1.026$ [MeV]

9. $w=\dfrac{2.5\times 10^8+2.7\times 10^8}{1+\dfrac{2.5\times 2.7}{3^2}}=2.97\times 10^8$ [m/s]

10. $v=c\cdot\sqrt{1-\left(\dfrac{0.51}{0.5+0.51}\right)^2}=0.863c$

    $m=\dfrac{m_0}{\sqrt{1-(0.863)^2}}=1.98m_0$

11. $v=c\cdot\sqrt{1-\left(\dfrac{0.51}{1+0.51}\right)^2}=0.941c$

    $m=\dfrac{m_0}{\sqrt{1-(0.941)^2}}=2.96m_0$

12. $v=c\cdot\sqrt{1-\left(\dfrac{938}{938+1}\right)^2}=0.046c$

    $m=\dfrac{m_0}{\sqrt{1-(0.046)^2}}=1.00106m_0$

13. $m=m_0\left\{1+\dfrac{1}{2}\times(1\times 10^{-6})^2\right\}=m_0(1+0.5\times 10^{-12}) \qquad \therefore \quad m=m_0$

    速度が余りにも小さいため，質量の増加は認められない．

14. $\lambda=\sqrt{\dfrac{150}{25000}}\times 10^{-8}$ [cm] $=0.0775\times 10^{-8}$ [cm]

15. $v=\sqrt{\dfrac{2\times 1.602\times 10^{-19}\times 10^4}{9.1\times 10^{-31}}}=5.93\times 10^7$ [m/s]

    $\lambda=\sqrt{\dfrac{150}{10000}}\times 10^{-8}=0.122\times 10^{-8}$ [cm]

16. $mc^2 = \dfrac{m_0 c^2}{\sqrt{1-\left(\dfrac{v}{c}\right)^2}}$

両辺を2乗する．

$$m^2 c^4 = \dfrac{m_0{}^2 c^4}{1-\left(\dfrac{v}{c}\right)^2}$$

移項する．

$$m^2 c^4 \left\{1-\left(\dfrac{v}{c}\right)^2\right\} = m_0{}^2 c^4$$

{ } をとる．

$$m^2 c^4 - m^2 c^4 \cdot \left(\dfrac{v}{c}\right)^2 = m_0{}^2 c^4$$

移項する．

$$m^2 c^4 \cdot \left(\dfrac{v}{c}\right)^2 = m^2 c^4 - m_0{}^2 c^4$$

$$\left(\dfrac{v}{c}\right)^2 = \dfrac{m^2 c^4 - m_0{}^2 c^4}{m^2 c^4}$$

$$\therefore\ \dfrac{v}{c} = \sqrt{\dfrac{m^2 c^4 - m_0{}^2 c^4}{m^2 c^4}}$$

この式は何回もくり返し使われている．覚えておくと大変便利な式である．

第2章

原子と原子核

第 2 章　原子と原子核

●学習のポイント●

物質は分子から構成され，分子は原子から，また，原子は原子核とその周りを回る電子からできている．ここでは，この原子と原子核について学習する．まず，1グラム分子中に含まれる原子数（アボガドロ数）や原子の質量を求める．次に，原子はどのような構造になっているのかについて，量子条件と振動数条件を使って調べてゆく．そして，原子の大きさや特性 X 線の放出とエネルギーの関連について調べる．

原子核にはどのような性質があるのか．原子核から放射される放射線は何かということを詳しく調べる．原子核を結びつけている結合エネルギーを求め，核分裂や核融合によって放出されるエネルギーの求め方を学ぶ．

2.1　原　子

■要　項■

2.1.1　電気分解

$$M = k \cdot \frac{A}{n} \cdot I \cdot t = K \cdot I \cdot t \tag{2.1}$$

I：電流，t：時間，K：電気化学当量，$\frac{A}{n}$：元素の当量，

n：原子価，A：原子量，M：析出する元素の質量 [g]

$$F = 96500 \, \text{C/グラム当量（ファラデー定数）} \tag{2.2}$$

$$k = \frac{1}{F} = 1.036 \times 10^{-5}$$

銀の電気化学当量は $K = 0.001118 \, \text{g/C}$ \tag{2.3}

2.1 原 子

2.1.2 アボガドロの法則

0℃, 1気圧で気体1モルは22.4 ℓ の体積を占め, この中に 6.02×10^{23} 個の気体分子が存在する. これをアボガドロの法則という.

物質1グラム当量を析出させるには $1F$ の電気量を必要とする.

$$1F = 6.023 \times 10^{23} \times 1.602 \times 10^{-19} = 96500 \ [\text{C}] \tag{2.4}$$

2.1.3 原子の質量

中性炭素原子 $^{12}_{6}\text{C}$ を規準にして, これを 12.0000 [amu] と決める. 原子質量単位という. これより以後において, [amu] は [u] と表す.

$$1 \ [\text{amu}] = \frac{1}{6.02 \times 10^{23} \times 10^3} = 1.6604 \times 10^{-27} \ [\text{kg}] \tag{2.5}$$

1グラム原子中にはアボガドロ数の原子が存在するので, 原子1個の質量を求めることができる.

2.1.4 原子の大きさ

原子は原子核とその周りを回る電子から構成されている(図2.1). 原子は 10^{-10} [m] 程度で, 原子核は $10^{-14} \sim 10^{-15}$ [m] 位の大きさである. 水素原子ではボーア半径とよばれ,

$$r = 0.529 \times 10^{-10} \ [\text{m}] \tag{2.6}$$

である.

$1\text{Å} = 1 \times 10^{-8}$ [cm]
$\phantom{1\text{Å}} = 1 \times 10^{-10}$ [m]

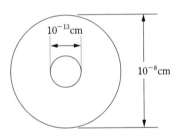

図2.1 原子と原子核

【例題 2.1】
1. 硝酸銀溶液を電気分解した. 1 [A] の電流を1時間流した時析出する銀の量を求めなさい.

【解】　電気量 $Q = I \cdot t = 1 \times 60 \times 60 = 3600$ [クーロン]
　　　　∴　$m = Q \cdot K = 3600 \times 0.001118 = 4.02$ [g]

2. 水素の原子量を 1.008 とする．水素原子 1 個の質量を求めなさい．アボガドロ数を 6.02×10^{23} とする．

【解】　比例式で解けばよい．
$$x = \frac{1 \times 1.008}{6.02 \times 10^{23}} = 0.16735 \times 10^{-23}$$
$$= 1.674 \times 10^{-24} \text{ [g]}$$

3. 岩塩の結晶は Na 原子と Cl 原子が規則正しく交互に配列している．岩塩の密度 ρ を 2.18 [g/cm³] とし，Na と Cl の原子量を 23.0, 35.5 とする．
   1. NaCl 1 分子の体積を求めなさい．
   2. 格子定数を求めなさい．

【解】　1. NaCl の分子量は $23.0 + 35.5 = 58.5$ である．
　　　　1 モル中には Na と，Cl がそれぞれアボガドロ数あるので，2×アボガドロ数の原子が存在することになる．
$$\rho = \frac{M}{V} \text{ [g/cm}^3\text{]}$$
∴　$V = \dfrac{M}{\rho} = \dfrac{58.5}{2.18} = 26.8348$ [cm³]

これより，NaCl 分子 1 個の体積は
$$\frac{26.8348}{6.02 \times 10^{23}} = 4.457 \times 10^{-23} \text{ [cm}^3\text{]}$$

2. Na 原子 1 個の体積は 1. で求めた NaCl 分子の体積から，
$$\frac{4.457 \times 10^{-23}}{2} = 2.228 \times 10^{-23} \text{ [cm}^3\text{]}$$
$$d = \sqrt[3]{2.228 \times 10^{-23}} = 2.815 \times 10^{-8} \text{ [cm]}$$

●演習問題 2.1

1. 水素原子の質量を 1.67×10^{-27} [kg]，電子の質量を 9.1×10^{-31} [kg] とす

2.1 原 子

　　る．水素原子の質量は電子質量の何倍になるか．
2. ^{27}Al 原子1個の質量を求めなさい．
3. ^{235}U 原子1個の質量を求めなさい．
4. 硝酸銀溶液から銀の 1.118 [mg] を析出させるのに必要な電気量は 1 [C] である．銀の1グラム当量を析出させるのに必要な電気量を求めなさい．銀の原子量を 107.88 とする．
5. 硫酸銅の水溶液を電気分解の実験に使用した．1 [ファラデー] を 96500 [クーロン] とする．1 [A] の直流を1時間通したとき陰極に析出する量を求めなさい．銅の原子量を 63.57 とする．
6. 電気分解により，10 A の電流でアルミニウム（原子価 3，原子量 26.97）の 100 g を析出させる時間を求めなさい．

演習問題 2.1 解答

1. $\dfrac{1.67 \times 10^{-27}}{9.1 \times 10^{-31}} = 1835.2$ [倍]

2. $\dfrac{1 \times 27}{6.02 \times 10^{23}} = 4.48 \times 10^{-23}$ [g]

3. $\dfrac{1 \times 235}{6.02 \times 10^{23}} = 3.9 \times 10^{-22}$ [g]

4. $\dfrac{1 \times 107.88}{1.118 \times 10^{-3}} = 96.4937 \times 10^{3} = 96493$ [C]

5. $M = \dfrac{1}{F} \cdot \dfrac{A}{n} \cdot I \cdot t$ に代入する．

$= \dfrac{1}{96500} \cdot \dfrac{63.57}{2} \times 1 \times 60 \times 60 = 1.185$ [g]

6. $t = \dfrac{M \cdot F \cdot n}{I \cdot A}$ に代入する

$= \dfrac{100 \times 96500 \times 3}{10 \times 26.97 \times 60 \times 60} = 29.8$ [時間]

2.2 原子の構造

■要　項■

2.2.1 ボーアの水素原子

水素原子のスペクトル系列（図2.2）．

$$\frac{1}{\lambda} = R\left(\frac{1}{n^2} - \frac{1}{m^2}\right) \quad (m > n)\ m, n\ \text{は整数}$$

$$R = 1.0967 \times 10^7\ [1/\text{m}]$$

1. ライマン系列　　$n=1$　$m=2, 3, 4, \cdots$
2. バルマー系列　　$n=2$　$m=3, 4, 5, \cdots$
3. パッシェン系列　$n=3$　$m=4, 5, 6, \cdots$
4. ブラケット系列　$n=4$　$m=5, 6, 7, \cdots$
5. プント系列　　　$n=5$　$m=6, 7, 8, \cdots$

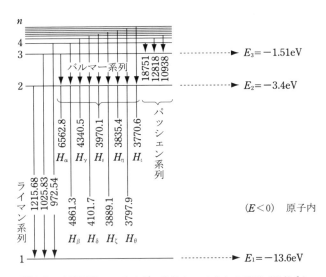

図2.2　水素原子のエネルギー準位とスペクトル系列（単位Å）

2.2 原子の構造

ゼーマン効果とスターク効果

ゼーマン効果は，原子が磁場の方向を軸にして歳差運動を行っているため，1本のスペクトル線が磁場をかけると数本に分かれる現象であり，電場をかけても同じ現象が起きる．磁気量子数で説明される．

2.2.2 水素原子のエネルギー準位

軌道電子の向心力

$$\frac{e^2}{r^2} = \frac{mv^2}{r}$$

クーロン力 $F = \dfrac{e^2}{r^2}$ [N]

遠心力 $F = \dfrac{mv^2}{r}$ [N]　　（図 2.3）

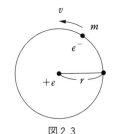

図 2.3
原子核を中心として半径 r の円周上を質量 m の電子が回っている

量子条件

$$mvr = \frac{h}{2\pi} \cdot n$$

($n = 1, 2, 3, \cdots$ 量子数)　　(2.7)

角運動量 mvr は $\dfrac{h}{2\pi}$ の整数倍だけが許される．

電子の軌道半径

$$r = \frac{h^2}{4\pi^2 m e^2} \cdot n^2 \quad (n = 1, 2, 3, \cdots) \tag{2.8}$$

h：プランク定数，m：電子質量，e：電子の電気素量．

電子の軌道はとびとびの値しかとりえない．また，$n=1$ の場合はボーア半径とよばれる．

$$r = 0.529 \times 10^{-10} \text{ [m]} \tag{2.9}$$

$E_k = \dfrac{e^2}{2r}$　　運動エネルギー

$E_p = -\dfrac{e^2}{r}$　　位置エネルギー

電子の全エネルギー

$$E = E_k + E_p$$

$$= \frac{e^2}{2r} - \frac{e^2}{r} = -\frac{e^2}{2r}$$

$$E_n = -\frac{2\pi^2 m e^4}{h^2} \cdot \frac{1}{n^2} \quad (n=1, 2, 3, \cdots) \tag{2.10}$$

2.2.3 振動数条件

$$h\nu = E_n - E_m \quad (E_n > E_m)$$

$$\frac{1}{\lambda} = R\left(\frac{1}{k^2} - \frac{1}{l^2}\right)$$

$$= \frac{2\pi^2 m e^4}{ch^3}\left(\frac{1}{k^2} - \frac{1}{l^2}\right)$$

$$R = \frac{2\pi^2 m e^4}{ch^3} = 1.096 \times 10^7 \ [\mathrm{m^{-1}}] \tag{2.11}$$

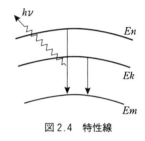

図2.4 特性線

R をリードベリー定数という.

軌道電子が E_n から $E_m (E_n > E_m)$ に移ったときエネルギー差は電磁波,特性線として放出される(図2.4).エネルギーを吸収したとき,E_m から E_n に移る.これを励起という.

放出された特性線の振動数は

$$\nu = \frac{E_n - E_m}{h}$$

となる.h はプランク定数

【例題 2.2】

1. バルマー系列は R をリードベリー定数とすれば

$$\frac{1}{\lambda} = R\left(\frac{1}{2^2} - \frac{1}{n^2}\right) \quad (n=3, 4, 5, \cdots)$$

で表される.$n=3$ の場合,特性線の波長を求めなさい.

2.2 原子の構造

【解】 $\dfrac{1}{\lambda}=R\left(\dfrac{1}{2^2}-\dfrac{1}{3^2}\right)=1.1\times10^7\left(\dfrac{1}{4}-\dfrac{1}{9}\right)=1.1\times10^7\cdot\dfrac{5}{36}$

$\lambda=\dfrac{36}{5\times1.1\times10^7}=6.545\times10^{-7}$ [m]

2. $\dfrac{1}{\lambda}=R\left(\dfrac{1}{1^2}-\dfrac{1}{n^2}\right)$ はライマン系列である．$n\to\infty$ のとき，波長を求めなさい．

【解】 $\dfrac{1}{\lambda}=1.1\times10^7\left(\dfrac{1}{1^2}-0\right)$

$\lambda=\dfrac{1}{1.1\times10^7}=0.909\times10^{-7}$ [m]

3. 次の問題を解きなさい．
   1. $n=1$, $m=3$ の場合，特性線の波長を求めなさい．
   2. $n=2$, $m=4$ の場合，特性線の波長を求めなさい．
   3. ライマン系列で最も長い波長を求めなさい．
   4. 3.で求めた波長をエネルギー [J], [eV] で表しなさい．

【解】 1. $\dfrac{1}{\lambda}=1.1\times10^7\left(\dfrac{1}{1^2}-\dfrac{1}{3^2}\right)=1.1\times10^7\times\dfrac{8}{9}$

$\lambda=\dfrac{9}{8\times1.1\times10^7}=1.022\times10^{-7}$ [m]

2. $\dfrac{1}{\lambda}=1.1\times10^7\left(\dfrac{1}{2^2}-\dfrac{1}{4^2}\right)=1.1\times10^7\times\dfrac{3}{16}$

$\lambda=\dfrac{16}{3\times1.1\times10^7}=4.848\times10^{-7}$ [m]

3. $n=1$, $m=2$ の場合である．

$\dfrac{1}{\lambda}=1.1\times10^7\left(\dfrac{1}{1^2}-\dfrac{1}{2^2}\right)=1.1\times10^7\times\dfrac{3}{4}$

$\lambda=\dfrac{4}{3\times1.1\times10^7}=1.212\times10^{-7}$ [m]

4. $E=h\nu$

$=\dfrac{hc}{\lambda}=\dfrac{6.63\times10^{-34}\times3\times10^8}{1.212\times10^{-7}}=16.41\times10^{-19}$ [J]

$$\frac{16.41 \times 10^{-19}}{1.602 \times 10^{-19}} = 10.243 \ [\text{eV}]$$

4. 次の式から軌道電子の半径 r を求めなさい．

$$\begin{cases} \dfrac{k_0 e^2}{r^2} = \dfrac{mv^2}{r} \quad k_0 = 9 \times 10^9 \ [\text{N·m}^2\text{·C}^{-2}] \\ mvr = \dfrac{nh}{2\pi} \end{cases}$$

【解】 $\lambda = \dfrac{h}{p} = \dfrac{h}{mv}$

$2\pi r = n\lambda = \dfrac{nh}{mv} \quad \therefore \ v = \dfrac{nh}{2\pi mr}$

$\dfrac{k_0 e^2}{r^2} = \dfrac{m}{r} \cdot \left(\dfrac{n^2 h^2}{4\pi^2 m^2 r^2} \right)$

$\therefore \ r = \dfrac{n^2 h^2}{4\pi^2 k_0 m e^2}$

5. 軌道電子のエネルギーを求めなさい．

【解】 全エネルギーは運動エネルギーと位置エネルギーの和である．

$E = E_k + E_p$

$\dfrac{mv^2}{r} = \dfrac{k_0 e^2}{r^2} \quad \therefore \ E_k = \dfrac{1}{2} mv^2 = \dfrac{k_0 e^2}{2r}$

$E_p = -\dfrac{k_0 e^2}{r}$

$\therefore \ E = \dfrac{k_0 e^2}{2r} + \left(-\dfrac{k_0 e^2}{r} \right) = -\dfrac{k_0 e^2}{2r}$

$\dfrac{1}{r} = \dfrac{4\pi^2 k_0 m e^2}{n^2 h^2}$ を代入する．

$E = -\dfrac{2\pi^2 k_0 m e^4}{n^2 h^2}$

$k_0 = 9 \times 10^9 \ [\text{N·m}^2\text{·C}^{-2}], \ m = 9.1 \times 10^{-31} \ [\text{kg}]$

$e = 1.602 \times 10^{-19} \ [\text{C}], \ h = 6.625 \times 10^{-34} \ [\text{J·s}]$

$1 \ [\text{eV}] = 1.602 \times 10^{-19} \ [\text{J}]$

$$E = -13.6 \cdot \frac{1}{n^2} \ [\text{eV}]$$

● 演習問題 2.2

1. バルマー系列は R をリードベリー定数とすれば
$$\frac{1}{\lambda} = R \cdot \left(\frac{1}{2^2} - \frac{1}{n^2}\right)$$
で表される．$n=5$ の場合，特性線の波長を求めなさい．

2. $\frac{1}{\lambda} = R \cdot \left(\frac{1}{4^2} - \frac{1}{n^2}\right)$ ($n=5, 6, 7, \cdots$) において，$n=5$ の場合特性線の波長を求めなさい．

3. $\frac{1}{\lambda} = R \cdot \left(\frac{1}{2^2} - \frac{1}{n^2}\right)$ ($n=3, 4, 5, \cdots$) において，$n \to \infty$ の場合，特性線の波長を求めなさい．

4. ボーア半径を求めなさい．$k_0 = 9 \times 10^9$, $m = 9.1 \times 10^{-31}$, $h = 6.625 \times 10^{-34}$, $e = 1.602 \times 10^{-19}$ とする．

5. $n=1$ は K 軌道である．電子のエネルギーを求めなさい．

6. 電子のエネルギー E_2, E_3, E_4 を求めなさい．

7. 水素原子の場合，E_3 から E_2 に電子が移るとき放出されるエネルギーを求めなさい．

演習問題 2.2 **解答**

1. $\frac{1}{\lambda} = 1.1 \times 10^7 \cdot \left(\frac{1}{2^2} - \frac{1}{5^2}\right)$

$\lambda = \frac{100}{21 \times 1.1 \times 10^7} = 4.329 \times 10^{-7}$ [m]

2. $\frac{1}{\lambda} = 1.1 \times 10^7 \cdot \left(\frac{1}{4^2} - \frac{1}{5^2}\right) = 1.1 \times 10^7 \cdot (0.0625 - 0.04)$

$\lambda = \frac{1}{1.1 \times 10^7 \times 0.0225} = 40.4 \times 10^{-7} = 4.04 \times 10^{-6}$ [m]

第 2 章　原子と原子核

3. $\displaystyle\lim_{n\to\infty}\frac{1}{n^2}=0$　$\displaystyle\frac{1}{\lambda}=R\cdot\left(\frac{1}{2^2}-0\right)$

   $\lambda=\dfrac{4}{1.1\times 10^7}=3.636\times 10^{-7}$ [m]

4. $r=\dfrac{1^2\times(6.625\times 10^{-34})^2}{4\times 3.14^2\times 9\times 10^9\times 9.1\times 10^{-31}\times(1.602\times 10^{-19})^2}=0.529\times 10^{-10}$ [m]

5. $E=-\dfrac{2\times 3.14^2\times 9\times 10^9\times 9.1\times 10^{-31}\times(1.602\times 10^{-19})^4}{1^2\times(6.625\times 10^{-34})^2}$

   $=-2.183\times 10^{-18}$ [J]

   $\dfrac{2.183\times 10^{-18}}{1.602\times 10^{-19}}=1.3626\times 10=13.6$ [eV]

6. $E_2=-13.6\times\dfrac{1}{2^2}=-3.4$ [eV]

   $E_3=-13.6\times\dfrac{1}{3^2}=-1.51$ [eV]

   $E_4=-13.6\times\dfrac{1}{4^2}=-0.85$ [eV]

7. $h\nu=E_3-E_2=-1.51-(-3.4)=1.89$ [eV]

2.3 原子核

■要　項■

2.3.1 同位元素

原子核は陽子と中性子で構成されている．陽子数は原子番号 Z で，中性子数 N，質量数 A とする．

$$A = Z + N$$

原子番号と陽子数は等しい．陽子と中性子を核子という．原子番号 Z の電荷は $+Ze$ である．

陽子の質量は 1.673×10^{-27} [kg]

中性子の質量は 1.675×10^{-27} [kg]

質量数 A は原子量に最も近い整数で核子の数である．原子番号が等しく，質量数の異なる元素を同位元素という．同位元素は化学的性質は同じであるが物理的性質が異なる．核種は $^A_Z X$ で表し，Z 個の陽子と $(A-Z)$ 個の中性子から構成されている．

陽子は水素の原子核で，正の電荷をもち，電気量は $+1.602 \times 10^{-19}$ [C]，質量は 1.007276 [u] である．中性子は電気的に中性で，質量は 1.008665 [u] である．

原子核の大きさ

$$r = 1.4 \times 10^{-15} \cdot \sqrt[3]{A} \quad [m] \tag{2.12}$$

安定核の質量数 A と原子番号 Z

$$Z = \frac{A}{0.015 \times A^{\frac{2}{3}} + 2}$$

同位体

　原子番号が同じで，質量数が異なるもの（図 2.5）．

同重体

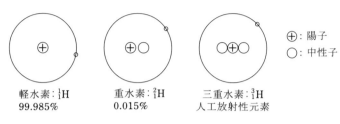

図 2.5　水素の同位元素

　原子番号が異なり，質量数が同じもの．
同重同位体
　核異性体で，原子番号，質量数が同じもの．エネルギーが異なっている．
同中性子体
　中性子数が等しく，原子番号が異なるもの．
同余体
　中性子過剰数が同じもの．
鏡像核
　一方の陽子と中性子の数が他方の中性子と陽子の数と同じもの．

2.3.2　放射線

α 線，β 線，γ 線がある（図 2.6）．
α 線は負側に曲がる．
β 線は正側に曲がる．
γ 線は直進する．

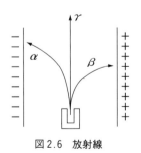

図 2.6　放射線

2.3.3　原子核の自然壊変

　自然界に存在する元素は自然に放射線を出して最終的には安定な鉛の同位元

素になる．放射線には α 線, β 線, γ 線の3種類がある．α 線はヘリウムの原子核で, β 線は電子の流れ, γ 線は電磁波である．次々に壊変してゆく場合, 壊変系列といい, $4n$：トリウム系列, $4n+1$：ネプツニウム系列, $4n+2$：ウラニウム系列, $4n+3$：アクチニウム系列の4種類である．

(1) α 壊変

$^A_Z X$ が α 線を放出すると $^{A-4}_{Z-2} Y$ になる．α 壊変により, 原子番号は2小さく, 質量数は4小さくなる．

$$^A_Z X \to {}^{A-4}_{Z-2} Y + \alpha$$

(2) β^- 壊変

$^A_Z X$ が β 線を放出すると $^A_{z+1} Y$ になり $\bar{\nu}$ を放出する．β^- 壊変により原子番号は1大きくなり, 質量数はかわらない．$\bar{\nu}$ は反電子中性微子である．

$$^A_Z X \to {}^A_{z+1} Y + \beta^- + \bar{\nu}$$

(3) β^+ 壊変

$$^A_Z X \to {}^A_{z-1} Y + \beta^+ + \nu$$

(4) 電子捕獲

$$^A_Z X + e^- \to {}^A_{z-1} Y + \nu$$

(5) γ 壊変

原子核から電磁波が放出される．原子番号, 質量数ともに変化しない．

2.3.4 原子核の人工変換

核反応式

$$^{A_1}_{Z_1} X_1 + {}^{A_2}_{Z_2} Y_1 \to {}^{A_3}_{Z_3} X_2 + {}^{A_4}_{Z_4} Y_2$$

反応式の前後において, 原子番号の和は等しい, 質量数の和は等しい．

$$Z_1 + Z_2 = Z_3 + Z_4$$

$$A_1 + A_2 = A_3 + A_4$$

運動エネルギーの和は等しい．

運動量の和は等しい．

反応の前後において等しいことを保存されるという．

中性子 ^1_0n, 陽子 ^1_1p, 重陽子 ^2_1d, α粒子 $^4_2α$, 電子 $^{\ 0}_{-1}e$, γ線 $^0_0γ$
$^{14}N+α \to {}^{17}O+p$ を短縮形で $^{14}N(α, p)^{17}O$ と表す.

2.3.5 核　力

核子間に働く力であり，中間子が核力の原因になっている．近接力で，10^{-13} [cm] 以下の距離で強力に作用する．陽子と陽子との間にはクーロン力と核力，陽子と中性子の間には核力が作用している（図2.7）．

湯川ポテンシャル $U(r)$

$$U(r) = \frac{g^2}{r} \cdot e^{-ar}$$

$$a = \frac{\hbar}{mc}$$

図2.7　中間子と核力

2.3.6　質量欠損と結合エネルギー

$\varDelta m = ZM_p + (A-Z)M_n - M$

$\varDelta m$：質量欠損，M_p：陽子の質量，M_n：中性子の質量，M：^A_ZM の質量
これをエネルギーに換算すると結合エネルギーになる．

$E = \varDelta mc^2$

質量とエネルギーは同等である．

1 [u] = 1.6604×10^{-27} [kg] = 1.49×10^{-10} [J]
　　　 = 931.5 [MeV]
1 [MeV] = 1.602×10^{-13} [J]

2.3.7　中性子

中性子は質量数1，電荷0の基本粒子である．
静止質量は 1.67492×10^{-27} [kg]

$^9\text{Be}(\alpha,n)^{12}\text{C}$ や $^7\text{Li}(p,n)^7\text{Be}$ などの反応により中性子を発生させる．
物質との相互作用により弾性散乱，非弾性散乱，捕獲反応をおこす．
中性子のエネルギー

  熱中性子　　0.025 eV

  共鳴中性子　1〜300 eV

  高速中性子　0.5〜10 MeV

2.3.8 核分裂

ウラニウム原子核が中性子を吸収して，2個の核分裂片と2〜3個の中性子になる．

$$^{235}\text{U} + n \rightarrow X + Y + 2n$$

^{235}U と中性子の質量の和は $X, Y, 2n$ の質量の和よりも大きい．この質量の差はエネルギーとなって放出される．

^{235}U 原子1個の核分裂により約200 MeV のエネルギーが放出される．

2.3.9 核融合

水素や重水素が融合してヘリウムにかわるとき質量が小さくなる．

$$4\,^1_1\text{H} \rightarrow \,^4_2\text{He} + 2e^+$$

この質量差はエネルギーになる．

この4個の水素が融合して ^4_2He になる核反応では，0.663 %の質量が減少する．1 [kg] の水素が核融合反応によってヘリウムにかわるとき，6.63 [mg] の質量がエネルギーになり，5.96×10^{13} [J] のエネルギーが放出されることになる．核分裂では0.1 %が，核融合では0.7 %の質量がエネルギーになるので，核融合の方がはるかに大きいエネルギーである．

【例題 2.3】

1. 1 [u] を [kg] 単位で表し，[MeV] 単位で求めなさい．

第 2 章　原子と原子核

【解】　1 $[u] = \dfrac{1}{6.02 \times 10^{23}} = 0.166 \times 10^{-23}$ $[g] = 1.6603 \times 10^{-27}$ $[kg]$

$E = 1.6603 \times 10^{-27} \times (2.99792 \times 10^8)^2$ $[J]$
$= 1.6603 \times 10^{-27} \times (2.99792 \times 10^8)^2 \times 6.242 \times 10^{12}$ $[MeV]$
$= 931.5$ $[MeV]$

2. 質量数 $A = 216$ のとき原子核の半径 r を求めなさい.

【解】　$r = 1.4 \times 10^{-15} \cdot \sqrt[3]{216} = 1.4 \times 10^{-15} \times 6$
$= 8.4 \times 10^{-15}$ $[m]$

3. 中性子の密度を求めなさい.

【解】　$A = 1$, $m = 1.67 \times 10^{-27}$ $[kg]$

$\rho = \dfrac{3mA}{4\pi r^3} = \dfrac{3 \times 1.67 \times 10^{-27}}{4 \times 3.14 \times (1.4 \times 10^{-15})^3} = 1.45 \times 10^{17}$ $[kg/m^3]$

4. 0°C における中性子の運動エネルギーを求めなさい.

【解】　ボルツマン定数 $k = 1.38 \times 10^{-23}$ $[J \cdot K^{-1}]$

1 $[J] = 6.242 \times 10^{18}$ $[eV]$

∴ $k = 1.38 \times 10^{-23} \times 6.242 \times 10^{18} = 8.614 \times 10^{-5}$ $[eV/K]$

$E = 8.614 \times 10^{-5} \times 273 = 2.35 \times 10^{-2}$ $[eV]$

5. $^4_2$He の平均結合エネルギーを求めなさい. ヘリウム, 陽子, 中性子の質量は 4.002603 $[u]$, 1.007825 $[u]$, 1.008665 $[u]$ とする.

【解】　2 個の陽子と 2 個の中性子で構成されている.

$2(1.007825 + 1.008665) - 4.002603 = 0.030377$ $[u]$

$\dfrac{0.030377 \times 931.5}{4} = \dfrac{28.296}{4} = 7.07$ $[MeV]$

6. $^{200}_{80}$Hg の平均結合エネルギーを求めなさい. 水銀は 199.968344 $[u]$.

【解】　陽子数 80, 中性子数 120 個である.

$(80 \times 1.007825 + 120 \times 1.008665) - 199.968344 = 1.697456$ $[u]$

$\dfrac{1.697456 \times 931.5}{200} = \dfrac{1581.1802}{200} = 7.905$ $[MeV]$

7. 次の式は ^{235}U が遅い中性子を吸収して起こす分裂反応の 1 例である.

2.3 原子核

$${}^{235}U + n \rightarrow {}^{236}U \rightarrow {}^{95}Sr + {}^{139}Xe + 2n$$

1. 分裂反応の減少量を求めなさい．
2. これをエネルギー［J］で表しなさい．
3. また，［MeV］単位で表しなさい．
   ${}^{95}Sr$ 94.9168875［u］，${}^{139}Xe$ 138.9183329［u］
   ${}^{235}U$ 235.043933［u］，n 1.008665［u］とする．

【解】 1. $235.043933 - (94.916887 + 138.9183329 + 1.008665)$
   $= 235.043933 - 234.843885 = 0.2001$ ［u］
2. $0.2001 \times 1.66 \times 10^{-27} = 3.32 \times 10^{-28}$ ［kg］
   $E = 3.32 \times 10^{-28}(3 \times 10^8)^2 = 2.99 \times 10^{-11}$ ［J］
3. $2.99 \times 10^{-11} \times 6.242 \times 10^{12} = 186.6$ ［MeV］

8. 重水素が2個でD-D核融合反応を起こした．

$${}_{1}^{2}H + {}_{1}^{2}H \rightarrow {}_{2}^{4}He$$

次の問いに答えなさい．

1. D-D反応による質量の減少を求めなさい．
2. エネルギーを［J］単位で表しなさい．
3. ［MeV］単位で表しなさい．
4. 4［g］のヘリウムができるとき放出されるエネルギーを求めなさい．

【解】 ${}_{1}^{2}H$ 2.014102［u］，${}_{2}^{4}He$ 4.002603［u］である．

1. $2 \times 2.014102 - 4.002603 = 0.025601$ ［u］
   $0.025601 \times 1.66 \times 10^{-27} = 4.25 \times 10^{-29}$ ［kg］
2. $E = 4.25 \times 10^{-29} \times (3 \times 10^8)^2 = 0.3825 \times 10^{-11}$ ［J］
3. $0.0256 \times 931.5 = 23.847$ ［MeV］
4. 4［g］のヘリウムは1モルであるから6×10^{23}個のヘリウム原子になる．

$$23.8473 \times 6.02 \times 10^{23} = 1.43 \times 10^{25} \text{［MeV］}$$

第 2 章 原子と原子核

● 演習問題 2.3
1. $A=4$, $_2^4\text{He}$ の原子核の体積を求めなさい．
2. $A=238$, $_{92}^{238}\text{U}$ の原子核の体積を求めなさい．
3. 1 [u] $=1.6604\times10^{-27}$ [kg] である．MeV 単位で表しなさい．
4. 0.5 [u] を [J]，[MeV] で表しなさい．
5. 3.5[u]を[J]，[MeV]に変換しなさい．光速度を $c=3\times10^8$[m/s]，1[eV] $=1.602\times10^{-19}$ [J] とする．
6. $_6^{12}\text{C}$ の平均結合エネルギーを求めなさい．$_0^1n$：1.008665 [u]，$_1^1\text{H}$：1.007825 [u] とする．
7. $_{12}^{24}\text{Mg}$ の平均結合エネルギーを求めなさい．$_{12}^{24}\text{Mg}=23.985045$ [u] とする．
8. ^{235}U 原子 1 個の核分裂で 200 MeV のエネルギーが発生する．1[g] の ^{235}U の核分裂で発生するエネルギーは何 MeV で，何 cal になるか求めなさい．
9. 32000 [kW] の電気を発電している原子炉がある．
    1. ^{235}U の質量の何%がエネルギーに変換したことになるか求めなさい．
    2. ^{235}U は毎秒何個の核分裂を起こしているか求めなさい．
    3. 1 [kg] の ^{235}U は全部核分裂を起こすのにどれくらいの時間がかかるか求めなさい．
10. $_1^2\text{H}+_1^2\text{H} \rightarrow _2^3\text{He}+_0^1n$
    この核反応によって発生するエネルギーを求めなさい．$_1^2\text{H}$：2.0136 [u]，$_2^3\text{He}$：3.0150 [u]，$_0^1n$：1.0087 [u] とする．
11. $3\cdot_1^2\text{H} \rightarrow _2^4\text{He}+_1^1\text{H}+_0^1n$
    この反応により発生するエネルギーを求めなさい．$_1^2\text{H}$：2.014102 [u]，$_2^4\text{He}$：4.002603 [u]，$_1^1\text{H}$：1.007825 [u]，$_0^1n$：1.008665 [u] とする．
12. $4\cdot_1^1\text{H} \rightarrow _2^4\text{He}+2e^+$
    これは 4 個の水素からヘリウムが生成する核反応である．
    1. この反応における質量の減少を求めなさい．
    2. その質量をエネルギーに換算しなさい．
    3. 1 [kg] の水素がすべてヘリウムにかわるとき放出されるエネルギーを

2.3 原子核

求めなさい．

13. ^{235}U$+n$ → ^{139}La$+^{95}$Mo$+2n$ の反応で 1 個の ^{235}U から放出されるエネルギーは何 MeV か．^{235}U$=235.0439$，^{139}La$=138.90635$，^{95}Mo$=94.90584$，$n=1.00866$ [u] とし，1 [u]$=931.5$ [MeV] とする．

14. ^{10}Be$+n$ → ^{7}Li$+^{4}$He の核反応で放出される ^{4}He のエネルギーを求めなさい．^{10}Be$=10.013535$，$n=1.008665$，^{7}Li$=7.016005$，^{4}He$=4.002603$ [u]，1 u$=931.5$ [MeV] とする．

演習問題 2.3 解答

1. $V=\frac{4}{3}\pi r^3$ によって求める．$r=1.4\times 10^{-15}$ [m]，$A=4$

$$V=\frac{4}{3}\times 3.14\times (1.4\times 10^{-15}\times 4^{\frac{1}{3}})^3$$
$$=4.597\times 10^{-44} \text{ [m}^3\text{]}$$

2. $V=\frac{4}{3}\times 3.14\times (1.4\times 10^{-15}\times 238^{\frac{1}{3}})^3$
$$=2.735\times 10^{-42} \text{ [m}^3\text{]}$$

3. $E=mc^2$ によって求める．
$E=1.6604\times 10^{-27}\times (2.99792\times 10^8)^2=1.4922\times 10^{-10}$ [J]
1 [eV]$=1.602\times 10^{-19}$ [J] である．
$E=\frac{1.4922\times 10^{-10}}{1.602\times 10^{-19}}=9.3146\times 10^8$ [eV]
$\qquad\qquad =931.46$ [MeV]

4. 0.5 [u]$=0.5\times 1.6604\times 10^{-27}=0.83\times 10^{-27}$ [kg]
$E=0.83\times 10^{-27}\times (2.99792\times 10^8)^2=7.4614\times 10^{-11}$ [J]
$E=\frac{7.4614\times 10^{-11}}{1.602\times 10^{-19}}=465.75$ [MeV]

5. $3.5\times 931.5=3.26\times 10^4$ [MeV]
$3.5\times 1.6604\times 10^{-27}=5.81\times 10^{-27}$ [kg]
$E=5.81\times 10^{-27}\times (2.9979\times 10^8)^2=52.217\times 10^{-11}$ [J]

第 2 章　原子と原子核

$= 5.22 \times 10^{-10}$ [J]

6. $m = 6(1.007825 + 1.008665) - 12 = 12.09894 - 12 = 0.09894$ [u]

∴ $0.09894 \times 931.5 = 92.16$ [MeV]

$\dfrac{92.1626}{12} = 7.68$ [MeV]

7. $12(1.007825 + 1.008665) - 23.985045 = 0.212835$ [u]

$E = 0.212835 \times 931.5 = 198.2558$ [MeV]

$\dfrac{198.2558}{24} = 8.26$ [MeV]

8. 1 [g] 中の原子数は $\dfrac{1 \times 6.02 \times 10^{23}}{235} = 2.56 \times 10^{21}$ 個

1 [MeV] $= 3.827 \times 10^{-14}$ [cal]

$2.56 \times 10^{21} \times 200 = 5.12 \times 10^{23}$ [MeV]

$5.12 \times 10^{23} \times 0.3827 \times 10^{-13} = 1.961 \times 10^{10}$ [cal]

9. 1　$235 \times 931.5 = 2.19 \times 10^{5}$ [MeV]

$\dfrac{200}{2.19 \times 10^{5}} = 9.1 \times 10^{-4}$　　∴　0.09%

2　1 個の ^{235}U は 200 [MeV] のエネルギーを発生する．

200 [MeV] $= 3.2 \times 10^{-11}$ [J]

32000 [kW] $= 3.2 \times 10^{7}$ [J]

$\dfrac{3.2 \times 10^{7}}{3.2 \times 10^{-11}} = 1 \times 10^{18}$ [個/秒]

3　1 [kg] 中の原子数は $\dfrac{10^{3} \times 6.02 \times 10^{23}}{235} = 2.56 \times 10^{24}$ [個] である．

∴　$\dfrac{2.56 \times 10^{24}}{1 \times 10^{18}} = 2.56 \times 10^{6}$ [秒]

$\dfrac{2.56 \times 10^{6}}{84600} = 29.6$ [日]

10. $2.0136 + 2.0136 - (3.0150 + 1.0087) = 0.0035$ [u]

∴　$E = 0.0035 \times 931.5 = 3.26$ [MeV]

2.3 原子核

11. $3 \times 2.014102 - (4.002603 + 1.007825 + 1.008665)$
    $= 6.042360 - 6.019093 = 0.023267$ [u]

    $0.023267 \times 931.5 = 21.673$ [MeV]

    $21.673 \times 10^6 \times 1.602 \times 10^{-19} = 34.7204 \times 10^{-13} = 3.472 \times 10^{-12}$ [J]

12. 1　$4 \times 1.007825 - (4.002603 + 2 \times 0.000548)$
    $= 4.031300 - 4.003699 = 0.027601$ [u]

    2　$0.027601 \times 931.5 = 25.7103$ [MeV]

    $25.7103 \times 10^6 \times 1.602 \times 10^{-19} = 41.1879 \times 10^{-13} = 4.118 \times 10^{-12}$ [J]

    3　水素は4個である．

    $$\frac{4.118795 \times 10^{-12}}{4} = 1.02969 \times 10^{-12} \text{ [J]}$$

    水素1 [kg] 中に含まれる原子数は $6.02 \times 10^{23} \times 10^3$ [個] である，放出されるエネルギーは

    $1.02969 \times 10^{-12} \times 6.02 \times 10^{26} = 6.198 \times 10^{14}$ [J]

    $6.198 \times 10^{14} \times 0.624 \times 10^{13} = 3.86 \times 10^{27}$ [MeV]

13. $(235.0439 + 1.00866) - (138.90635 + 94.90584 + 2 \cdot 1.00866)$
    $= 0.223$ [u]

    $\therefore\ 0.223 \times 931.5 = 207.86$ [MeV]

14. $(10.013535 + 1.008665) - (7.016005 + 4.002603)$
    $= 0.002996$ [u]

    $0.002996 \times 931.5 = 2.7906$

    $\therefore\ 2.7906 \times \dfrac{7}{11} = 1.776$ [MeV]

2.4 断面積

■要　項■

2.4.1 放射線場の強さ

粒子フルエンス Φ は，

$$\Phi = \frac{dN}{da} \tag{2.13}$$

dN：直径を含む断面 da の球体領域に入射する粒子の数

Φ の単位：$[\mathrm{m}^{-2}]$

粒子フルエンス率 $\dot{\Phi}$ は，粒子フルエンス Φ を時間微分した

$$\dot{\Phi} = \frac{d\Phi}{dt} = \frac{d^2 N}{da\,dt} \tag{2.13'}$$

$\dot{\Phi}$ の単位：$[\mathrm{m}^{-2} \cdot \mathrm{s}^{-1}]$

エネルギーフルエンス Ψ は，

$$\Psi = \frac{dR}{da} \tag{2.14}$$

dR：直径を含む断面 da の球体領域に入射する放射エネルギー
　　（静止エネルギーを除く）

Ψ の単位：$[\mathrm{J/m^2}]$

エネルギーフルエンス率 $\dot{\Psi}$ は，エネルギーフルエンス Ψ を時間微分した

$$\dot{\Psi} = \frac{d\Psi}{dt} = \frac{d^2 R}{da\,dt} \tag{2.14'}$$

$\dot{\Psi}$ の単位：$[\mathrm{J/(m^2 s)}] = [\mathrm{W/m^2}]$

また，電磁波の強さ I は，図(2.8)に示すような電磁波の伝播を考えれば，電場 $E\,[\mathrm{V/m}]$ と磁場 $B\,[\mathrm{A/m}]$ とのベクトル積で表され，その単位は $[\mathrm{W/m^2}]$ である．これはエネルギーフルエンス率 $\dot{\Psi}$ と一致する．

2.4 断面積

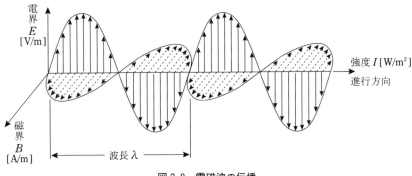

図2.8 電磁波の伝播

2.4.2 原子密度と電子密度

単一元素から成る物質の原子密度 N_a は，

$$N_a = \frac{N_A}{A_w} \rho \tag{2.15}$$

A_w：原子量 [kg/mol]
N_A：アボガドロ数（6.0221367×10^{23} [mol^{-1}]）
ρ：物質の密度 [kg/m³]
N_a の単位： [m^{-3}]

また，単一元素から成る物質の電子密度 N_e は，1個の原子内には Z(原子番号) 個の電子が存在すると考え，

$$N_e = \frac{N_A}{A_w} \cdot Z \cdot \rho \tag{2.16}$$

N_e の単位： [m^{-3}]

なお，式 (2.15) と (2.16) の右辺から ρ を除いた

$$N_a = \frac{N_A}{A_w} \tag{2.15′}$$

$$N_e = \frac{N_A}{A_w} \cdot Z \tag{2.16′}$$

は単位質量 [kg] あたりの原子数と電子数を与えるが，これらもそれぞれ原子

61

第 2 章　原子と原子核

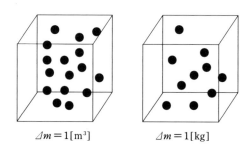

$\Delta m = 1 [\mathrm{m}^3]$　　　　$\Delta m = 1 [\mathrm{kg}]$

図 2.9　領域内の標的密度
炭素原子を標的とすれば，$1\,\mathrm{m}^3$ 中には 1.137×10^{29} 個あるが，$1\,\mathrm{kg}$ 中には 5.014×10^{25} 個しかない

密度，電子密度という場合があり，単位に注意する．どちらもある領域内の標的数（原子数，電子数）を定めるものであるが，図 2.9 に例示するように，その領域内に含まれる標的数は全く異なる．

2.4.3　原子断面積と電子断面積

標的を原子とすれば，1 原子あたりの断面積 σ_a は，

$$\sigma_a = \frac{R}{N_a \dot{\phi}} \tag{2.17}$$

　N_a：原子密度 $[\mathrm{m}^{-3}]$　　$\dot{\phi}$：粒子フルエンス率 $[\mathrm{m}^{-2} \cdot \mathrm{s}^{-1}]$
　R：物質の単位体積あたり単位時間あたりに生じる相互作用数
　　$[\mathrm{m}^{-3} \cdot \mathrm{s}^{-1}]$

　σ_a の単位： $[\mathrm{m}^2]$

標的を電子とすれば，1 電子あたりの断面積 σ_e は，

$$\sigma_e = \frac{R}{N_e \cdot \dot{\phi}} \tag{2.18}$$

　N_e：電子密度 $[\mathrm{m}^{-3}]$　　$\dot{\phi}$：粒子フルエンス率 $[\mathrm{m}^{-2} \cdot \mathrm{s}^{-1}]$
　R：物質の単位体積あたり単位時間あたりに生じる相互作用数
　　$[\mathrm{m}^{-3} \cdot \mathrm{s}^{-1}]$

2.4 断面積

σ_e の単位：$[m^2]$

なお，断面積の単位はその名の通り面積であるが，SI単位の1 $[m^2]$ では大きすぎるため，ふつうバーン単位 [b] が用いられ，

$1\ [b] = 1 \times 10^{-28}\ [m^2] = 1 \times 10^{-24}\ [cm^2]$

である．

このように考えたとき，原子断面積は電子断面積のたかだか Z 倍であり，断面積が実際の原子や電子の投影面積ではないことが理解できる．また，入射粒子のエネルギーが殻電子の束縛エネルギーより低いときは，原子断面積は電子断面積の Z 倍とはならない場合があることに注意する．

2.4.4 実効原子番号

いくつかの元素の化合物によって構成されている物質，例えば水，空気，骨などを一つの元素でおきかえるとき，その元素に相当する原子番号をいう．

実効原子番号 $\bar{Z}$ は次の式で与えられる（表1）．

$$\bar{Z} = \sqrt[2.94]{a_1 Z_1^{2.94} + a_2 Z_2^{2.94} + a_3 Z_3^{2.94} + \cdots} = \sqrt[2.94]{\sum a_i Z_i^{2.94}}$$

ここで，$a_1,\ a_2,\ a_3,\ \cdots$ は原子番号 $Z_1,\ Z_2,\ Z_3,\ \cdots$ に属する電子の全電子数に

表1　密度，実効原子番号と電子密度

物　質	密度 g・cm^{-3}	実効原子番号 $\bar{Z}$	電子密度 $N_0 = \dfrac{NZ}{A}$
水　　　素	0.0000899	1	5.97×10^{23}
炭　　　素	2.25	6	3.01×10^{23}
酸　　　素	0.001429	8	3.01×10^{23}
アルミニウム	2.7	13	2.90×10^{23}
銅	8.9	29	2.75×10^{23}
鉛	11.3	82	2.38×10^{23}
空　　　気	0.001293	7.64	3.01×10^{23}
水	1.00	7.42	3.34×10^{23}
筋　　　肉	1.00	7.42	3.36×10^{23}
皮下脂肪	0.91	5.92	3.48×10^{23}
骨	1.85	13.8	3.00×10^{23}

対する割合である．しかし最近では，次の式が使われることもある．
$$\overline{Z} = \sqrt[3.45]{a_1 Z_1{}^{3.45} + a_2 Z_2{}^{3.45} + \cdots}$$

【例題 2.4】

1. エネルギー 4 [MeV] で光子フルエンス率 1×10^{10} [m^{-2}·s^{-1}] の平行線束があるとする．この線束の 3 分間あたりのエネルギーフルエンスを SI 単位で求めよ．ただし，1 [eV] $= 1.602 \times 10^{-19}$ [J] とする．

   【解】 3 分間，すなわち 180 秒間での累積なので光子フルエンス $\varPhi$ は
   $$\varPhi = 1 \times 10^{10} \cdot 180 = 1.8 \times 10^{12} \text{ [m}^{-2}\text{]}$$
   また，4 [MeV] は 6.408×10^{-13} [J] に等しいので，エネルギーフルエンス $\varPsi$ は
   $$\varPsi = 6.408 \times 10^{-13} \cdot 1.8 \times 10^{12} \cong 1.15 \text{ [J/m}^2\text{]}$$

2. エネルギー 5 [MeV] で光子フルエンス率 1×10^{10} [m^{-2}·s^{-1}] の平行線束があるとする．この線束を図 2.10 のように 20° で斜入したとき，物質表面に投影された平面での 2 分間あたりのエネルギーフルエンスを SI 単位で求めよ．ただし，1 [eV] $= 1.602 \times 10^{-19}$ [J] とする．

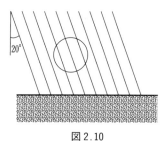

図 2.10

   【解】 2 分間，すなわち 120 秒間での累積なので光子フルエンス $\varPhi$ は
   $$\varPhi = 1 \times 10^{10} \cdot 120 = 1.2 \times 10^{12} \text{ [m}^{-2}\text{]}$$
   ただし 20° で斜入しているので，投影された平面でのフルエンス $\varPhi'$ は
   $$\varPhi' = 1.2 \times 10^{12} \cdot \cos 20° \cong 1.2 \times 10^{12} \cdot 0.93969 \cong 1.1276 \times 10^{12} \text{ [m}^{-2}\text{]}$$
   また 5 [MeV] は 8.01×10^{-13} [J] に等しいので，エネルギーフルエンス $\varPsi'$ は
   $$\varPsi' = 8.01 \times 10^{-13} \cdot 1.1276 \times 10^{12} \cong 0.903 \text{ [J/m}^2\text{]}$$

2.4 断面積

この 0.903 [J/m²] は平面線束といわれるものであり，ふつう単に「強度」と呼ばれている．式 (2.14) で定義されているエネルギーフルエンスは球形領域を考えているので，斜入の影響は受けない．

3. 毎秒 1×10^8 個の 2 [MeV] の γ 線を放出する点線源が真空中にある．点線源から 2 [m] 離れた位置でのエネルギーフルエンス率を SI 単位で求めよ．ただし，1 [eV]$=1.602\times10^{-19}$ [J] とする．

【解】 距離の逆 2 乗則と呼ばれる問題である．概念的には，図 2.11 のような球の表面に沿った凸形の平面での強度と等しい．

点線源から 2 [m] 離れた位置での光子フルエンス率 $\dot{\Phi}$ は

$$\dot{\Phi}=\frac{1}{4\pi 2^2}\cdot 1\times 10^8$$
$$=1.9894\times 10^6 \ [\mathrm{m^{-2}\cdot s^{-1}}]$$

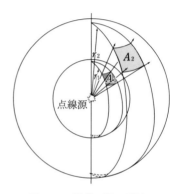

図 2.11 距離の逆 2 乗則

また 2 [MeV] は 3.204×10^{-13} [J] に等しいので，エネルギーフルエンス率 $\dot{\Psi}$ は

$$\dot{\Psi}=3.204\times10^{-13}\cdot 1.9894\times 10^6 \cong 6.37\times 10^{-7} \ [\mathrm{J/(m^2\cdot s)}]$$

4. $_{13}$Al の 1 [kg] 中に含まれる原子数と電子数を求めよ．ただし $_{13}$Al の原子量は 26.98，アボガドロ数は 6.022×10^{23} とする．

【解】 まず式 (2.15′) を使って，単位質量あたりの原子数を求める．

$$N_a(\mathrm{Al})=\frac{N_A}{A_w}=\frac{6.022\times10^{23}}{26.98\times10^{-3}}\cong 2.232\times 10^{25} \ [\mathrm{kg^{-1}}]$$

次に式 (2.16′) を使って，単位質量あたりの電子数を求める．

$$N_e(\mathrm{Al})=\frac{N_A}{A_w}\cdot Z=\frac{6.022\times10^{23}}{26.98\times10^{-3}}\cdot 13 \cong 2.9\times 10^{26} \ [\mathrm{kg^{-1}}]$$

アボガドロ数は物質量 1 [mol] 中に含まれる原子や分子の個数をいい，一方原子量や分子量に [g/mol] の単位を付したものを正確にはモル質量とい

う．アボガドロ数そのものは SI 単位系でも有効であるが，対応するモル質量が [g] 単位をもっていることに注意する必要がある．例解中の 10^{-3} は [kg] 単位でモル質量を表すために必要である．

5. $_{42}$Mo の 1[m³]中に含まれる原子数と電子数を求めよ．ただし $_{42}$Mo の原子量は 95.94，密度は 10.2[g/cm³]とする．また，アボガドロ数は $6.022×10^{23}$ とする．

【解】 式（2.15）を使って単位体積あたりの原子数を求める．10.2 [g/cm³] は $10.2×10^3$ [kg/m³] に等しいので，

$$N_a(\text{Mo}) = \frac{N_A}{A_w} \cdot \rho = \frac{6.022 \times 10^{23}}{95.94 \times 10^{-3}} \cdot 10.2 \times 10^3 \cong 6.4 \times 10^{28} \ [\text{m}^{-3}]$$

次に式（2.16）を使って単位体積あたりの電子数を求める．

$$N_e(\text{Mo}) = \frac{N_A}{A_w} \cdot Z \cdot \rho = \frac{6.022 \times 10^{23}}{95.94 \times 10^{-3}} \cdot 42 \cdot 10.2 \times 10^3 \cong 2.69 \times 10^{30} \ [\text{m}^{-3}]$$

6. 単一元素から成る金属塊 0.2 [g] には $1.255×10^{21}$ 個の原子が含まれている．この元素の原子量を有効数字 4 桁で求めよ．ただし，アボガドロ数は $6.022×10^{23}$ とする．

【解】 0.2[g]で $1.255×10^{21}$ 個なので 1[g]では $6.275×10^{21}$ 個ある．式(2.15′) を $A_w = N_A/N_a$ と変形して

$$A_w = \frac{N_A}{N_a} = \frac{6.022 \times 10^{23}}{6.275 \times 10^{21}} \cong 95.97$$

を得る．これはモリブデンの原子量（正確には 95.94）である．

7. 原子量 186.207 の元素から成る金属塊 0.4 [cm^{-3}] には $2.018×10^{24}$ 個の電子が含まれている．金属塊の密度が 20.8 [g/cm³] であるとして，この元素の原子番号を推定せよ．ただし，アボガドロ数は $6.022×10^{23}$ とする．

【解】 0.4 [cm^{-3}] で $2.018×10^{24}$ 個なので 1 [cm^{-3}] では $5.045×10^{24}$ 個ある．式（2.16）を $Z = (N_e A_w)/(N_A \rho)$ と変形して

$$Z = \frac{N_e A_w}{N_A \rho} = \frac{5.045 \times 10^{24} \cdot 186.207}{6.022 \times 10^{23} \cdot 20.8} \cong 75$$

を得る．すなわちレニウムである．

2.4 断面積

8. 1×10^6 [cm^{-2}・s^{-1}] の 1 MeV-X 線束をグラファイト（炭素から成る）に照射したとき 1 [cm^3] 中で 1 秒間に 1.44×10^5 個の相互作用が起こったとする．$_6$C の原子断面積と電子断面積を各々バーン単位で求めよ．ただし，$_6$C の原子量は 12.011，グラファイトの密度は 2.267 [g/cm^3] とする．また，アボガドロ数は 6.022×10^{23} とする．

【解】　まずグラファイトの原子密度と電子密度を式（2.15）と（2.16）から求めると，

$$N_a(\text{C})=\frac{N_A}{A_w}\cdot\rho=\frac{6.022\times10^{23}}{12.011}\cdot2.267=1.14\times10^{23}\ [\text{cm}^{-3}]$$

$$N_e(\text{C})=\frac{N_A}{A_w}\cdot Z\cdot\rho=\frac{6.022\times10^{23}}{12.011}\cdot6\cdot2.267=6.82\times10^{23}\ [\text{cm}^{-3}]$$

これを式（2.17）に代入して原子断面積を得る．

$$\sigma_a=\frac{R}{N_a\cdot\dot{\Phi}}=\frac{1.44\times10^5}{1.1366\times10^{23}\cdot1\times10^6}=1.267\times10^{-24}\ [\text{cm}^2]=1.267\ [\text{b}]$$

続いて式（2.18）に代入して電子断面積を得る．

$$\sigma_e=\frac{R}{N_e\cdot\dot{\Phi}}=\frac{1.44\times10^5}{6.819\times10^{23}\cdot1\times10^6}=0.211\times10^{-24}\ [\text{cm}^2]=0.211\ [\text{b}]$$

9. $_{26}$Fe の 1 MeV-光子に対する原子断面積は 5.524[b] である．1×10^6 [cm^{-2}・s^{-1}] の 1 MeV-X 線束を照射したとき，鉄ブロック 1 [cm^3] 中の 1 秒間あたりどれくらいの数の相互作用が起こるか．ただし，$_{26}$Fe の原子量は 55.845，密度は 7.86 [g/cm^3] とする．また，アボガドロ数は 6.022×10^{23} とする．

【解】　まず式（2.15）から鉄の原子密度を求めると，

$$N_a(\text{Fe})=\frac{N_A}{A_w}\cdot\rho=\frac{6.022\times10^{23}}{55.845}\cdot7.86\cong8.476\times10^{22}\ [\text{cm}^{-3}]$$

式（2.17）を $R=\sigma_a N_a\dot{\Phi}$ と変形して原子密度を代入すると，

$$R=\sigma_a\cdot N_a\cdot\dot{\Phi}=5.524\times10^{-24}\cdot8.476\times10^{22}\cdot1\times10^6$$
$$=4.68\times10^5\ [\text{cm}^{-3}\cdot\text{s}^{-1}]$$

10. 1 [cm^3] の重さが 2.25 [g] である単一元素から成る物質に 1×10^4 [mm^{-2}・s^{-1}] の 3 MeV-X 線束を照射したとき 1 [cm^3] あたり 1 [s] あたり 79983 個

第 2 章　原子と原子核

の相互作用が起こり，その結果この物質の原子断面積は 0.709 [b] であることがわかったとする．この物質の原子量を有効数字 4 桁で求めよ．ただし，アボガドロ数は 6.022×10^{23} とする．

【解】　1×10^4 [mm^{-2}·s^{-1}] は 1×10^6 [cm^{-2}·s^{-1}] に等しい．また，1 [cm^3] あたり 1 [s] あたり 79983 個の相互作用であるから，式 (2.17) を変形して用いて，

$$N_a = \frac{R}{\sigma_a \cdot \dot{\Phi}} = \frac{79983}{0.709\times 10^{-24}\cdot 1\times 10^6} = 1.128\times 10^{23}$$

1 [cm^3] の重さが 2.25 [g] であるから密度は 2.25 [g/cm^3] である．これから，式 (3.9) を変形して原子量を求めると，

$$A_w = \frac{N_A}{N_a}\cdot \rho = \frac{6.022\times 10^{23}}{1.128\times 10^{23}}\cdot 2.25 \cong 12.01$$

を得る．これは炭素の原子量である．

11.　水の実効原子番号を求めなさい．

【解】　水の重量組成は酸素 $\frac{16}{18}\times 100$，水素 $\frac{2}{18}\times 100$，電子密度は酸素 3.01×10^{23}，水素 5.97×10^{23} である．1 g 中に含まれる酸素と水素の電子数は

　　酸素　$3.01\times 10^{23}\times \frac{16}{18}\times 100 = 2.68\times 10^{23}$

　　水素　$5.97\times 10^{23}\times \frac{2}{18}\times 100 = 0.66\times 10^{23}$

水 1 g 中に含まれる電子数は $(2.68+0.66)\times 10^{23} = 3.34\times 10^{23}$

　　水の電子構成率は　　酸素 $\frac{2.68}{3.34} = 0.80$　　水素 $\frac{0.66}{3.34} = 0.20$

　　故に求める $\bar{Z}$ は

$$\bar{Z} = {}^{2.94}\!\sqrt{0.8\times Z^{2.94} + 0.2\times Z^{2.94}} = {}^{2.94}\!\sqrt{0.8\times 8^{2.94} + 0.2\times 1^{2.94}}$$

$$\bar{Z} = 7.42$$

2.4 断面積

● **演習問題 2.4**

1. 半径 0.5 [m] の球形領域を 1×10^7 個の光子が横切るとき，光子フルエンスはいくらか．SI 単位で答えよ．

2. 半径 0.5 [m] の球形領域を 4 [MeV] で 1×10^7 個の光子が横切るとき，エネルギーフルエンスはいくらか．SI 単位で答えよ．ただし，$1[eV]=1.602\times10^{-19}$ [J] とする．

3. 半径 0.1 [m] の球形領域を 10 秒間で 6 [MeV] で 1×10^6 個の光子が横切るとき，エネルギーフルエンス率はいくらか．SI 単位で答えよ．ただし，$1[eV]=1.602\times10^{-19}$ [J] とする．

4. 8 [MeV] で光子フルエンス率 8×10^{10} [m$^{-2}\cdot$s^{-1}] の平行線束がある．この線束の 5 分間あたりのエネルギーフルエンスはいくらか．SI 単位で答えよ．ただし，$1[eV]=1.602\times10^{-19}$ [J] とする．

5. 毎秒 1×10^6 個，0.141 [MeV] の γ 線を放出する点線源がある．空気吸収が無視できるものとして，点線源から 1.5 [m] 離れた位置でのエネルギーフルエンス率を SI 単位で求めよ．ただし，$1[eV]=1.602\times10^{-19}$ [J] とする．

6. 光子フルエンス率が 1×10^{10} [m$^{-2}\cdot$s^{-1}] の平行線束がある．この線束を薄い物質層に照射すると，図 2.12 のように 20° の射出角で散乱される．物質通過後の 3 分間の光子フルエンスはいくらか．SI 単位で答えよ．

7. 1 [kg] のカーボンに含まれる原子数と電子数はいくらか．ただし，カーボンの原子量は 12.011，アボガドロ数は 6.022×10^{23} とする．

8. 1 [m^3] の $_{14}$Si に含まれる原子数と電子数はいくらか．ただし，シリコンの原子量は 28.0855，密度は 2.33×10^3 [kg/m^3] とする．また，アボガドロ数は 6.022×10^{23} とする．

9. 1 [kg] のカリウムには 1.54×10^{25} 個の原子が

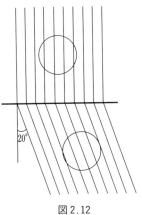

図 2.12

含まれる．カリウムの原子量はいくらか．有効数字 3 桁で求めよ．ただし，アボガドロ数は 6.022×10^{23} とする．

10. $1\,[\mathrm{m^3}]$ の銀には 2.75541×10^{30} 個の電子が含まれる．銀の原子番号はいくらか．ただし，銀の原子量は 107.8682，密度は $1.0501 \times 10^4\,[\mathrm{kg/m^3}]$ とする．また，アボガドロ数は 6.022×10^{23} とする．

11. 20℃程度の $1\,[\mathrm{m^3}]$ の水に含まれる分子数と電子数はいくらか．ただし，水素の原子量は 1，酸素は 16，アボガドロ数は 6.022×10^{23} とする．

12. 面密度 $0.5\,[\mathrm{g/cm^2}]$ の銅板に $1\,[\mathrm{cm^2}]$ あたり含まれる電子数はいくらか．ただし，$_{29}\mathrm{Cu}$ の原子量は 63.546，アボガドロ数は 6.022×10^{23} とする．

13. $5\,[\mathrm{MeV}]$ の光子に対する酸素 1 原子の断面積は $0.736\,[\mathrm{b}]$ である．1 電子あたりの断面積は何バーンか．

14. $1\,[\mathrm{MeV}]$ の光子の水中での断面積は $0.211\,[\mathrm{b/electron}]$ である．水 1 分子の断面積は何バーンか．

15. $1\,[\mathrm{MeV}]$ の光子に対する鉄 1 原子の断面積は $5.524\,[\mathrm{b}]$ である．$1\,[\mathrm{MeV}]$ で $1 \times 10^{10}\,[\mathrm{m^{-2}}]$ の X 線束を鉄ブロックに照射したとき，1 原子あたりの相互作用の確率はいくらか．

16. モリブデンは光子エネルギー $20\,[\mathrm{keV}]$ に K 吸収端をもつ．$20\,[\mathrm{keV}]$ で $1 \times 10^8\,[\mathrm{cm^{-2} \cdot s^{-1}}]$ の X 線束をモリブデン層に照射したとき，$1\,[\mathrm{cm^3}]$ 中で 1 秒間に 8.11×10^{10} 個の相互作用が起こったとする．モリブデン原子の K 吸収端は何バーンか．ただし，モリブデンの原子量は 95.94，密度は $10.2\,[\mathrm{g/cm^3}]$ とする．また，アボガドロ数は 6.022×10^{23} とする．

17. $4\,[\mathrm{MeV}]$ で $1 \times 10^{10}\,[\mathrm{cm^{-2} \cdot s^{-1}}]$ の X 線束を $_{14}\mathrm{Si}$ 層に照射したとき，$1\,[\mathrm{cm^3}]$ 中で 1 秒間に 7.55×10^8 個の相互作用が起こったとする．$4\,[\mathrm{MeV}]$ 光子に対する $_{14}\mathrm{Si}$ の 1 電子あたりの断面積は何バーンか．ただし，シリコンの原子量は 28.0855，密度は $2.33\,[\mathrm{g/cm^3}]$ とする．また，アボガドロ数は 6.022×10^{23} とする．

18. $10\,[\mathrm{MeV}]$ の光子に対する鉛原子の断面積は $17.1\,[\mathrm{b}]$ である．$10\,[\mathrm{MeV}]$ の光子を鉛ブロックに照射したとき，$1\,[\mathrm{m^3}]$ 中で 1 秒間に 5.64×10^{11} 個の相

2.4 断面積

互作用が起こったとする．光子フルエンス率はいくらだったのか．[m^{-2}・s^{-1}]単位で答えよ．ただし，鉛の原子量は207.2，密度は1.1342×10^4[kg/m^3]とする．また，アボガドロ数は6.022×10^{23}とする．

19. 30[keV]の光子に対する水1分子の断面積は11.2[b]である．30[keV]で1×10^{10}[m^{-2}・s^{-1}]のX線束を水層に入射させたとき，1[cm^3]中で1秒間に何個の相互作用が起こるか．ただし，水の分子量は18，アボガドロ数は6.022×10^{23}とする．

20. 1[cm^3]あたり5.323[g]の物質に60[keV]で1×10^6[cm^{-2}・s^{-1}]のX線束を照射したとき，1[cm^3]中で1秒間に1.077×10^7個の相互作用が起こり，その結果この原子の断面積が244[b]であることがわかったとする．この物質の原子量を有効数字4桁で求めよ．ただし，アボガドロ数は6.022×10^{23}とする．

21. 空気の実効原子番号を求めよ．ただし，空気は窒素75.5％，酸素23.2％，Ar 1.3％から構成されている．

演習問題2.4 解答

1. 半径0.5[m]の球の断面は0.7854[m^2]なので，光子フルエンスΦは，
$$\Phi=\frac{1\times10^7}{0.7854}\cong1.27\times10^7\ [\text{m}^{-2}]$$

2. 半径0.5[m]の球の断面は0.7854[m^2]であり，4[MeV]は6.408×10^{-13}[J]であるから，エネルギーフルエンスΨは，
$$\Psi=\frac{6.408\times10^{-13}\cdot1\times10^7}{0.7854}\cong8.16\times10^{-6}\ [\text{J/m}^2]$$

3. 半径0.1[m]の球の断面は0.0314[m^2]であり，6[MeV]は9.612×10^{-13}[J]であるから，エネルギーフルエンス率$\dot{\Psi}$は，
$$\dot{\Psi}=\frac{9.612\times10^{-13}\cdot1\times10^6}{0.0314\cdot10}\cong3.06\times10^{-6}\ [\text{W/m}^2]$$

4. 8[MeV]は1.2816×10^{-12}[J]であるから，エネルギーフルエンスΨは，

$$\Psi = 1.2816 \times 10^{-12} \cdot 8 \times 10^{10} \cdot 5 \times 60 \cong 30.76 \ [\text{J/m}^2]$$

5. 半径 $1.5[\text{m}]$ の球の表面積は $28.27[\text{m}^2]$ であり，$0.141[\text{MeV}]$ は $2.25882 \times 10^{-14} \ [\text{J}]$ であるから，エネルギーフルエンス率 $\dot{\Psi}$ は，

$$\dot{\Psi} = \frac{2.25882 \times 10^{-14} \cdot 1 \times 10^6}{28.27} = 7.99 \times 10^{-10} \ [\text{W/m}^2]$$

6. もし，このような散乱が起これば，線束のひろがりを狭めるように働くので，光子フルエンス Φ は，

$$\Phi = \frac{1 \times 10^{10} \cdot 3 \times 60}{\cos 20°} \cong 1.92 \times 10^{12} \ [\text{m}^{-2}]$$

この場合，球形領域で考えても，光子フルエンスは増加する．

7. $N_a = \dfrac{6.022 \times 10^{23}}{12.011 \times 10^{-3}} \cong 5.014 \times 10^{25} \ [\text{kg}^{-1}]$

   $N_e = \dfrac{6.022 \times 10^{23}}{12.011 \times 10^{-3}} \cdot 6 \cong 3.01 \times 10^{26} \ [\text{kg}^{-1}]$

8. $N_a = \dfrac{6.022 \times 10^{23}}{28.0855 \times 10^{-3}} \cdot 2.33 \times 10^3 \cong 4.996 \times 10^{28} \ [\text{m}^{-3}]$

   $N_e = \dfrac{6.022 \times 10^{23}}{28.0855 \times 10^{-3}} \cdot 2.33 \times 10^3 \cdot 14 \cong 6.994 \times 10^{29} \ [\text{m}^{-3}]$

9. $A_w \cdot 1 \times 10^{-3} = \dfrac{6.022 \times 10^{23}}{1.54 \times 10^{25}} \cong 0.0391$

   $\therefore \ A_w = 39.1$

10. $Z = 2.75541 \times 10^{30} \cdot \dfrac{107.8682 \times 10^{-3}}{6.022 \times 10^{23}} \cdot \dfrac{1}{1.0501 \times 10^4} = 47$

11. 水の分子量は 18，また密度は $1 \ [\text{g/cm}^3] = 1000 \ [\text{kg/m}^3]$ なので，

    $N_m = \dfrac{6.022 \times 10^{23}}{18 \times 10^{-3}} \cdot 1000 \cong 3.346 \times 10^{28} \ [\text{m}^{-3}]$

    $N_e = \dfrac{6.022 \times 10^{23}}{18 \times 10^{-3}} \cdot 1000 \cdot 10 \cong 3.346 \times 10^{29} \ [\text{m}^{-3}]$

12. ふつうの密度（体積密度）のかわりに面密度（＝体積密度×長さ）を乗じる．

    $N_e = \dfrac{6.022 \times 10^{23}}{63.546} \cdot 0.5 \cdot 29 \cong 1.374 \times 10^{23} \ [\text{cm}^{-2}]$

2.4 断面積

13． $\sigma_e = \dfrac{0.736}{8} = 0.092$ [b]

14． 水1分子には10個の電子があるので，
$\sigma_m = 10 \cdot 0.211 = 2.11$ [b]

15． 相互作用の確率を P とすると，$\sigma = P/\Phi$ であるので，
$P = 5.524 \times 10^{-28} \cdot 1 \times 10^{10} = 5.524 \times 10^{-18}$

16． 1 [cm³] あたりのモリブデンの原子数は，
$N_a = \dfrac{6.022 \times 10^{23}}{95.94} \cdot 10.2 \cong 6.4 \times 10^{22}$ [cm⁻³]

∴　$\sigma_a = \dfrac{8.11 \times 10^{10}}{6.4 \times 10^{22} \cdot 1 \times 10^8} \cong 1.2672 \times 10^{-20}$ [cm²] $= 12672$ [b]

17． 1 [cm³] あたりのシリコンの電子数は，
$N_e = \dfrac{6.022 \times 10^{23}}{28.0855} \cdot 2.33 \cdot 14 \cong 6.994 \times 10^{23}$ [cm⁻³]

∴　$\sigma_e = \dfrac{7.55 \times 10^8}{6.994 \times 10^{23} \cdot 1 \times 10^{10}} \cong 1.08 \times 10^{-25}$ [cm²] $= 0.108$ [b]

18． 1 [m³] あたりの鉛の原子数は，
$N_a = \dfrac{6.022 \times 10^{23}}{207.2 \times 10^{-3}} \cdot 1.1342 \times 10^4 \cong 3.296 \times 10^{28}$ [m⁻³]

∴　$\dot{\Phi} = \dfrac{5.64 \times 10^{11}}{17.1 \times 10^{-28} \cdot 3.296 \times 10^{28}} \cong 1 \times 10^{10}$ [m⁻²·s⁻¹]

19． 1 [cm³] あたりの水の分子数は，
$N_m = \dfrac{6.022 \times 10^{23}}{18} \cdot 1 \cong 3.346 \times 10^{22}$ [cm⁻³]

1×10^{10} [m⁻²·s⁻¹] $= 1 \times 10^6$ [cm⁻²·s⁻¹] であるから，
$R = 11.2 \times 10^{-24} \cdot 3.346 \times 10^{22} \cdot 1 \times 10^6 \cong 3.747 \times 10^5$ [cm⁻³·s⁻¹]

20． $N_a = \dfrac{1.077 \times 10^7}{244 \times 10^{-24} \cdot 1 \times 10^6} \cong 4.414 \times 10^{22}$ [cm⁻³]

∴　$A_w = \dfrac{6.022 \times 10^{23}}{4.414 \times 10^{22}} \cdot 5.323 = 72.62$

Ge の原子量（正確には 72.61）である．

21. 空気は重量比で窒素 75.5％, 酸素 23.2％, アルゴン 1.3％からできている.

空気 1 g 中には N：0.755, O：0.232, Ar：0.013 が含まれている.

空気 1 g 中の N の原子数 $\dfrac{6.02\times10^{23}}{14.01}\times0.755$, O の原子数 $\dfrac{6.02\times10^{23}}{16.00}\times0.232$, Ar の原子数は $\dfrac{6.02\times10^{23}}{39.94}\times0.013$ となる.

これらの値から空気 1 g 中の N, O, Ar に属する電子数を計算する.

$$\text{N}：\dfrac{6.02\times10^{23}}{14.01}\times0.755\times7=2.273\times10^{23}$$

$$\text{O}：\dfrac{6.02\times10^{23}}{16.00}\times0.232\times8=0.699\times10^{23}$$

$$\text{Ar}：\dfrac{6.02\times10^{23}}{39.94}\times0.013\times18=0.035\times10^{23}$$

空気 1 g 中の電子数は $(2.273+0.699+0.035)\times10^{23}=3.007\times10^{23}$

そこで, 全電子数に対する割合を求める.

$$\text{窒素}：\dfrac{2.237}{3.007}=0.744$$

$$\text{酸素}：\dfrac{0.699}{3.007}=0.232$$

$$\text{アルゴン}：\dfrac{0.035}{3.007}=0.012$$

よって, 求める $\bar{Z}$ は

$$\bar{Z}=\sqrt[2.94]{0.744\times7^{2.94}+0.232\times8^{2.94}+0.012\times18^{2.94}}=7.64$$

第3章

X線と物質との相互作用

第3章　X線と物質との相互作用

●学習のポイント●

　この章では電磁放射線であるX線と物質との相互作用について学ぶ．放射線物理とは，狭義には，放射線と物質との相互作用論であるが，これをそのまま「光子と原子との光電吸収」などと言い換えることができる．この章でまず取り扱うものは，X線の相互作用のこのような素過程についてである．各相互作用においてはエネルギー保存則や運動量保存則が常に成り立っていることを忘れないでもらいたい．難解にみえる相互作用の計算も，エネルギー保存則や運動量保存則から考えれば，単純な四則演算に還元できる場合が多い．また，物質内でのX線束の挙動を，マクロ的な相互作用の係数である減弱係数を中心に述べる．減弱係数と前章で学んだ断面積は本質的に同じものであり，当然互換できる．この換算をはじめとする減弱係数を用いた様々な計算問題に挑んでもらいたい．

　なお本章第1節「X線の発生」は本来，第5章「粒子放射線と物質との相互作用」で扱うべきものであるが，実際の講義の流れや読者の便宜を考えて，本章に加えた．またγ線も発生機序がX線と異なるだけで物質内での挙動は同じであるため，一括して「光子」として扱う．

3.1　X線の発生

■要　　項■

3.1.1　特性X線の発生

　原子から放射される特性X線の波長λとその原子の原子番号Zとの間には次式で示されるモーズレーの法則が成り立つ．

$$\frac{1}{\lambda} = R(Z-S_n)^2 \left(\frac{1}{n^2} - \frac{1}{m^2}\right) \tag{3.1}$$

3.1 X線の発生

表 3.1　K-特性 X 線の名称

K-特性 X 線の名称	遷移先-遷移元
$K_{\alpha 1}$	K-L$_3$
$K_{\alpha 2}$	K-L$_2$
$K_{\alpha 3}$	K-L$_1$
$K_{\beta 1}$	K-M$_3$
$K_{\beta 2}$	K-N$_2$N$_3$
$K_{\beta 3}$	K-M$_2$
$K_{\beta 4}$	K-N$_4$N$_5$
$K_{\beta 5}$	K-M$_4$M$_5$

λ：波長 [m]

R：リードベリー定数（$=1.097373177\times 10^7$ [m^{-1}]），S_n：遮へい定数

n：内殻の主量子数，m：外殻の主量子数

特性 X 線はその波長順に K_α，K_β，…と名称がつけられるが，遷移する殻と殻との関係から規則正しく名付けられる．表 3.1 に主な K-特性 X 線の名称を掲げる．

すなわち，遷移先の殻の名称の右下に，原則として，1つ外側の殻が遷移元のときは α を，2つ外側の殻が遷移元のときは β を，3つ外側の殻が遷移元のときは γ を添え字として付す．

また励起電圧（タングステンでは 69.5 [kV]）以上で特性 X 線は発生するが，その強度は管電圧が高いほど大きくなる．これを表す近似式に次のストームの式がある．

$$I_K = C_K(V - V_0)^{n_K} \tag{3.2}$$

C_K：定数（$=4.25\times 10^8$），n_K：次数（$=1.67$）

V：管電圧 [kV]，V_0：励起電圧 [kV]

I_K の単位：[mAs^{-1}・sr^{-1}]，sr：ステラジアン

3.1.2 制動 X 線の発生

原子から放射される制動 X 線のエネルギー $h\nu_{brems}$ は核の電場で制動を受ける前の電子のエネルギー T_0 と後のエネルギー T との差分であるから,

$$h\nu_{brems} = T_0 - T = \left[\left(\frac{1}{\sqrt{1-\beta_0^2}} - 1\right) - \left(\frac{1}{\sqrt{1-\beta^2}} - 1\right)\right] m_0 c^2 \quad (3.3)$$

β_0:制動を受ける前の電子の速度を v_0 として v_0/c,

β:制動を受けた後の電子の速度を v として v/c,

$m_0 c^2$:電子の静止質量($=511$ [keV]),$c = 3 \times 10^8$ [m/s]

で得られる.このとき,v_0 が電子の初速であり,かつ核の電場で完全に止められる場合に $h\nu_{brems}$ は最大エネルギーをもつ($h\nu_{max} = T_0$).$h\nu_{max}$ に対応する最短波長 λ_{min} は,式(1.17)から,

$$\lambda_{min} = \frac{12.4}{h\nu_{max}} \quad (3.4)$$

この式をデュエン-ハントの式という.

制動 X 線は,図 3.1 に示すように,$h\nu_{max}$ からゼロまでの間の連続エネルギー

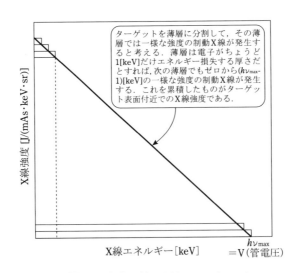

図 3.1 制動 X 線の連続エネルギー分布

3.1 X線の発生

分布を有する.制動X線のエネルギー分布を表す古典的な近似式にクラマースらの式(KDD formula)がある.

$$I_{h\nu} = \frac{2.76 \times 10^{-6}}{4\pi} \cdot Z(h\nu_{\max} - h\nu) \tag{3.5}$$

Z:原子番号,$h\nu$:制動X線エネルギー[keV]

$I_{h\nu}$ の単位:[J/(mAs・keV・sr)]

また,診断用X線管の制動X線の発生効率 η は次式で表される.

$$\eta = k\frac{I Z V^2}{I V} = k Z V \tag{3.6}$$

k:比例定数(=1×10^{-6}),I:管電流[mA]

V:管電圧[kV],Z:原子番号

【例題 3.1】

1. タングステン原子($Z=74$)から放射される K_α-特性X線のエネルギーを[keV]単位で求めよ.ただし,K_α-特性X線の場合,遮へい定数は0としてよい.また,リードベリー定数は 1.097373×10^7 [m^{-1}] とする.

   【解】 式(3.1)を用いる.K_α-特性X線なので,L殻($n=2$)からK殻($n=1$)への遷移である.

   $$\frac{1}{\lambda} = R(Z - S_n)^2 \left(\frac{1}{n^2} - \frac{1}{m^2}\right)$$

   $$= 1.097373 \times 10^7 \cdot 74^2 \cdot \left(\frac{1}{1^2} - \frac{1}{2^2}\right) = 4.5069 \times 10^{10} \text{ [m}^{-1}\text{]}$$

   $$\therefore \quad \lambda = 2.219 \times 10^{-11} = 0.2219 \text{ [Å]}$$

   これをエネルギーに換算して,

   $$h\nu(K_\alpha) = \frac{12.4}{0.2219} \cong 55.88 \text{ [keV]}$$

実際には,タングステン原子から放射される K_α-特性X線のうちもっともエネルギーの低い $K_{\alpha 3}$-特性X線でも 57.425[keV]であるから,少し残差があることがわかる.

第3章 X線と物質との相互作用

2. ある原子が放射する K_β-特性X線の平均の波長が 0.61 [Å] のとき, この元素は何と考えられるか. ただし, K_β-特性X線の場合, 遮へい定数は1とする. また, リードベリー定数は 1.097373×10^7 [m^{-1}] とする.

【解】 式 (3.1) を $(Z-S_n)^2 = \dfrac{1}{\lambda} \cdot \dfrac{1}{R} \cdot \dfrac{1}{(1/n^2-1/m^2)}$ と書き直す. K_β-特性X線なので, M殻 ($n=3$) から K殻 ($n=1$) への遷移である.

$$(Z-1)^2 = \frac{1}{\lambda}\frac{1}{R}\frac{1}{(1/n^2-1/m^2)} = \frac{1}{0.61\times10^{-10}}\frac{1}{1.097373\times10^7}\frac{9}{8}$$
$$\cong 1681.19$$
$$Z-1 = 41 \quad \therefore \quad Z = 42$$

実際のモリブデン原子から放射される K_β-特性X線は約 20 [keV] であり, その波長は 0.62 [Å] ほどである.

3. 管電圧が 100 [kV] のとき 1 [mAs] あたり単位立体角あたりに放射される K-特性X線の強度はどれくらいか. ただし, ストームの式の定数は 4.25×10^8, 次数は 1.67 である.

【解】 ストームの式 (3.2) をそのまま用いる.
$$I_K = C_K(V-V_0)^{n_K} = 4.25\times10^8 \cdot (V-V_0)^{1.67}$$
$$= 4.25\times10^8 \cdot (100-69.5)^{1.67} = 1.278\times10^{11} \text{ [mAs}^{-1}\cdot\text{sr}^{-1}\text{]}$$

4. 初速 $0.8c$ の電子が核の電場で制動され $0.6c$ まで減速した. このとき放出される光子のエネルギーを [keV] 単位で求めよ.

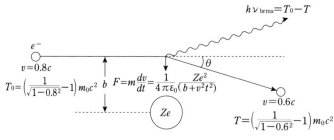

図 3.2 制動放射

【解】 概念的に，図3.2のような機構で制動X線が放射されたと考える．式 (3.3) を用いて，

$$h\nu_{\text{brems}} = \left[\left(\frac{1}{\sqrt{1-0.8^2}} - 1\right) - \left(\frac{1}{\sqrt{1-0.6^2}} - 1\right)\right] m_0 c^2$$

$$= \left[\left(\frac{5}{3} - 1\right) - \left(\frac{5}{4} - 1\right)\right] m_0 c^2$$

$$= \frac{5}{12} \cdot 511 \ [\text{keV}]$$

$$\cong 213 \ [\text{keV}]$$

5. 初速 $0.7c$ の電子が核の電場で完全に止められたとき放射されるX線の波長を[Å]単位で求めよ．

【解】 前題と同様に式 (3.3) を用いるが，T がゼロなので

$$h\nu_{\text{max}} = \left(\frac{1}{\sqrt{1-0.7^2}} - 1\right) m_0 c^2$$

$$= \left(\frac{1}{0.71414} - 1\right) m_0 c^2$$

$$= 0.40028 \cdot 511 \ [\text{keV}]$$

$$\cong 204.5 \ [\text{keV}]$$

これを波長に換算して，

$$\lambda_{\text{min}} = \frac{12.4}{h\nu_{\text{max}}} = \frac{12.4}{204.5} \cong 0.0606 \ [\text{Å}]$$

6. クラマースらの式を用い，タングステンターゲットで管電圧 150 [kV] のときと 100 [kV] のときの 50 [keV] のX線の強さを [J/(mAs・keV・sr)] 単位で求めよ．ただし，クラマースらの式の比例定数は 2.76×10^{-6}[J/(mAs・keV)] である．

【解】 タングステンの原子番号 74 をクラマースらの式 (3.5) に代入して，管電圧 150 [kV] のときは，

$$I_{h\nu} = \frac{2.76 \times 10^{-6}}{4\pi} \cdot Z \cdot (h\nu_{\text{max}} - h\nu) = \frac{2.76 \times 10^{-6}}{4\pi} \cdot 74 \cdot (150 - 50)$$

$$= 1.625 \times 10^{-3} \ [\text{J/(mAs・keV・sr)}]$$

第3章 X線と物質との相互作用

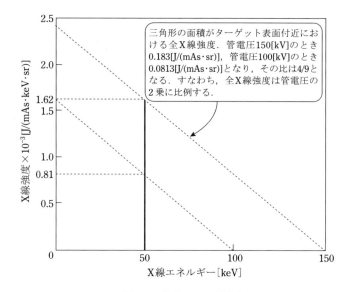

図3.3 管電圧とX線強度

同じく，管電圧 100 [kV] のときは，

$$I_{h\nu} = \frac{2.76 \times 10^{-6}}{4\pi} \cdot 74 \cdot (100-50) = 8.126 \times 10^{-4} \ [\mathrm{J/(mAs \cdot keV \cdot sr)}]$$

すなわち，50 [keV] のX線の強さは管電圧 100 [kV] では 150 [kV] のときの半分しか得られない．また，図3.3に示すように，全体では $4/9 = 0.44$ の強度しかない．

7. $_{74}$W ターゲットのX線管で管電圧 100 [kV] のときの制動X線の発生効率は 0.74 [％] であった．管電圧 120 [kV] のとき同じ比例定数であるとして，発生効率は何％か．

【解】 式 (3.6) より，

$$k = \frac{\eta}{ZV} = \frac{7.4 \times 10^{-3}}{74 \cdot 100} = 1 \times 10^{-6}$$

$$\eta = kZV = 1 \times 10^{-6} \cdot 74 \cdot 120 = 0.00888 = 0.888 \ [\%]$$

3.1 X線の発生

● 演習問題 3.1

1. タングステンのK殻電子のエネルギー準位は-69.5 [keV],L_2殻電子のエネルギー準位は-11.5 [keV] である。$K_{\alpha 2}$-特性X線の波長は何オングストロームか。

2. ロジウムの$K_{\alpha 1}$-特性X線は 20.216 [keV],$K_{\alpha 5}$-特性X線は 22.911 [keV] である。ロジウムの$L_{\alpha 1}$-特性X線は何 keV か。

3. ある元素のK_{α}-特性X線は 51 [keV] である。K_{γ}-特性X線は何 keV か。ただし,遮へい定数は無視できるものとする。

4. モリブデンターゲットで管電圧 28 [kV] のとき 1 [mAs] あたり単位立体角あたりに放射されるK-特性X線の光子数はどれくらいか。ただし,ストームの式の比例定数は 4.25×10^8 [mAs^{-1}・sr^{-1}],次数は 1.67 である。

5. タングステンターゲットで管電圧 100 [kV] のとき放射されるK-特性X線の強度を [J/(mAs・sr)] 単位で求めよ。ただし,タングステンのK-特性X線の平均エネルギーは 60.6 [keV],1 [eV]$=1.602 \times 10^{-19}$ [J] とする。また,ストームの式の比例定数は 4.25×10^8 [mAs^{-1}・sr^{-1}],次数は 1.67 である。

6. 銅原子($Z=29$)から放射されるK_{α}-特性X線の波長を [Å] 単位で求めよ。ただし,遮へい定数は 1,リードベリー定数は 1.097373×10^7 [m^{-1}] とする。

7. モリブデン原子($Z=42$)から放射されるK_{β}-特性X線のエネルギーを [keV] 単位で求めよ。ただし,遮へい定数は 2,リードベリー定数は 1.097373×10^7 [m^{-1}] とする。

8. ある元素のK_{α}-特性X線の波長は 2.291 [Å] である。この元素の原子番号はいくらか。ただし,遮へい定数は 1,リードベリー定数は 1.097373×10^7 [m^{-1}] とする。

9. ある元素のK_{β}-特性X線のエネルギーは 8.265 [keV] である。この元素の原子番号はいくらか。ただし,遮へい定数は 2,リードベリー定数は 1.097373×10^7 [m^{-1}] とする。

10. 選択律により可能な放射遷移は方位量子数の変化 Δl が ± 1 のときである．図3.4のような殻構造の原子があるとき，許容される K-特性 X 線はどの副殻から 1s に遷移する場合か．図3.4中に矢印を書き込み，さらに K-特性 X 線の名称もつけよ．

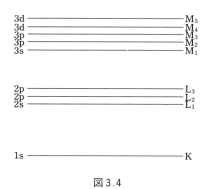

図3.4

11. 管電圧 62 [kV] で発生する制動 X 線の最短波長は何Åか．

12. 100 [keV] の電子が制動放射を起こした結果，60 [keV] となった．何Å の X 線を放射したのか．

13. 速さ 2.1×10^8 [m/s] の電子が波長 0.2 [Å] の X 線を放射した．制動放射後の電子のエネルギーはいくらか．[keV] 単位で答えよ．

14. 200 [keV] の電子が波長 0.08 [Å] の X 線を放射した．制動放射後の電子の速さはいくらか．SI 単位で答えよ．

15. 速さ 1.8×10^8 [m/s] の電子が原子核と衝突し，停止させられた．このとき放射される X 線のエネルギーはいくらか．[keV] 単位で答えよ．

16. 速さ 1.5×10^8 [m/s] の電子が原子核の電場で制動され 9×10^7 [m/s] まで減速した．このとき放射される X 線のエネルギーはいくらか．[keV]単位で答えよ．

17. 管電圧 100 [kV] での制動 X 線の発生効率が 0.666 [%] の $_{74}$W ターゲットの X 線管で管電圧 80 [kV]，管電流 200 [mA] のとき，制動 X 線出力は何ワットか．

18. $_{74}$W ターゲットの X 線管で管電圧 150 [kV] のとき，100 [keV] の X 線の強度を [J/(mAs·keV·sr)] 単位で求めよ．ただし，クラマースらの式の比例定数は 2.76×10^{-6} [J/(mAs·keV)] である．

19. $_{42}$Mo ターゲットの X 線管で管電圧 30 [kV] のときの全制動 X 線強度を [J/(mAs·sr)] 単位で求めよ．ただし，クラマースらの式の比例定数は

3.1 X線の発生

2.76×10^{-6} [J/(mAs・keV)] である．

20. $_{74}$W ターゲットのX線管で管電圧 120 [kV] のとき，特性X線の強度は全X線強度の何パーセントを占めるか．ただし，タングステンのK-特性X線の平均エネルギーは 60.6 [keV]，1 [eV] = 1.602×10^{-19} [J] とする．また，ストームの式の比例定数は 4.25×10^8 [mAs^{-1}・sr^{-1}]，次数は 1.67，クラマースらの式の比例定数は 2.76×10^{-6} [J/(mAs・keV)] である．

21. 1 R（レントゲン）をC/kg単位で表せ．

演習問題 3.1 解答

1. $h\nu(K_{\alpha 2}) = -11.5 - (-69.5) = 58$ [keV]

   $\therefore \ \lambda(K_{\alpha 2}) = \dfrac{12.4}{58} \cong 0.214$ [Å]

2. $L\alpha_1$-特性X線は L_3-M_5 殻間の放射遷移なので，
   $h\nu(L_{\alpha 1}) = 22.911 - 20.216 = 2.695$ [keV]

3. この元素のイオン化エネルギー W_n を求めると，

   $h\nu(K_\alpha) = W_n\left(\dfrac{1}{n^2} - \dfrac{1}{m^2}\right) = 51$ [keV]

   $51 = W_n\left(1 - \dfrac{1}{2^2}\right) = \dfrac{3}{4} W_n$

   $W_n = 68$ [keV]

   $\therefore \ h\nu(K_\gamma) = 68\left(1 - \dfrac{1}{3^2}\right) = 68 \cdot \dfrac{8}{9} \cong 60.44$ [keV]

4. モリブデンの励起電圧は 20 [keV] である．
   $I_K = 4.25 \times 10^8 (28 - 20)^{1.67} \cong 1.37 \times 10^{10}$ [mAs^{-1}・sr^{-1}]

5. タングステンの励起電圧は 69.5 [keV] である．
   $I_K = 4.25 \times 10^8 (100 - 69.5)^{1.67} \cong 1.28 \times 10^{11}$ [mAs^{-1}・sr^{-1}]
   60.6 [keV] $\cong 9.71 \times 10^{-15}$ [J] であるから，
   $\overline{h\nu_K} = 9.71 \times 10^{-15} \cdot 1.28 \times 10^{11} \cong 12.4 \times 10^{-4}$ [J/(mAs・sr)]

第3章　X線と物質との相互作用

6. $\dfrac{1}{\lambda}=1.097373\times 10^7\cdot(29-1)^2\cdot\left(1-\dfrac{1}{2^2}\right)\cong 6.45\times 10^9\ [\mathrm{m}^{-1}]$

   $\therefore\ \lambda=1.55\times 10^{-10}[\mathrm{m}]=1.55\ [\mathrm{\AA}]$

7. $\dfrac{1}{\lambda}=1.097373\times 10^7\cdot(42-2)^2\cdot\left(1-\dfrac{1}{3^2}\right)\cong 1.561\times 10^{10}\ [\mathrm{m}^{-1}]$

   $\lambda=6.41\times 10^{-11}[\mathrm{m}]=0.641\ [\mathrm{\AA}]$

   $\therefore\ h\nu(\mathrm{K}_\beta)=\dfrac{12.4}{0.641}\cong 19.35\ [\mathrm{keV}]$

8. $\dfrac{1}{\lambda}=\dfrac{1}{2.291\times 10^{-10}}\cong 4.365\times 10^9\ [\mathrm{m}^{-1}]$

   $4.365\times 10^9=1.097373\times 10^7\cdot(Z-1)^2\cdot\left(1-\dfrac{1}{2^2}\right)$

   $(Z-1)^2\cong 530.3461$

   $\therefore\ Z=24\ (クロム)$

9. $\lambda=\dfrac{12.4}{8.265}\cong 1.5\ [\mathrm{\AA}]$

   $\dfrac{1}{\lambda}=\dfrac{1}{1.5\times 10^{-10}}\cong 6.665\times 10^9\ [\mathrm{m}^{-1}]$

   $6.665\times 10^9=1.097373\times 10^7\cdot(Z-2)^2\cdot\left(1-\dfrac{1}{3^2}\right)$

   $(Z-2)^2\cong 683.31$

   $\therefore\ Z=28\ (ニッケル)$

10. sは方位量子数0, pは1, dは2を表わす。したがって許容遷移は2p→1sか3p→1sに限られる（図3.5）。

11. $\lambda_{\min}=\dfrac{12.4}{62}=0.2\ [\mathrm{\AA}]$

12. $h\nu=100-60=40\ [\mathrm{keV}]$

    $\lambda=\dfrac{12.4}{40}=0.31\ [\mathrm{\AA}]$

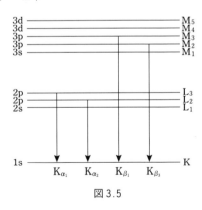

図3.5

3.1 X線の発生

13. $T_0 = \left\{ \dfrac{1}{\sqrt{1-\left(\dfrac{2.1\times 10^8}{3\times 10^8}\right)^2}} - 1 \right\} \cdot 511$

$\cong 204.54$ [keV]

$h\nu = \dfrac{12.4}{0.2} = 62$ [keV]

∴ $T = 204.54 - 62 = 142.54$ [keV]

14. $h\nu = \dfrac{12.4}{0.08} = 155$ [keV]

$T = 200 - 155 = 45$ [keV]

$v = c\sqrt{\dfrac{(511+45)^2 - 511^2}{(511+45)^2}} \cong 0.394 c \cong 1.18 \times 10^8$ [m/s]

15. $T_0 = \left\{ \dfrac{1}{\sqrt{1-\left(\dfrac{1.8\times 10^8}{3\times 10^8}\right)^2}} - 1 \right\} \cdot 511 = 127.75$

$h\nu_{\max} = T_0 = 127.75$ [keV]

16. $T_0 = \left\{ \dfrac{1}{\sqrt{1-\left(\dfrac{1.5\times 10^8}{3\times 10^8}\right)^2}} - 1 \right\} \cdot 511 \cong 79.05$ [keV]

$T_1 = \left\{ \dfrac{1}{\sqrt{1-\left(\dfrac{9\times 10^7}{3\times 10^8}\right)^2}} - 1 \right\} \cdot 511 \cong 24.67$ [keV]

$h\nu = 79.05 - 24.67 = 54.38$ [keV]

17. 100 [kV] での発生効率が 0.666 [%] なので, 比例定数 k は,

$k = \dfrac{0.666 \times 10^{-2}}{100 \cdot 74} = 9 \times 10^{-7}$

したがって, 80 [kV] での発生効率 η は

$\eta = 9 \times 10^{-7} \cdot 80 \cdot 74 = 5.328 \times 10^{-3}$

X線管への入力は $80 \cdot 200 = 16000$ [W] なので, 出力は $5.328 \times 10^{-3} \cdot 16000 = 85.248$ [W]

第3章　X線と物質との相互作用

18. $I_{100} = \dfrac{2.76 \times 10^{-6}}{4\pi} \cdot 74 \cdot (150-100) \cong 8.13 \times 10^{-4}$ 〔J/(mAs・keV・sr)〕

19. $I_0 = \dfrac{2.76 \times 10^{-6}}{4\pi} \cdot 42 \cdot (30-0) \cong 2.7674 \times 10^{-4}$ 〔J/(mAs・keV・sr)〕

    $I = \dfrac{1}{2} \cdot I_0 \cdot h\nu_{\max} = 4.15 \times 10^{-3}$ 〔J/(mAs・sr)〕

20. $I_K = 4.25 \times 10^8 \cdot (120-69.5)^{1.67} \cong 2.97 \times 10^{11}$ 〔mAs^{-1}・sr^{-1}〕

    60.6〔keV〕$\cong 9.71 \times 10^{-15}$〔J〕であるから，

    $\overline{h\nu_K} = 9.71 \times 10^{-15} \cdot 2.97 \times 10^{11} = 2.88 \times 10^{-3}$ 〔J/(mAs・sr)〕

    $I_0 = \dfrac{2.76 \times 10^{-6}}{4\pi} \cdot 74 \cdot (120-0) \cong 1.95 \times 10^{-3}$ 〔J/(mAs・keV・sr)〕

    $I = \dfrac{1}{2} \cdot I_0 \cdot h\nu_{\max} = 0.117$ 〔J/(mAs・sr)〕

    したがって，特性X線の占める割合は，

    $\dfrac{2.88 \times 10^{-3}}{0.117 + 2.88 \times 10^{-3}} = 0.024 = 2.4$ 〔％〕

    ただし，これはターゲット表面付近での割合である．実際にX線管から放射されるX線では，管電圧が120〔kV〕もあれば，1/4程度が特性X線と考えられる．

21. 1〔R〕$= \dfrac{1\,\text{〔C〕}}{3 \times 10^9 \times 0.001293 \times 10^{-3}\,\text{〔kg〕}} = 2.58 \times 10^{-4}$ 〔C・kg^{-1}〕

3.2 干渉性散乱

■要　項■

3.2.1　X線の反射式

X線を結晶に照射すると，その一部が経路上の原子により干渉性散乱される．その模様を図3.6に示すが，挙動が光の鏡面反射と似ていることから「X線の反射」と呼ぶ．X線の反射，したがって干渉の条件は次式で示されるブラッグの反射式で与えられる．

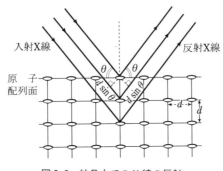

図3.6　結晶中でのX線の反射

$$n\lambda = 2d \sin\theta \tag{3.7}$$

　　λ：X線の波長，d：原子間距離（格子定数）
　　θ：反射角，$n = 1, 2, 3, \cdots$（整数）

式(3.7)を満足するような結晶に波長 $2d$ 以下のX線を照射すると，原理的には反射角 θ が必ず存在し，逆に θ 方向に散乱された回折X線は単一波長をもつことが理解できる．

3.2.2　古典散乱断面積

光子が自由電子と衝突して角度 ϕ 方向の立体角要素内に干渉性散乱される

割合である微分断面積 $d\sigma_e/d\Omega$ は

$$\frac{d\sigma_e}{d\Omega}=\frac{r_0^2}{2}(2-\sin^2\phi)=\frac{r_0^2}{2}(1+\cos^2\phi) \tag{3.8}$$

r_0：古典電子半径（$=2.81794092\times10^{-15}$ [m]）

$d\sigma_e/d\Omega$ の単位：[m²/sr]

また $d\Omega=2\pi\sin\phi d\phi$ であるから，式(3.8)は

$$\frac{d\sigma_e}{d\phi}=\frac{r_0^2}{2}(1+\cos^2\phi)2\pi\sin\phi \tag{3.9}$$

$d\sigma_e/d\phi$ の単位：[m²/rad]

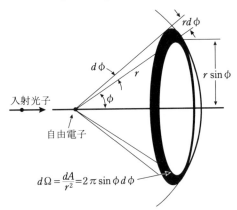

図 3.7　自由電子との干渉性散乱

と平面角（散乱角）で記述することができる．図3.7に自由電子による干渉性散乱を模式的に示す．電子1個の干渉性散乱断面積 σ_e は式(3.9)を角度積分することで得られ，

$$\sigma_e=\frac{8}{3}\pi r_0^2=0.665246\times10^{-28} \text{ [m}^2\text{]} \tag{3.10}$$

σ_e はトムソンの古典散乱係数とも呼ばれ，他の相互作用の断面積にもあらわれる．

3.2 干渉性散乱

【例題 3.2】

1. ある等軸晶系結晶の格子定数は 404 [pm] である．銅の K_a-X 線を使った回折計で第 1 次反射（$n=1$）が起こるのは反射角（照角）が何度のときか．ただし，銅の K_a-X 線の波長は 1.54 [Å] とする．

【解】 式 (3.7) を，$\sin\theta = \lambda/2d$ と変形する．404 [pm] は 4.04 [Å] に等しく，また n が 1 であるから，

$$\sin\theta = \frac{\lambda}{2d} = \frac{1.54}{2 \cdot 4.04} \cong 0.190594$$

∴ $\theta = \sin^{-1} 0.190594 \cong 11°$

2. 図 3.8 に示すように，格子定数が 281 [pm] である等軸晶系結晶に特性 X 線を照射したところ，反射角（照角）が 14.655° のところで第 2 次反射（$n=2$）が観測されたとする．この特性 X 線の波長を求めよ．

【解】 281 [pm] は 2.81 [Å] に等しいので式 (3.7) より，

$2\lambda = 2d \sin\theta = 2 \cdot 2.81 \sin 14.655°$

∴ $\lambda = (5.62 \cdot 0.253)/2 \cong 0.711$ [Å]

0.711 [Å] はモリブデンの K_a-X 線である．

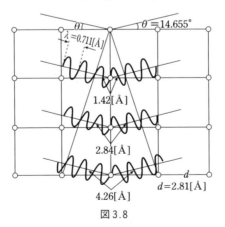

図 3.8

3. シリコンは格子定数が 5.43 [Å] の等軸晶系結晶である．これに連続 X 線

を照射して第1次反射（$n=1$）でエネルギー 20 [keV] の単色化した X 線を取り出そうとするとき，照角（反射角）は何度の方向か．

【解】　エネルギー 20 [keV] は波長 0.62 [Å] に等しい．したがって式 (3.7) を $\sin\theta=\lambda/2d$ と変形し，

$$\sin\theta=\frac{\lambda}{2d}=\frac{0.62}{2\cdot 5.43}$$

$$\therefore\ \theta=\sin^{-1}0.0571\cong 3.27°$$

このような単色 X 線の取り出しは一部の DEXA (Dual Energy X-ray Absorptiometry) で実用化された方法である．

4．低エネルギー X 線と自由電子との干渉性散乱によって 45° 方向に散乱される微分断面積を [m²/sr] 単位と [m²/rad] 単位で求めよ．

【解】　まず，式 (3.8) を用いて，単位立体角あたりの微分断面積を求める．

$$\frac{d\sigma_e}{d\Omega}=\frac{r_0^2}{2}(1+\cos^2\phi)=\frac{(2.82\times 10^{-15})^2}{2}\cdot(1+\cos^2 45°)$$

$$\cong 5.96\times 10^{-30}\ [\mathrm{m^2/sr}]$$

次に，式 (3.9) を用いて，単位平面角あたりの微分断面積を求める．

$$\frac{d\sigma_e}{d\phi}=\frac{r_0^2}{2}(1+\cos^2\phi)2\pi\sin\phi$$

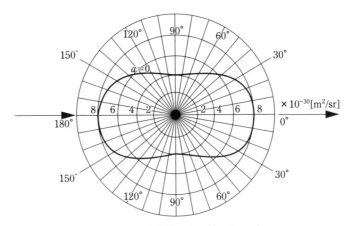

図 3.9　干渉性散乱の微分断面積 $d\sigma_e/d\Omega$

3.2 干渉性散乱

$$= \frac{(2.82 \times 10^{-15})^2}{2} \cdot (1 + \cos^2 45°) \cdot 2\pi \sin 45°$$

$$= 2.65 \times 10^{-29} \ [\text{m}^2/\text{rad}]$$

5. 前題のような単位立体角あたりの微分断面積 $d\sigma_e/d\Omega$ を散乱角ゼロから π まで求めると図 3.9 のような繭型の角度分布が得られる．その結果，90°方向の微分断面積はゼロまたは π 方向の半分の微分断面積しかもたないのはなぜか．簡単に説明せよ．

【解】　干渉性散乱は X 線の電場 E と電子の電荷 $-e$ との積 $-eE$ なる力で電子が強制振動状態におかれ，振動する電子が波源となり散乱 X 線を放出する．この場合，電子の振動方向は図 3.10 に示す 2 つの場合の間のいずれかとなる．しかし，ここでは 2 つの場合を考えるだけで十分である．図 3.10 の a) のとき，電子は紙面に沿って縦方向に振動しているので，散乱 X 線は紙面に垂直な平面上のどこかに放射される．重要なことは，X 線は横波であり電子の振動方向に放射されないということである（もし，放射されれば縦波ということになる）．同様に，図 3.10 の b) のとき，散乱X線は紙面上の平面のど

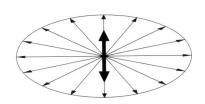

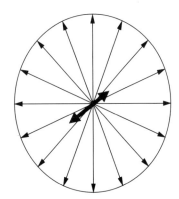

a) 電子は紙面の上下方向に振動している．散乱光子は紙面に垂直な面のどこかに放射される．

b) 電子は紙面に垂直な方向に振動している．散乱光子は紙面平面上のどこかに放射される．

図 3.10　干渉性散乱の機序

こかに放射される．ゼロまたはπ方向はどちらの場合も放射されるが，90°方向は図3.10のb)の場合しか放射されない．図3.10の2つの場合の中間の場合も同様であり，その結果90°方向の微分断面積はゼロまたはπ方向の半分の微分断面積しかもたない．

6. きわめて低いエネルギーで1×10^8個からなる細いX線束を厚さ0.5 [g/cm²]のカーボン板に照射したとき干渉性散乱のみが起こったとする．X線束の入射方向から30°の方向にカーボン板への入射点から20 [cm] の位置に口径面が2 [cm²]の円筒形検出器を置いたとき，検出器に入る干渉性散乱X線の光子数はいくらか．ただし，古典電子半径は2.82 [fm] とする．また，カーボンの原子量は12，アボガドロ数は6.022×10^{23}とする．

【解】 図3.11のような構成になっている．

まず式（3.8）を用いて，単位立体角あたりの微分断面積を求めると，

$$\frac{d\sigma_e}{d\Omega} = \frac{r_0^2}{2}\cdot(1+\cos^2\phi) = \frac{(2.82\times10^{-13})^2}{2}\cdot(1+\cos^2 30°)$$
$$\cong 6.96\times10^{-26}\ [\text{cm}^2/\text{sr}]$$

これは1電子あたりの微分断面積である．次にカーボン板に含まれる電子数

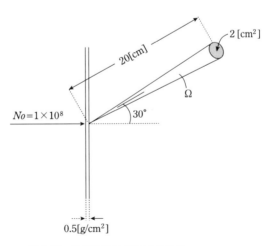

図3.11 干渉性散乱X線の光子数

N_e を求めると,面密度が 0.5 [g/cm^2] であるので,

$$N_e = \frac{N_A}{A_w} \cdot 0.5 \cdot 6 = \frac{6.022 \times 10^{23}}{12} \cdot 0.5 \cdot 6 = 1.5055 \times 10^{23} \text{ [cm}^{-2}\text{]}$$

検出器の幾何学的な効率を考えると,入射点から 20 [cm] だけ離れたところの 2 [cm^2] の円を望んでいるので,その立体角 Ω は,近似的に

$$\Omega = 2/20^2 = 0.005 \text{ [sr]}$$

したがって,N_0 個から成る線束が N_e 個の電子を含む物質層に入射したとき,立体角 Ω 中に散乱される光子数 N_s は

$$N_s = N_0 \cdot \frac{d\sigma_e}{d\Omega} \cdot N_e \cdot \Omega = 6.96 \times 10^{-26} \cdot 1.5055 \times 10^{23} \cdot 0.005 \cdot 1 \times 10^8 \cong 5239.14$$

である.約 5239 個の散乱光子が検出器に入ることが期待される.

● 演習問題 3.2

1. X 線の反射式における反射角は,X 線の入射方向をゼロとする散乱角と定義が異なる.反射角 20°とは干渉性散乱の散乱角にして何度のことか.

2. シリコンの格子定数は 5.43 [Å] である.モリブデンの K$_\alpha$-特性 X 線を使った回折計で第 1 次反射がみつかるのは反射角(照角)が何度のときか.ただし,モリブデンの K$_\alpha$-特性 X 線の波長は 0.711 [Å] とする.

3. NaCl の格子定数は 5.64 [Å] である.この結晶に特性 X 線を照射したところ,反射角(照角)が 9.13°のところで第 1 次反射がみつかったとする.この特性 X 線の波長はいくらか.

4. 銅の K$_\alpha$-特性 X 線を使った回折計で岩塩を分析している.反射角(照角)が 15.9°のところで第 1 次反射がみつかったとすると,岩塩の格子定数は何オングストロームか.ただし,銅の K$_\alpha$-特性 X 線の波長は 1.54 [Å] とする.

5. ある等軸晶系結晶をニッケルの K$_\alpha$-特性 X 線を使った回折計で分析している.反射角(照角)が 31.61°のとき第 2 次反射がみつかったとすると,この結晶の格子定数はいくらか.[pm] 単位で答えよ.ただし,ニッケルの K$_\alpha$

第3章　X線と物質との相互作用

-特性X線の波長は 1.659 [Å] とする．

6. アルミニウムの格子定数は 404.94 [pm] である．これに連続X線を照射して第1次反射で 20 [keV] の単色化したX線を取り出したい．照角（反射角）を何度とすればよいか．

7. ある等軸晶系結晶に連続X線を照射したところ，照角（反射角）が 12.659° のとき第2次反射でエネルギー 10 [keV] の単色化したX線を取り出すことができた．この結晶の格子定数はいくらか．[pm] 単位で答えよ．

8. トムソンの古典散乱係数
$$\sigma_e = \frac{8}{3}\pi r_0^2$$
をバーン単位で数値化せよ．ただし，古典電子半径は 2.82 [fm] とする．

9. 低エネルギーX線が自由電子との干渉性散乱によって 10° 方向に散乱される微分断面積を [b/sr] 単位で求めよ．ただし，古典電子半径は 2.82 [fm] とする．

10. 低エネルギーX線が自由電子との干渉性散乱によって 30° 方向に散乱される微分断面積を [b/rad] 単位で求めよ．ただし，古典電子半径は 2.82 [fm] とする．

11. 低エネルギーで 1×10^8 個から成る細いX線束が厚さ 0.2 [g/cm²] のアルミニウム箔を通過するとき，干渉性散乱によって 120° 方向の単位立体角に散逸される光子数はいくらか．ただし，古典電子半径は 2.82 [fm]，アルミニウムの原子量は 27，アボガドロ数は 6.022×10^{23} とする．

12. 低エネルギーで 1×10^7 個から成る細いX線束が厚さ 0.1 [g/cm²] のカーボン板を通過するとき，干渉性散乱によって 120° 方向の単位平面角に散逸される光子数はいくらか．ただし，古典電子半径は 2.82 [fm]，カーボンの原子量は 12，アボガドロ数は 6.022×10^{23} とする．

13. 低エネルギーX線が厚さ 0.1 [g/cm²] のアルミニウム箔を通過するとき，干渉性散乱を起こす確率はいくらか．ただし，古典電子半径は 2.82 [fm]，アルミニウムの原子量は 27，アボガドロ数は 6.022×10^{23} とす

る．

14. 実効エネルギー20 [keV] で $1×10^8$ [cm^{-2}] のX線束が厚さ2 [cm] の水層を通過するとき，電子の束縛効果を無視できるとすれば，1 [cm^2] あたり干渉性散乱によって散逸する光子数はいくらか．ただし，古典電子半径は2.82 [fm]，水の分子量は18，アボガドロ数は $6.022×10^{23}$ とする．

15. 低エネルギーで $1×10^8$ 個から成る細いX線束を厚さ0.5 [g/cm^2] のアルミニウム板に照射したとき，干渉性散乱のみが起こったとする．線束の入射方向から60°の向きにアルミニウムの入射点から20 [cm] の位置に口径面が2 [cm^2] の円筒形検出器を置いたとき，検出器に入る干渉性散乱光子数はいくらか．ただし，古典電子半径は2.82 [fm]，アルミニウムの原子量は27，アボガドロ数は $6.022×10^{23}$ とする．

演習問題3.2 解答

1. 入射方向をゼロとすると散乱角は40°である（図3.12参照）．

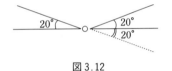

図3.12

2. $\sin\theta = \dfrac{0.711}{2\cdot 5.43} \cong 0.06547$

   $\therefore \quad \theta = \sin^{-1} 0.06547 \cong 3.75°$

3. $\lambda = 2\cdot 5.64 \sin 9.13° \cong 1.79$ [Å]

4. $d = \dfrac{1.54}{2\sin 15.9°} \cong 2.81$ [Å]

5. 1.659 [Å] = 165.9 [pm] であるから，

   $d = \dfrac{2\cdot 165.9}{2\cdot \sin 31.61°} \cong 316.5$ [pm]

6. $\lambda = \dfrac{12.4}{20} = 0.62$ [Å]

   404.94 [pm] = 4.0494 [Å] であるから，

   $\sin\theta = \dfrac{0.62}{2\cdot 4.0494} \cong 0.0767$

第3章　X線と物質との相互作用

$\therefore \quad \theta = 4.39°$

7. $\lambda = \dfrac{12.4}{10} = 1.24\ [\text{Å}]$

 $1.24\ [\text{Å}] = 124\ [\text{pm}]$ であるから，

 $d = \dfrac{2 \cdot 124}{2 \cdot \sin 12.659°} \cong 565.8\ [\text{pm}]$

8. $2.82\ [\text{fm}] = 2.82 \times 10^{-15}\ [\text{m}]$ であるから，

 $\sigma_e = \dfrac{8}{3}\pi \cdot (2.82 \times 10^{-15})^2 \cong 6.66 \times 10^{-29}\ [\text{m}^2]$

 $= 0.666\ [\text{b}]$

9. $\dfrac{\mathrm{d}\sigma_e}{\mathrm{d}\Omega} = \dfrac{(2.82 \times 10^{-15})^2}{2} \cdot (1 + \cos^2 10°) = 6.95835 \times 10^{-30}\ [\text{m}^2/\text{sr}]$

 $\cong 0.0696\ [\text{b/sr}]$

10. $\dfrac{\mathrm{d}\sigma_e}{\mathrm{d}\phi} = \dfrac{(2.82 \times 10^{-15})^2}{2} \cdot (1 + \cos^2 30°) \cdot 2\pi \sin 30° \cong 2.186 \times 10^{-29}\ [\text{m}^2/\text{sr}]$

 $\cong 0.2186\ [\text{b/rad}]$

11. まず微分断面積は，

 $\dfrac{\mathrm{d}\sigma_e}{\mathrm{d}\Omega} = \dfrac{(2.82 \times 10^{-13})^2}{2} \cdot (1 + \cos^2 120°) = 4.97025 \times 10^{-26}\ [\text{cm}^2/\text{sr}]$

 次に箔中の電子数は，

 $N_e = \dfrac{6.022 \times 10^{23}}{27} \cdot 0.2 \cdot 13 \cong 5.8 \times 10^{22}\ [\text{cm}^{-2}]$

 したがって，散乱光子数は，

 $N_s = 4.97 \times 10^{-26} \cdot 5.8 \times 10^{22} \cdot 1 \times 10^8 \cong 2.88 \times 10^5\ [\text{sr}^{-1}]$

12. まず微分断面積は，

 $\dfrac{\mathrm{d}\sigma_e}{\mathrm{d}\phi} = \dfrac{(2.82 \times 10^{-13})^2}{2} \cdot (1 + \cos^2 120°) \cdot 2\pi \sin 120° \cong 2.7 \times 10^{-25}\ [\text{cm}^2/\text{rad}]$

 次に板中の電子数は，

 $N_e = \dfrac{6.022 \times 10^{23}}{12} \cdot 0.1 \cdot 6 = 3.011 \times 10^{22}\ [\text{cm}^{-2}]$

 したがって，散乱光子数は，

3.2 干渉性散乱

$$N_s = 2.7 \times 10^{-25} \cdot 3.011 \times 10^{22} \cdot 1 \times 10^7 \cong 8.14 \times 10^5 \ [\text{sr}^{-1}]$$

13. 古典電子半径を $2.82\,[\text{fm}]$ とするので,古典散乱係数は[演習問題 3.2.8]で求めた $0.666\,[\text{b}]$ を用いる.

    箔中の電子数は,
    $$N_e = \frac{6.022 \times 10^{23}}{27} \cdot 0.1 \cdot 13 \cong 2.9 \times 10^{22} \ [\text{cm}^{-2}]$$

    したがって,干渉性散乱を起こす確率は,
    $$P = 0.666 \times 10^{-24} \cdot 2.9 \times 10^{22} = 1.931 \times 10^{-2}$$

14. 古典電子半径を $2.82\,[\text{fm}]$ とするので,古典散乱係数は[演習問題 3.2.8]で求めた $0.666\,[\text{b}]$ を用いる.水の密度 $1\,[\text{g/cm}^3]$ に水層厚 $2\,[\text{cm}]$ を乗じて面密度 $2\,[\text{g/cm}^2]$ を得る.したがって,水層の電子数は,
    $$N_e = \frac{6.022 \times 10^{23}}{18} \cdot 2 \cdot 10 \cong 6.69 \times 10^{23} \ [\text{cm}^{-2}]$$

    干渉性散乱する光子数は,
    $$N_s = 0.666 \times 10^{-24} \cdot 6.69 \times 10^{23} \cdot 1 \times 10^8 \cong 4.456 \times 10^7 \ [\text{cm}^{-2}]$$

15. まず微分断面積は,
    $$\frac{d\sigma_e}{d\Omega} = \frac{(2.82 \times 10^{-13})^2}{2} \cdot (1 + \cos^2 60°) = 4.97025 \times 10^{-26} \ [\text{cm}^2/\text{sr}]$$

    次に板中の電子数は,
    $$N_e = \frac{6.022 \times 10^{23}}{27} \cdot 0.5 \cdot 13 \cong 1.45 \times 10^{23} \ [\text{cm}^{-2}]$$

    幾何学的条件から計測立体角は,
    $$\Omega = \frac{2}{20^2} = 0.005 \ [\text{sr}]$$

    したがって,検出器に入る散乱光子数は,
    $$N_s = 4.97 \times 10^{-26} \cdot 1.45 \times 10^{23} \cdot 0.005 \cdot 1 \times 10^8 \cong 3603$$

3.3 光電吸収

■要　項■

3.3.1 光電子のエネルギー

光電吸収の結果，光電子が放出される．光電吸収には必ず原子の反跳が伴うが，反跳エネルギーは無視できるため，光電子のエネルギー T は

$$T = h\nu - B \tag{3.11}$$

　　$h\nu$：入射光子エネルギー，B：殻電子の束縛エネルギー

で与えられる．電子の運動エネルギー T は，既に学んだように(式(1.28)，p.27)，

$$T = \left(\frac{1}{\sqrt{1-v^2/c^2}} - 1\right) m_0 c^2$$

と記述され，放出された光電子の初速 v は，

$$v = c\sqrt{\frac{m^2 c^4 - m_0^2 c^4}{m^2 c^4}}$$

　　mc^2：電子の全エネルギー，$m_0 c^2$：電子の静止質量($= 511$ [keV])
　　$c = 3 \times 10^8$ [m/s]

である．

3.3.2 蛍光収率とオージェ効果

光電吸収は主に K 殻電子との相互作用として生じるため，引き続き原子の再配置が起こる．原子の再配置は特性 X 線の放射を伴う放射遷移かオージェ電子の放出を伴う非放射遷移の競合過程として起こる．これらのうち，放射遷移の割合を示すのが蛍光収率であり，原子番号 Z の原子の場合，K 殻蛍光収率 ω_K は近似的に

$$\omega_{\mathrm{K}} = \frac{1}{1+(33.6/Z)^{3.5}} \tag{3.12}$$

で与えられる．

逆に非放射遷移が生じる割合 $(1-\omega)$ をオージェ収率という．人体のような低原子番号物質ではオージェ収率は近似的に1である．オージェ電子のエネルギーは特性X線のエネルギーよりやや低くなる．例えば K_{a1}-特性X線が放射される代わりに L_2 電子が放出されるとすれば，その電子は K-L_3-L_2 オージェ電子と呼ばれ，L_2 電子の束縛エネルギーだけ K_{a1}-特性X線よりエネルギーは低い．

3.3.3 光電吸収断面積

原子あたりのK殻光電吸収断面積 $\sigma_{\tau,\mathrm{K}}$ は，光電吸収が優勢な低エネルギー光子の場合，

$$\sigma_{\tau,\mathrm{K}} = \sigma_e \frac{Z^5}{137^4} \cdot 4\sqrt{2}\left(\frac{m_0 c^2}{h\nu}\right)^{7/2}$$

Z：原子番号，$h\nu$：入射光子エネルギー，

σ_e：トムソンの古典散乱係数，$m_0 c^2$：電子の静止質量

したがって吸収端を除けば，原子番号 Z_b の原子の光子エネルギー $h\nu_b$ に対するK殻光電吸収断面積 $\sigma_{\tau,b}$ は，原子番号 Z_a の原子の光子エネルギー $h\nu_a$ に対するK殻光電吸収断面積 $\sigma_{\tau,a}$ を用いて，

$$\sigma_{\tau,b} = \left(\frac{Z_b}{Z_a}\right)^5 \cdot \left(\frac{h\nu_a}{h\nu_b}\right)^{\frac{7}{2}} \cdot \sigma_{\tau,a} \tag{3.13}$$

と近似できる．

【例題 3.3】

1. 表3.2はタングステンの各殻の束縛エネルギーである．100 [keV] の光子がタングステン原子に光電吸収されたとき，各殻から放出される光電子のエネルギー T を [keV] 単位で求めよ．

第 3 章　X 線と物質との相互作用

表 3.2

殻	K	L_1	L_2	L_3
束縛エネルギー [keV]	69.5250	12.0998	11.5440	10.2068

【解】　式(3.11)に代入する．

K 殻電子の場合：$T=100-69.525=30.475$ [keV]

L_1 殻電子の場合：$T=100-12.0998=87.9$ [keV]

L_2 殻電子の場合：$T=100-11.544=88.456$ [keV]

L_3 殻電子の場合：$T=100-10.2068=89.932$ [keV]

ただし，光電吸収は各殻で均等には起こらず，K 殻光電吸収が可能な場合は 80 [%] 以上の割合で K 殻光電吸収が生じる．

2．真空中に置いてあるガドリニウムの塊に 150 [keV] の γ 線を照射したとき，その表面で K 殻光電吸収が生じ，光電子が飛び出してきたとする．ガドリニウム中での電子のエネルギー損失が無視できるものとして，光電子の速さを求めよ．ただし，ガドリニウムの K 殻の束縛エネルギーは 50.24[keV] とする．

【解】　まず，光電子のエネルギー T を求めると，

$T=150-50.24=99.76$ [keV]

したがって，光電子の全エネルギー E は

$E=511+99.76=610.76$ [keV]

これを速さ v に換算すると，

$$v=c\sqrt{\frac{m^2c^4-m_0^2c^4}{m^2c^4}}=c\sqrt{\frac{373027.7776-261121}{373027.7776}}\cong\sqrt{0.3}c\cong0.5477c$$

$c=3\times10^8$ [m/s] なので，これは 1.642×10^8 [m/s] に等しい．

3．鉛ブロックに 150[keV] の γ 線を照射したとき，K 殻光電吸収が生じたとする．光電子と鉛原子が均等に入射 γ 線の運動量を分け合ったとすれば，鉛原子の反跳エネルギーはいくらか．[keV] 単位で答えよ．ただし，鉛原子の質量は 207.2[u] とし，反跳エネルギーはニュートン力学 $(1/2)mv^2$ で求まる

3.3 光電吸収

ものとする（図3.13）．

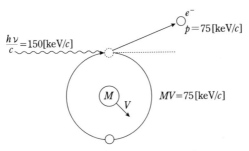

図3.13 鉛原子の反跳エネルギー

【解】　入射 γ 線の運動量 p はエネルギーが 150 [keV] なので，150 [keV/c] である（この運動量の表記については例題1.2.6 (p.17) を参照）．この半分を光電子が持って出るので，鉛原子の反跳運動量は 75 [keV/c] である．

　一方，鉛原子の質量 M は 207.2 [u] で，1 [u] = 931.5 [MeV] であるから，これは 193006.8 [MeV/c^2] = 193006.8×10³ [keV/c^2] に等しい．したがって，速さ V で動く鉛原子の反跳エネルギー T_R は

$$T_R = \frac{1}{2}MV^2 = \frac{p^2}{2M} = \frac{75^2}{2 \cdot 193006.8 \times 10^3} \cong 1.46 \times 10^{-5} \text{ [keV]}$$

結果，反跳エネルギー T_R はほぼゼロと見なすことができ，式(3.11)が妥当であることが理解できる．

4. $_8$O, $_{13}$Al, $_{26}$Fe, $_{82}$Pb 原子の K 殻蛍光収率をそれぞれ算定せよ．

【解】　酸素の原子番号8，アルミニウムの13，鉄の26，鉛の82を式(3.12)に代入して求める．

$$\text{O の K 殻蛍光収率：} \omega_K = \frac{1}{1+(33.6/Z)^{3.5}} = \frac{1}{1+(33.6/8)^{3.5}} = 0.0065$$

$$\text{Al の K 殻蛍光収率：} \omega_K = \frac{1}{1+(33.6/13)^{3.5}} = 0.0348$$

$$\text{Fe の K 殻蛍光収率：} \omega_K = \frac{1}{1+(33.6/26)^{3.5}} = 0.2896$$

PbのK殻蛍光収率：$\omega_K = \dfrac{1}{1+(33.6/82)^{3.5}} = 0.9578$

実際のK殻蛍光収率は，Oは0.0069，Alは0.039，Feは0.355，Pbは0.963であり，Feについてはかなり残差がある．しかし，低原子番号の原子では蛍光収率が小さく，人体中でK殻光電吸収が生じても放射遷移は稀にしか起こらないことはわかる．

5．表3.3は鉛の各殻の束縛エネルギーである．100 [keV] の光子が鉛原子にK殻光電吸収されたとき，オージェ効果が生じたとする．$K\text{-}L_2\text{-}L_3$ 電子のエネルギーを [keV] 単位で求めよ．

表3.3

殻	K	L_1	L_2	L_3
束縛エネルギー [keV]	88.0045	15.8608	15.2000	13.0352

【解】　入射光子のエネルギーはK殻光電吸収が起こるかどうかの判定だけで，オージェ電子のエネルギーには無関係である．K殻とL_2殻のエネルギー準位差 E は

$E = 88.0045 - 15.2 = 72.8045$ [keV]

このエネルギーがL_3殻電子に付与されて飛び出すのが$K\text{-}L_2\text{-}L_3$電子なので，そのエネルギー T は，

$T = 72.8045 - 13.0352 \cong 59.8$ [keV]

鉛原子の場合，72.8045 [keV] のエネルギーが$K_{\alpha2}$-特性X線としてふつう放射されることは前題で説明したとおりである．

6．K殻の束縛エネルギーが15 [keV] の元素があるとする．この元素のL_2殻からの放射遷移に伴う$K_{\alpha2}$-特性X線の代わりに$K\text{-}L_2\text{-}L_2$電子が10 [keV] のエネルギーで放出されたとして，この元素のL_2殻の束縛エネルギーと$K_{\alpha2}$-特性X線の波長を求めよ．

【解】　K殻の束縛エネルギーをB_Kと，L_2殻の束縛エネルギーをB_{L2}と書けば，$K_{\alpha2}$-特性Xのエネルギー $h\nu(K_{\alpha2})$ は，

3.3 光電吸収

$$h\nu(\text{K}_{a2}) = B_\text{K} - B_{\text{L}2}$$

また，K-L_2-L_2 電子のエネルギーを T として，

$$T = (B_\text{K} - B_{\text{L}2}) - B_{\text{L}2} = 10 \ [\text{keV}]$$

$$2B_{\text{L}2} = 15 - 10 = 5 \ [\text{keV}]$$

$$B_{\text{L}2} = 2.5 \ [\text{keV}]$$

したがって，K_{a2}-特性 X 線のエネルギー $h\nu(\text{K}_{a2})$ は

$$h\nu(\text{K}_{a2}) = 15 - 2.5 = 12.5 \ [\text{keV}]$$

これを波長に換算すれば，

$$\lambda(\text{K}_{a2}) = 12.4/12.5 = 0.992 \ [\text{Å}]$$

L_2 殻の束縛エネルギーは 2.5 [keV]，K_{a2}-特性 X 線の波長は 0.992 [Å] である．

7. $_{50}\text{Sn}$ 原子の 100 [keV] の光子に対する光電吸収断面積は 2.9×10^2 [b] である．これを用いて，$_{82}\text{Pb}$ 原子の 150 [keV] の光子に対する光電吸収断面積を推定せよ．

【解】 $_{50}\text{Sn}$ の K 殻の束縛エネルギーは 29.2 [keV]，$_{82}\text{Pb}$ は 88 [keV] なので，K 殻光電吸収が起こったものとして式 (3.13) を適用する．

$$\sigma_{\tau,\text{Pb}} = \frac{(82/50)^5}{(150/100)^{7/2}} \cdot \sigma_{\tau,\text{Sn}} \simeq \frac{11.86}{4.134} \cdot 2.9 \times 10^2 \simeq 8.3 \times 10^2 \ [\text{b}]$$

実際の $_{82}\text{Pb}$ の 150 [keV] の光子に対する光電吸収断面積は 6.14×10^2 [b] である．したがって 30 [%] 以上の残差があるが，原子番号と光子エネルギーの両方が変化したとき光電吸収断面積がどのようになるか推定する場合には役立つ．

8. 次の元素と光子エネルギーの組み合わせのうち，どの光電吸収断面積がもっとも大きいと推定されるか．

$_6\text{C}$ 20 [keV]

$_7\text{N}$ 30 [keV]

$_8\text{O}$ 40 [keV]

$_{13}\text{Al}$ 50 [keV]

第 3 章 X 線と物質との相互作用

$_{29}$Cu 60 [keV]

【解】 もっとも原子番号の高い Cu の K 殻の束縛エネルギーが約 9 [keV] なので，すべて K 殻光電吸収が起こったものとする．$_6$C の光電吸収断面積を 1 とすれば，式 (3.13) から，

$_6$C   1
$_7$N   2.16/4.13=0.52
$_8$O   4.21/11.3=0.37
$_{13}$Al   47.7/24.7=1.93
$_{29}$Cu 2637.7/46.8=56.36

を得る．したがって $_{29}$Cu の 60 [keV] の光子に対する光電吸収断面積が断然大きい．実際の光電吸収断面積も

$_6$C   20 [keV]   4.01 [b]
$_7$N   30 [keV]   2.23 [b]
$_8$O   40 [keV]   4.63 [b]
$_{13}$Al   50 [keV]   7.65 [b]
$_{29}$Cu 60 [keV]   145 [b]

であり，$_8$O を除いてほぼ推定のとおりである．

9. 光電吸収断面積は内殻の電子に対して大きい．逆に自由電子に対して光電吸収は起こらない．この理由を運動量保存則から簡単に説明せよ．

【解】 まず光子のエネルギー $h\nu$ と運動量 $h\nu/c$ との比を求めると，

$$\frac{h\nu}{(h\nu/c)}=c$$

である．電子の全エネルギー mc^2 と運動量 mv との比は

$$\frac{mc^2}{mv}=\frac{c}{\beta}$$

である．ただし β は v/c であり，1 より小さい．エネルギー保存則より $h\nu=mc^2$ としたとき

3.3 光電吸収

$$\frac{mv}{(h\nu/c)} = \beta$$

となり必ず1より小さな値となる．したがって運動量保存則を満たさない．このため，光電吸収では必ず原子の反跳を必要とし，結果，より内殻の電子の光電吸収断面積が外殻より優勢となる．

● 演習問題 3.3

1. 固体内の電子を取り出すための最小エネルギー，したがって，もっとも弱い束縛電子を原子から離脱させるのに必要なエネルギーを仕事関数という．フィラメントに使われるタングステンに波長 2743 [Å] の光を照射すると電子が取り出せたが，それ以上長い波長の光では取り出せなかった．タングステンの仕事関数はいくらか．[eV] 単位で答えよ．

2. フィラメントに逆電圧をかけると電子の放出を阻止できる．仕事関数が 4.52 [eV] のタングステンに振動数 1.5×10^{15} [s^{-1}] の光を照射したとき，電子の放出を阻止できる逆電圧は何ボルトか．

3. 振動数 6×10^{15} [s^{-1}] の光が水素原子に吸収された．水素が基底準位にあり，電子がボーア模型に従うとすれば，電子の得る運動エネルギーはいくらか．[eV] 単位で答えよ．

4. 100 [keV] の光子を鉄ブロックに照射したとき，その表面で K 殻光電吸収が生じ，92.9 [keV] の電子が飛び出してきた．電子の金属中でのエネルギー損失が無視できるなら，鉄の K 吸収端を [keV] 単位で求めよ．

5. 120 [keV] の光子をタングステン塊に照射したとき，その表面で K 殻光電吸収が生じ，光電子が飛び出してきた．光電子の金属中でのエネルギー損失が無視できるものとして，その初速を求めよ．

6. 150 [keV] の光子を鉛ブロックに照射したとき，その表面で K 殻光電吸収が生じ，光電子が速さ 1.3578×10^8 [m/s] で飛び出してきた．光電子の金属中でのエネルギー損失が無視できるものとして，鉛の K 吸収端を [keV] 単位で求めよ．

7. 100［keV］のX線をグラファイト板に照射したとき，^{12}C原子と衝突し，光電吸収が生じたとする．光電子と^{12}C原子が均等に入射X線の運動量を分け合ったとすると，^{12}C原子の反跳エネルギーはいくらか．ただし，^{12}CのK吸収端はK殻でも0.2838［keV］しかないため無視できるものとし，反跳エネルギーはニュートン力学$(1/2)mv^2$で求まるものとする．

8. 1［MeV］の光子が鉛原子と衝突し，K殻光電吸収を起こした．光電子が光子の入射方向に飛び出していったとすると，鉛原子の受け取る運動量はいくらか．［keV/c］単位で答えよ．

9. $_{53}$I，$_{56}$Ba，$_{74}$W，$_{78}$Pt原子のK蛍光収率をそれぞれ算定せよ．

10. 蛍光収率が高原子番号の原子で大きい理由を簡単に述べよ．

11. 人体脂肪組織の実効原子番号は6.46，筋組織は7.64，骨組織は12.31である．それぞれのオージェ収率を算定せよ．

12. 表3.4はアルミニウムの各殻の束縛エネルギーである．30［keV］の光子がアルミニウム原子にK殻光電吸収されたとき，オージェ効果が生じたとする．K-L_2-L_3電子のエネルギーを［keV］単位で求めよ．

表3.4

殻	K	L_1	L_2	L_3
束縛エネルギー［keV］	1.5596	0.1177	0.0732	0.0727

13. K殻の束縛エネルギーが13.5［keV］の元素があるとする．この元素のL_2殻からの放射遷移に伴う$K_{\alpha 2}$-特性X線の代わりにK-L_2-L_3電子が10.35［keV］のエネルギーで放出されたとする．L_2-L_3間の準位差が0.05［keV］ならば，この元素のL_2殻の束縛エネルギーはいくらか．［keV］単位で答えよ．

14. K殻の束縛エネルギーが100［keV］の元素があるとする．K-L_1-L_2電子が63.6［keV］，K-L_2-L_3電子が67.1［keV］のエネルギーであるとする．L_1-L_2間の準位差が0.6［keV］ならば，この元素のL_2殻から放射遷移に伴う$K_{\alpha 2}$-特性X線の波長はいくらか．［Å］単位で答えよ．

3.3 光電吸収

15. 人体筋組織の実効原子番号は 7.64, 骨組織は 12.31 である．実効エネルギー 30 [keV] 程度の光子に対して骨は筋より何倍光電吸収断面積が大きいか．

16. 30 [keV] の光子に対する $_{13}$Al 原子の光電吸収断面積は 38.2 [b], 60 [keV] の光子に対しては 4.32 [b] である．また, 30 [keV] の光子に対する $_8$O 原子の光電吸収断面積も 4.32 [b] である．これらの元素と光子エネルギー $h\nu$ では光電吸収断面積は原子番号 Z と $h\nu$ のそれぞれ何乗に比例しているか．

17. 40 [keV] の光子に対する $_{13}$Al 原子の光電吸収断面積は 15.4 [b] である．これを用いて, 40 [keV] の光子に対する $_{14}$Si 原子の光電吸収断面積を推定せよ．

18. 100 [keV] の光子に対する鉛原子の光電吸収断面積は 1800 [b] である．これを用いて, 150 [keV] の光子に対する鉛原子の光電吸収断面積を推定せよ．

19. 60 [keV] の光子に対する $_{26}$Fe 原子の光電吸収断面積は 89.8 [b] である．これを用いて, 100 [keV] の光子に対する $_{29}$Cu 原子の光電吸収断面積を推定せよ．

20. 次の元素と光子エネルギーの組み合わせのうち, どれが光電吸収断面積がもっとも大きいと推定されるか．

   $_{10}$Ne 30 [keV]
   $_{13}$Al 40 [keV]
   $_{16}$S 50 [keV]
   $_{18}$Ar 60 [keV]
   $_{20}$Ca 80 [keV]

演習問題 3.3 解答

1. $\phi = \dfrac{12.4 \times 10^3}{2743} \cong 4.52$ [eV]

第3章　X線と物質との相互作用

2. $\lambda = \dfrac{3 \times 10^8}{1.5 \times 10^{15}} = 2 \times 10^{-7}$ [m] $= 2000$ [Å]

$E = \dfrac{12.4 \times 10^3}{2000} = 6.2$ [eV]

したがって，放出を阻止するには，

$6.2 - 4.52 = 1.68$ [eV]

が必要であり，電子ボルトの定義より逆電圧は，

$V_s = 1.68$ [V]

3. $\lambda = \dfrac{3 \times 10^8}{6 \times 10^{15}} = 5 \times 10^{-8}$ [m] $= 500$ [Å]

$E = \dfrac{12.4 \times 10^3}{500} = 24.8$ [eV]

ボーア模型に従えば，基底状態にある電子の電離ポテンシャルは 13.6 [eV] なので，

$T = 24.8 - 13.6 = 11.2$ [eV]

4. $B_K = 100 - 92.9 = 7.1$ [keV]

5. タングステンの K 吸収端は 69.5 [keV] なので，光電子のエネルギーは，

$T = 120 - 69.5 = 50.5$ [keV]

したがって，光電子の速さは，

$v = c\sqrt{\dfrac{(511+50.5)^2 - 511^2}{(511+50.5)^2}} \cong 0.41447c \cong 1.24 \times 10^8$ [m/s]

6. $\beta = \dfrac{1.3578 \times 10^8}{3 \times 10^8} = 0.4526$

これより，光電子のエネルギーは，

$T = \left(\dfrac{1}{\sqrt{1 - 0.4526^2}} - 1\right) \cdot 511 \cong 0.1214 \cdot 511 \cong 62$ [keV]

したがって，鉛の K 吸収端は，

$B_K = 150 - 62 = 88$ [keV]

7. 均等に運動量を分け合うのだから ^{12}C 原子の反跳運動量は 50 [keV/c]．また，^{12}C の原子質量は正確に 12 [u] であるから，反跳エネルギーは，

$$T_R = \frac{1}{2}MV^2 = \frac{p^2}{2M} = \frac{50^2}{2 \cdot 12 \cdot 931.5 \times 10^3} \cong 1.12 \times 10^{-4} \ [\text{keV}]$$
$$= 0.112 \ [\text{eV}]$$

8. 鉛の K 吸収端は 88 [keV] なので，光電子のエネルギーは，
$$T = 1000 - 88 = 912 \ [\text{keV}]$$
また，光電子の速さは
$$v = c\sqrt{\frac{(912+511)^2 - 511^2}{(912+511)^2}} \cong 0.933c$$
光電子の質量は $912 + 511 = 1423 \ [\text{keV}/c^2]$ であるから，その運動量は，
$$p = 1423 \cdot 0.933 \cong 1328 \ [\text{keV}/c]$$
運動量保存則より，
$$\frac{h\nu}{c} = -MV + p = -MV + 1328 = 1000 \ [\text{keV}/c]$$
$$\therefore \quad MV = 328 \ [\text{keV}/c]$$
反跳運動量 MV につけた負の符号は，光電子とは逆向きに動くことを示している．光電子が入射光子と同じ方向に飛び出しても，運動量をそのまま受け取るわけではなく，光電吸収が自由電子とは起こり得ないことがわかる．

9. $_{53}\text{I} : \dfrac{1}{1+(33.6/53)^{3.5}} \cong 0.831$

   $_{56}\text{Ba} : \dfrac{1}{1+(33.6/56)^{3.5}} \cong 0.857$

   $_{74}\text{W} : \dfrac{1}{1+(33.6/74)^{3.5}} \cong 0.941$

   $_{78}\text{Pt} : \dfrac{1}{1+(33.6/78)^{3.5}} \cong 0.950$

10. 蛍光収率は選択律によって決まるといってよい．選択律によれば，電子殻の重なりが大きいほど放射遷移の起こる確率が高くなる．原子の大きさ（電子雲のひろがり）は原子番号によって大きく変わらず，高原子番号の原子ほど，当然電子数が多くなるので，電子殻の重なりは大きい．したがって，放射遷移の確率が増し，蛍光収率も高くなる．

第3章　X線と物質との相互作用

11. 脂肪：$1-\dfrac{1}{1+(33.6/6.46)^{3.5}} \cong 1-0.0031 = 0.9969$

    筋：$1-\dfrac{1}{1+(33.6/7.64)^{3.5}} \cong 1-0.0056 = 0.9944$

    骨：$1-\dfrac{1}{1+(33.6/12.31)^{3.5}} \cong 1-0.0289 = 0.971$

12. $T = 1.5596 - 0.0732 - 0.0727 = 1.4137$ [keV]

13. $T = B_K - B_{L2} - B_{L3} = 10.35$ [keV]
    $B_{L2} - B_{L3} = 0.05$ であるから $B_{L3} = B_{L2} - 0.05$ [keV]
    $T = 13.5 - B_{L2} - (B_{L2} - 0.05) = 10.35$
    $2B_{L2} = 3.2$
    $\therefore B_{L2} = 1.6$ [keV]

14. $T_2 = B_K - B_{L2} - B_{L3} = 100 - B_{L2} - B_{L3} = 67.1$ [keV]
    $T_1 = B_K - B_{L1} - B_{L2} = 100 - B_{L1} - B_{L2} = 63.6$ [keV]
    $T_2 - T_1 = B_{L1} - B_{L3} = 3.5$ [keV]
    L_1-L_2間の準位差が 0.6 [keV] なので，$B_{L2} - B_{L3} = 2.9$ [keV]
    したがって，もし K-L_2-L_2電子が発生すれば，そのエネルギーは $67.1 - 2.9 = 64.2$ [keV] である．
    $T = 100 - B_{L2} - B_{L2} = 64.2$
    $2B_{L2} = 35.8$
    $\therefore B_{L2} = 17.9$ [keV]
    これより，K$_{a2}$-特性X線のエネルギーは
    $h\nu(K_{a2}) = 100 - 17.9 = 82.1$ [keV]
    $\therefore \lambda(K_{a2}) = \dfrac{12.4}{82.1} \cong 0.151$ [Å]

15. $\dfrac{\sigma_{\tau,b}}{\sigma_{\tau,m}} = \left(\dfrac{12.31}{7.64}\right)^5 \cong 10.86$

16. 原子番号 Z に関しては，
    $\dfrac{\log(38.2/4.32)}{\log(13/8)} = 4.489$

3.3 光電吸収

光子エネルギー $h\nu$ に関しては，

$$\frac{\log(38.2/4.32)}{\log(30/60)} = -3.144$$

17. $\sigma_\tau = \left(\dfrac{14}{13}\right)^5 \cdot 15.4 \cong 22.3 \ [\mathrm{b}]$

18. $\sigma_\tau = \left(\dfrac{100}{150}\right)^{7/2} \cdot 1800 \cong 435 \ [\mathrm{b}]$

19. $\sigma_\tau = \left(\dfrac{29}{26}\right)^5 \cdot \left(\dfrac{60}{100}\right)^{7/2} \cdot 89.8 \cong 25.9 \ [\mathrm{b}]$

20. $_{10}$Ne の 10 [keV] の光子に対する断面積を 1 とすると，

	$h\nu$ [keV]	σ_τ
$_{10}$Ne	30	1
$_{13}$Al	40	1.36
$_{16}$S	50	1.75
$_{18}$Ar	60	1.67
$_{20}$Ca	80	1.03

したがって，$_{16}$S の 50 [keV] の光子に対する断面積がもっとも大きい．

3.4 非干渉性散乱

■要　項■

3.4.1 散乱角とコンプトンシフト

非干渉性散乱が起こると，入射光子のエネルギーの一部が電子に転移されるため，散乱光子の波長は入射光子より必ず長くなる．この差分，したがって波長ののび $\Delta\lambda$ をコンプトンシフトといい，次のコンプトンの式で与えられる．

$$\Delta\lambda = \frac{hc}{m_0 c^2}(1-\cos\phi)$$

h：プランク定数，$c = 3\times 10^8$ [m/s]，$m_0 c^2$：電子の静止質量

ϕ：散乱角

$\Delta\lambda$ の単位を [Å] にとるとコンプトンの式は

$$\Delta\lambda = 0.024(1-\cos\phi) \text{ [Å]} \tag{3.14}$$

と数値化できる．

3.4.2 散乱光子と反跳電子のエネルギー

非干渉性散乱は実際には束縛電子との相互作用として起こるが，入射光子のエネルギーが高く，各電子間の相互作用や原子との束縛効果を無視できるとき，

$$h\nu = h\nu' + T' \tag{3.15}$$

$h\nu$：入射光子エネルギー，$h\nu'$：散乱光子エネルギー，

T'：反跳電子エネルギー

でエネルギーが保存される．このような非干渉性散乱をコンプトンの非干渉性散乱という．図3.14 にコンプトンの非干渉性散乱を例示する．コンプトンの非干渉性散乱では，散乱光子エネルギー $h\nu'$，反跳電子エネルギー T' は，$\alpha \equiv h\nu/m_0 c^2$ として，それぞれ

$$hv' = \frac{hv}{1+\alpha(1-\cos\phi)}$$

$$T' = hv\frac{\alpha(1-\cos\phi)}{1+\alpha(1-\cos\phi)}$$

で求められる．しかしこの2つの式は結局コンプトンの式（3.14）と式（3.15）に還元することができる．

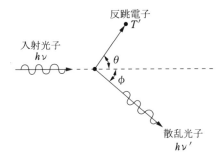

図3.14 コンプトンの非干渉性散乱

3.4.3 散乱角と反跳角

コンプトンの非干渉性散乱では散乱角と反跳角は1対1で対応する．いま反跳角を θ とすると，

$$\cot\theta = \frac{1}{\tan\theta} = (1+\alpha)\tan\frac{\phi}{2} \tag{3.16}$$

$$\because \quad \alpha \equiv hv/m_0c^2$$

したがって散乱角 ϕ か反跳角 θ がわかれば他の一方が求まり，入射光子エネルギーか散乱光子エネルギーが与えられれば，それから残りのエネルギーや角度を求めることができる．

3.4.4 非干渉性散乱断面積

光子が自由電子と衝突して角度 ϕ 方向の立体角要素内に非干渉性散乱される割合である微分断面積 $d\sigma_e/d\Omega$ は，次のクライン-仁科の式で与えられる．

$$\frac{d\sigma_e}{d\Omega} = \frac{r_0^2}{2}(2-\sin\phi)F_{KN} = \frac{r_0^2}{2}(1+\cos^2\phi)F_{KN} \tag{3.17}$$

$$F_{KN} = \left\{\frac{1}{1+\alpha(1-\cos\phi)}\right\}^2 \cdot \left[1 + \frac{\alpha^2(1-\cos\phi)^2}{\{1+\alpha(1-\cos\phi)\}(1+\cos^2\phi)}\right]$$

r_0：古典電子半径（$=2.81794092\times 10^{-15}$ [m]），$\alpha \equiv hv/m_0c^2$

$d\sigma_e/d\Omega$ の単位：[m²/sr]

電子1個の非干渉性散乱断面積 σ_e は式(3.17)を角度積分することで得られ，

第3章　X線と物質との相互作用

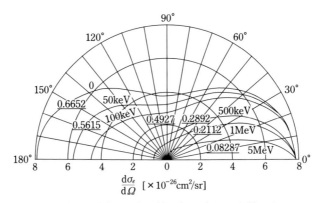

図 3.15　非干渉性散乱の微分断面積 $d\sigma_e/d\Omega$ と全断面積 σ_e

微分断面積 $d\sigma_e/d\Omega$ は軸対称なので片側だけを示した。
$h\nu=0$ のとき古典散乱の微分断面積と一致する。図 3.15 中，アンダーラインを引いて示しているのが全断面積 σ_e [b]．

$$\sigma_e = 2\pi r_0^2 \left[\frac{1+\alpha}{\alpha^2} \left\{ \frac{2(1+\alpha)}{1+2\alpha} - \frac{\ln(1+2\alpha)}{\alpha} \right\} + \frac{\ln(1+2\alpha)}{2\alpha} - \frac{1+3\alpha}{(1+2\alpha)^2} \right] \tag{3.18}$$

σ_e の単位：$[m^2]$

　式（3.17）は式（3.8）の古典散乱の微分断面積に関数 F_{KN} を乗じたものである。F_{KN} は α がゼロか ϕ がゼロのとき 1 となる。したがって，コンプトンの非干渉性散乱の低エネルギー側の極限はトムソンの古典散乱係数と一致する。しかし，式（3.18）は同じく角度積分で得られた式（3.10）のトムソンの古典散乱係数より F_{KN} の分だけ複雑なものとなる。図 3.15 にクライン-仁科の式（3.17）により求めた微分断面積 $d\sigma_e/d\Omega$ と式（3.18）により求めた電子あたりの非干渉性散乱断面積 σ_e を例示する．

【例題 3.4】

1. コンプトンの式（3.14）を導きなさい．
　【解】　電子は衝突前には静止しているものと仮定する．ゆえに光子との衝突

3.4 非干渉性散乱

前の運動量は 0 である．光子の初めの運動量は $\dfrac{h\nu_0}{c}$ であり，衝突後の運動量は $\dfrac{h\nu}{c}$，電子の運動量は mv である（図 3.14, p.115 参照）．

まず，エネルギー保存則から

$$h\nu_0 + m_0 c^2 = h\nu + mc^2$$
$$\therefore\quad mc^2 = h(\nu_0 - \nu) + m_0 c^2$$

両辺を 2 乗すると

$$(mc^2)^2 = (h\nu_0)^2 + (h\nu)^2 - 2h^2\nu_0\nu + (m_0 c^2)^2 + 2h m_0 c^2(\nu_0 - \nu) \quad (3.19)$$

次に運動量保存則から

$$\dfrac{h\nu_0}{c} = \dfrac{h\nu}{c} + mv$$
$$\therefore\quad m\vec{v}c = \overrightarrow{h\nu_0} - \overrightarrow{h\nu} \quad \text{この式に余弦法則を使って}$$
$$(mvc)^2 = (h\nu_0)^2 + (h\nu)^2 - 2h^2\nu_0\nu \cos\phi \quad (3.20)$$

これら (3.19) (3.20) の二つの式を引き算する．

$$(mc^2)^2 - (mvc)^2 = (m_0 c^2)^2 - 2h^2\nu_0\nu(1 - \cos\phi) + 2h m_0 c^2(\nu_0 - \nu)$$

ここで，左辺は次のように変形される．

$$(mc^2)^2 - (mvc)^2 = (mc^2)^2\left(1 - \dfrac{v^2}{c^2}\right) = (m_0 c^2)^2$$

ゆえに，次の式のように簡単になってしまう．

$$m_0 c^2(\nu_0 - \nu) = h\nu_0\nu(1 - \cos\phi)$$
$$\therefore\quad c(\nu_0 - \nu) = \dfrac{h\nu_0\nu}{m_0 c}(1 - \cos\phi)$$

コンプトン波長ののびの式は

$$\lambda - \lambda_0 = \dfrac{h}{m_0 c}(1 - \cos\phi) \quad (3.21)$$

また，エネルギーの減少は

$$h(\nu_0 - \nu) = \dfrac{h^2\nu_0\nu}{m_0 c^2}(1 - \cos\phi)$$

第3章 X線と物質との相互作用

$$\therefore h\nu = \frac{h\nu_0}{1+\frac{h\nu_0}{m_0 c^2}(1-\cos\phi)} \tag{3.22}$$

2. 光子と自由電子が衝突し,散乱角 35° で非干渉性散乱が起こったとする.波長ののびはどれくらいか.［Å］単位で求めよ.

【解】 散乱角が 35° なので,波長ののび $\Delta\lambda$ はコンプトンの式 (3.14) より
$$\Delta\lambda = 0.024(1-\cos\phi) = 0.024(1-\cos 35°) \cong 0.024 \cdot 0.18 = 0.00432 \text{［Å］}$$
この波長ののびは散乱角 ϕ のみで決まり,入射光子のエネルギーなどに依らないことは十分に理解すること.

3. 図 3.16 に示すように,波長 0.1［Å］の光子が自由電子と散乱角 75° で非干渉性散乱を起こしたとする.散乱光子の波長はいくらか.［Å］単位で答えよ.

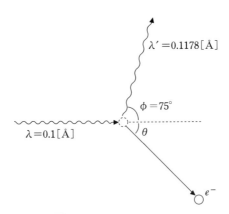

図 3.16 散乱光子の波長

【解】 散乱角が 75° なので,波長ののび $\Delta\lambda$ はコンプトンの式 (3.14) より
$$\Delta\lambda = 0.024(1-\cos 75°) \cong 0.024 \cdot 0.741 = 0.0178 \text{［Å］}$$
したがって散乱光子の波長 λ' は
$$\lambda' = \lambda + \Delta\lambda = 0.1 + 0.0178 = 0.1178 \text{［Å］}$$
$\lambda' = \lambda + \Delta\lambda$ は波長ののび(コンプトンシフト)の定義でもある.単純ではある

118

が，少し問題が複雑になると $\lambda' = \lambda - \Delta\lambda$ などと間違いやすい．この定義も十分に理解しておくこと．

4．十分に高いエネルギーの光子が自由電子と非干渉性散乱を起こした後，散乱光子が電子対生成を起こすことのできる散乱角の上限を求めよ．なお，電子対生成の閾エネルギーは 1.022［MeV］とする．

【解】　まず電子対生成を起こすことのできる限界波長 λ_{th} を求める．

$$\lambda_{th} = \frac{12.4}{1022} = 0.01213 \text{［Å］}$$

十分に高いエネルギーなので波長がゼロ近似できると考え，波長ののび $\Delta\lambda$ だけが限界波長 λ_{th} に寄与するとして，コンプトンの式（3.14）より $\Delta\lambda$ を求めると，

$0.01213 = 0.024(1 - \cos\phi)$

$1 - \cos\phi \cong 0.5054$

$\cos\phi = 0.4946$

∴　$\phi = 60.36°$

となる．精密な電子のコンプトン波長（0.024263089［Å］）で求めると，散乱角は 60° ちょうどとなる．

5．エネルギー 100［keV］の光子が自由電子と散乱角 125° で非干渉性散乱を起こしたとする．散乱光子のエネルギーはいくらか．［keV］単位で答えよ．

【解】　まず入射光子の波長 λ を求めると，

$$\lambda = \frac{12.4}{100} = 0.124 \text{［Å］}$$

散乱角が 125° なので，波長ののび $\Delta\lambda$ はコンプトンの式（3.14）より

$\Delta\lambda = 0.024(1 - \cos\phi) = 0.024(1 - \cos 125°) \cong 0.024 \cdot 1.573 = 0.037752 \text{［Å］}$

したがって散乱光子の波長 λ' は

$\lambda' = 0.124 + 0.037752 \cong 0.16175 \text{［Å］}$

これを散乱光子のエネルギー $h\nu'$ に換算すると，

$$h\nu' = \frac{12.4}{0.16175} \cong 76.66 \text{［keV］}$$

第3章　X線と物質との相互作用

6. エネルギー 200 [keV] の光子が自由電子と散乱角 100° で非干渉性散乱を起こしたとする。反跳電子のエネルギーはいくらか。[keV] 単位で答えよ。

【解】　まず入射光子の波長 λ を求めると，

$$\lambda = \frac{12.4}{200} = 0.062 \; [\text{Å}]$$

散乱角が 100° なので，波長ののび $\Delta\lambda$ はコンプトンの式（3.14）より

$$\Delta\lambda = 0.024(1 - \cos 100°) \cong 0.024 \cdot 1.1736 \cong 0.02816 \; [\text{Å}]$$

したがって散乱光子の波長 λ' は

$$\lambda' = 0.062 + 0.02816 \cong 0.09016 \; [\text{Å}]$$

これを散乱光子のエネルギー $h\nu'$ に換算すると，

$$h\nu' = \frac{12.4}{0.09016} \cong 137.53 \; [\text{keV}]$$

したがって求める反跳電子エネルギー T' は

$$T' = 200 - 137.53 = 62.47 \; [\text{keV}]$$

7. 光子と自由電子が非干渉性散乱を起こしたとする。その結果，入射光子の進行方向に対して 80° の向きに 124 [keV] の散乱光子が放射されたとすると，反跳電子のエネルギーはいくらか。[keV] 単位で答えよ。

【解】　まず散乱光子の波長 λ' を求めると，

$$\lambda' = \frac{12.4}{124} = 0.1 \; [\text{Å}]$$

散乱角が 80° なので，波長ののびをコンプトンの式（3.14）より求めると，

$$\Delta\lambda = 0.024(1 - \cos 80°) \cong 0.024 \cdot 0.826 = 0.019824 \; [\text{Å}]$$

したがって入射光子の波長 λ は

$$\lambda = \lambda' - \Delta\lambda = 0.1 - 0.019824 \cong 0.0802 \; [\text{Å}]$$

これを入射光子のエネルギー $h\nu$ に換算すると，

$$h\nu = \frac{12.4}{0.0802} = 154.613 \; [\text{keV}]$$

したがって，求める反跳電子エネルギー T' は

$$T' = 154.613 - 124 = 30.61 \; [\text{keV}]$$

3.4 非干渉性散乱

8. 102.2 [keV] の光子が最外殻の電子との非干渉性散乱を起こした．その散乱角が 40° のとき，反跳電子は入射光子の進行方向に対して何度の向きに放出されるか．

【解】 最外殻電子なのでコンプトンの非干渉性散乱が成り立つ．まず式(3.16)における α を求めると，

$$\alpha = \frac{102.2}{511} = 0.2$$

散乱角 ϕ が 40° なので反跳角 θ は

$$\frac{1}{\tan\theta} = (1+\alpha)\tan\frac{\phi}{2} = (1+0.2)\tan\frac{40°}{2} \cong 0.437$$

$$\tan\theta = 2.2896$$

$$\therefore \quad \theta = 66.4°$$

9. 204.4 [keV] の光子が最外殻の電子との非干渉性散乱を起こした．その反跳角が 40° のとき，散乱光子は入射光子の進行方向に対して何度の向きに放出されるか．

【解】 前題と同じく，まず式 (3.16) における α を求めると，

$$\alpha = \frac{204.4}{511} = 0.4$$

反跳角 θ が 40° なので散乱角 ϕ は

$$\frac{1}{\tan 40°} = (1+0.4)\tan\frac{\phi}{2}$$

$$\tan\frac{\phi}{2} = \frac{1.19175}{1.4} \cong 0.851$$

$$\frac{\phi}{2} = 40.406°$$

$$\therefore \quad \phi \cong 80.8°$$

10. 図 3.17 に示すように，51.1 [keV] の光子が最外殻の電子との非干渉性散乱を起こした．入射光子の進行方向に対して 80° の向きに電子が放出されたとすると，散乱光子のエネルギーはいくらか．

【解】 光子のエネルギーが 51.1 [keV] なので α は，

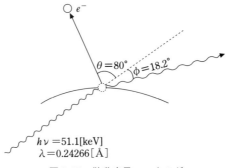

図3.17 散乱光子のエネルギー

$$\alpha = \frac{51.1}{511} = 0.1$$

また反跳角 θ が 80° なので散乱角 ϕ は

$$\frac{1}{\tan 80°} = (1+0.1) \cdot \tan\frac{\phi}{2}$$

$$\tan\frac{\phi}{2} = 1.603$$

∴ $\phi \cong 18.2°$

したがって，波長ののびをコンプトンの式（3.14）より求めると，

$$\Delta\lambda = 0.024(1-\cos\phi) = 0.024(1-\cos 18.2°) = 0.0012 \ [\text{Å}]$$

一方，入射光子の波長 λ は $12.4/51.1 = 0.24266$ [Å] であるから，散乱光子の波長 λ' は，

$$\lambda' = 0.24266 + 0.0012 = 0.24386 \ [\text{Å}]$$

したがって求める散乱光子のエネルギー $h\nu'$ は

$$h\nu' = \frac{12.4}{0.24386} \cong 50.85 \ [\text{keV}]$$

11. 100 [keV] の光子がコンプトンの非干渉性散乱によって 45° 方向に散乱される微分断面積を [m²/sr] 単位で求めよ．ただし，古典電子半径は 2.82 [fm]，関数 F_{KN} は 0.896 とする．

【解】 散乱角 $\phi = 45°$ を式（3.17）に代入して，

$$\frac{d\sigma_e}{d\Omega} = \frac{r_0^2}{2} \cdot (1 + \cos^2\phi) \cdot F_{KN} = 3.9762 \times 10^{-30} \cdot 1.5 \cdot F_{KN}$$

$$= 5.9643 \times 10^{-30} \cdot F_{KN} \quad [\text{m}^2/\text{sr}]$$

したがって，45°方向の微分断面積 $d\sigma_e/d\Omega$ は，

$$\frac{d\sigma_e}{d\Omega} = 5.9643 \times 10^{-30} \cdot 0.896 \cong 5.344 \times 10^{-30} \quad [\text{m}^2/\text{sr}]$$

12. 電子1個の非干渉性散乱断面積 σ_e は，

$$\sigma_e = 2\pi r_0^2 \left[\frac{1+\alpha}{\alpha^2} \left\{ \frac{2(1+\alpha)}{1+2\alpha} - \frac{\ln(1+2\alpha)}{\alpha} \right\} + \frac{\ln(1+2\alpha)}{2\alpha} - \frac{1+3\alpha}{(1+2\alpha)^2} \right]$$

ただし，r_0 は古典電子半径（$r_0 = 2.82$ [fm]），$\alpha \equiv h\nu/m_0c^2$ である．500 [keV] の光子に対する1電子あたりの非干渉性散乱断面積を求めよ．

【解】 光子のエネルギーが 500 [keV] なので α は，

$$\alpha = \frac{500}{511} \cong 0.9785$$

この α を上式に代入して1電子あたりの非干渉性散乱断面積 σ_e を求めると，

$$\sigma_e \cong 5 \times 10^{-29} \left[\frac{1+0.9785}{0.95741} \left\{ \frac{2(1+0.9785)}{1+1.957} - \frac{\ln(1+1.957)}{0.9785} \right\} \right.$$

$$\left. + \frac{\ln(1+1.957)}{1.957} - \frac{1+2.935}{(1+1.957)^2} \right]$$

$$= 5 \times 10^{-29} \cdot 0.5796 \cong 2.9 \times 10^{-29} \quad [\text{m}^2]$$

前題と併せて図3.15（p.116）はこのような計算を経て求めたものである．また，大略100 [keV] 以下では殻電子の束縛効果が無視できないので，非干渉性散乱断面積 σ_e は単純に光子エネルギー $h\nu$ に逆比例しているとは言えないが，100 [keV] 以上では式（3.18）から得られる断面積とほぼ一致し，$h\nu$ が高くなれば σ_e は小さくなる．

13. エネルギー204.4 [keV] で 1×10^8 個から成る細いX線束を厚さ 0.5 [g/cm^2] のカーボン板に照射したとき非干渉性散乱のみが起こったとする．線束の入射方向から30°の方向にカーボン板への入射点から20 [cm] の位置に口

第3章　X線と物質との相互作用

径面が2［cm²］の円筒形検出器を置いたとき，検出器に入る非干渉性散乱された光子数はいくらか．ただし，古典電子半径は2.82[fm]であり，関数F_{KN}は次式で与えられる．

$$F_{KN}=\left\{\frac{1}{1+\alpha(1-\cos\phi)}\right\}^2\cdot\left[1+\frac{\alpha^2(1-\cos\phi)^2}{\{1+\alpha(1-\cos\phi)\}(1+\cos^2\phi)}\right]$$

また，カーボンの原子量は12，アボガドロ数は6.022×10^{23}とする．

【解】　図3.18のような構成になっている．
まず微分断面積を求める．光子のエネルギーが204.4［keV］なのでαは，

$$\alpha=\frac{204.4}{511}=0.4$$

このαと散乱角ϕの30°を式（3.17）に代入して，

$$\frac{d\sigma_e}{d\Omega}=\frac{r_0^2}{2}(1+\cos^2\phi)F_{KN}=3.9762\times10^{-26}\cdot1.75\cdot F_{KN}$$

$$=6.958\times10^{-26}F_{KN}\ [\text{cm}^2/\text{sr}]$$

$$F_{KN}=\left\{\frac{1}{1+0.4(1-\cos30°)}\right\}^2\cdot\left[1+\frac{0.16(1-\cos30°)^2}{\{1+0.4(1-\cos30°)\}(1+\cos^230°)}\right]$$

$$\cong0.9$$

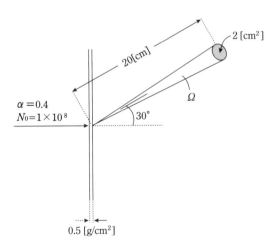

図3.18　非干渉性散乱X線の光子数

3.4 非干渉性散乱

したがって，30°方向の微分断面積 $d\sigma_e/d\Omega$ は，

$$\frac{d\sigma_e}{d\Omega} = 6.958 \times 10^{-26} \cdot 0.9 = 6.26 \times 10^{-26} \; [\text{cm}^2/\text{sr}]$$

これは1電子あたりの微分断面積である．次にカーボン板に含まれる電子数 N_e を求めると，面密度が $0.5\;[\text{g/cm}^2]$ であるので，

$$N_e = \frac{N_A}{A_w} 0.5 \cdot Z = \frac{6.022 \times 10^{23}}{12} \cdot 0.5 \cdot 6 \cong 1.5055 \times 10^{23} \; [\text{cm}^{-2}]$$

検出器の幾何学的な効率を考えると，入射点から $20\;[\text{cm}]$ だけ離れたところの $2\;[\text{cm}^2]$ の円を望んでいるので，その立体角 Ω は，近似的に

$$\Omega = 2/20^2 = 0.005 \; [\text{sr}]$$

したがって，N_0 個から成る線束が N_e 個の電子を含む物質層に入射したとき，立体角 Ω 中に散乱される光子数 N_s は

$$N_s = N_0 \cdot \frac{d\sigma_e}{d\Omega} \cdot N_e \cdot \Omega = 6.26 \times 10^{-26} \cdot 1.5055 \times 10^{23} \cdot 0.005 \cdot 1 \times 10^8 \cong 4712.2$$

である．約4712個の散乱光子が検出器に入ることが期待される．

● 演習問題 3.4

1. 電子のコンプトン波長 $0.024\;[\text{Å}]$ を求めよ．
2. 光子が自由電子と衝突し，非干渉性散乱を起こした．散乱角が180°のとき波長ののびは何オングストロームか．（電卓使用不可）
3. 光子が自由電子と衝突し，非干渉性散乱を起こした．波長ののびが $0.012\;[\text{Å}]$ のとき散乱角は何度か．（電卓使用不可）
4. 波長 $0.1\;[\text{Å}]$ の光子が自由電子と衝突し，非干渉性散乱を起こした．散乱光子の波長が $0.124\;[\text{Å}]$ のとき散乱角は何度か．（電卓使用不可）
5. 光子が自由電子と衝突し，非干渉性散乱を起こした．散乱角120°で波長 $0.066\;[\text{Å}]$ の光子が散乱されたとすると，入射光子の波長は何オングストロームか．
6. 光子が自由電子と衝突し，非干渉性散乱を起こした．散乱角45°で波長 $0.057\;[\text{Å}]$ の光子が散乱されたとすると，入射光子の波長は何オングストロ

ームか．ただし，$\sqrt{2}=1.414$ とする．（電卓使用不可）

7. 十分に高いエネルギーの光子が自由電子と非干渉性散乱を起こした後，散乱光子が三対子生成を起こすことのできる散乱角の上限を求めよ．ただし，三対子生成の閾エネルギーは 2.044［MeV］とする．

8. 光子が自由電子と衝突し，散乱角 20°で非干渉性散乱を起こしたとする．波長ののびは何オングストロームか．ただし，$\sin 70°=0.94$ とする．（電卓使用不可）

9. 光子1個を検出できる理想的なイメージングプレートがあるとする．薄い標的物質から 30［cm］離れた位置にプレートを置き，100［keV］のX線光子を順次，標的物質に入射させたとき，ほとんどの光子はそのままプレートの中心に到達しているが，ただ1個だけ中心から $\sqrt{124}$［cm］離れた位置に着弾していた．この光子が非干渉性散乱光子だとすると，波長は何オングストロームか．（電卓使用不可）

10. 光子が自由電子と衝突し，散乱角 15°で非干渉性散乱を起こしたとすると，波長ののびは何オングストロームか．（電卓使用不可）

11. 250［keV］の光子がタングステンのK殻電子と非干渉性散乱を起こし，20［keV］の反跳エネルギーを与えた．散乱光子のエネルギーはいくらか．

12. 波長 0.202［Å］の光子が自由電子と衝突し，非干渉性散乱を起こした．散乱角が 180°のとき，散乱光子のエネルギーはいくらか．［keV］単位で答えよ．（電卓使用不可）

13. 1.55［MeV］の光子が自由電子と衝突し，非干渉性散乱を起こした．散乱光子のエネルギーが 620［keV］のとき，散乱角は何度か．（電卓使用不可）

14. 0.62［MeV］の光子が自由電子と衝突し，非干渉性散乱を起こした．散乱角が 25°のとき，電子の反跳エネルギーはいくらか．ただし，$\sin 65°=0.9$ とする．（電卓使用不可）

15. 992［keV］の光子が反跳電子に与えられる最大エネルギーはいくらか．［keV］単位で答えよ．

3.4 非干渉性散乱

16. 光子が最外殻電子と衝突し，620 [keV] の散乱光子と 250 [keV] の反跳電子を放出した．散乱角は何度か．
17. 80 [keV] の光子が最外殻電子と衝突し，非干渉性散乱を起こした．電子の反跳エネルギーが 17.6 [keV] のとき，散乱角は何度か．
18. 200 [keV] の光子が自由電子と衝突し，散乱角 180° で非干渉性散乱を起こした．精密な電子のコンプトン波長を用いると散乱光子のエネルギーは 112.185 [keV]，反跳電子のエネルギーは 87.815 [keV] である．運動量保存則が成り立っていることを証明せよ．
19. コンプトンの非干渉性散乱において，完全弾性衝突の結果(すなわち，散乱角は π)，反跳電子は 30 [keV] のエネルギーを得た．散乱光子のエネルギーはいくらか．ただし，電子の全エネルギー E は，$E^2 = p^2c^2 + m_0^2c^4$ で与えられるものとする．p は電子の運動量，m_0c^2 は静止質量である．
20. 鉛の K 殻電子は 88 [keV] の束縛エネルギーをもつ．この K 殻電子を非干渉性散乱によって原子から離脱させることのできる入射光子の限界エネルギー（すなわち，散乱角は π）はいくらか．
21. 100 [keV] の光子がコンプトンの非干渉性散乱を起こした．反跳角がゼロのとき，散乱光子のエネルギーはいくらか．
22. 51.1 [keV] の光子が最外殻電子と非干渉性散乱を起こした．散乱角が 120° のとき反跳角は何度か．
23. 102.2 [keV] の光子が最外殻電子と非干渉性散乱を起こした．反跳角が 10° のとき散乱角は何度か．
24. 255.5 [keV] の光子が最外殻電子と非干渉性散乱を起こした．反跳角が 25° のとき散乱光子のエネルギーはいくらか．
25. 電子対生成に伴う消滅放射線が最外殻電子と非干渉性散乱を起こした．散乱角が 110° のとき反跳角と電子の反跳エネルギーはいくらか．
26. 電子対生成に伴う消滅放射線が最外殻電子と非干渉性散乱を起こした．消滅放射線の入射方向に対して 80° の方向に電子が飛び出したとする．電子の反跳エネルギーはいくらか．[keV] 単位で答えよ．

27. 204.4 [keV] の光子が最外殻電子と非干渉性散乱を起こした．反跳電子のエネルギーが 29.1 [keV] のとき，散乱角と反跳角はそれぞれ何度か．

28. 255.5 [keV] の光子がコンプトンの非干渉性散乱によって 30° 方向に散乱される微分断面積を [m²/sr] 単位で求めよ．ただし，関数 F_{KN} は 0.88 とする．また，古典電子半径は 2.82 [fm] とする．

29. 306.6 [keV] で 1×10^7 個から成る X 線束が厚さ 0.2 [g/cm²] のアルミニウム箔を通過するとき，非干渉性散乱により 120° 方向に散逸する X 線光子数はいくらか．ただし，関数 F_{KN} は 0.3715 とする．また，古典電子半径は 2.82 [fm]，アルミニウムの原子量は 27，アボガドロ数は 6.022×10^{23} とする．

30. 102.2 [keV] で 1×10^7 個から成る X 線束が厚さ 0.1 [g/cm²] のカーボン板を通過するとき，非干渉性散乱により 45° 方向の単位立体角に 15987 個の X 線光子が散逸したとする．この場合，102.2 [keV] の光子に対する 1 電子あたりの微分断面積はいくらか．[b/sr] 単位で答えよ．ただし，カーボンの原子量は 12，アボガドロ数は 6.022×10^{23} とする．

31. 150 [keV] の光子が厚さ 0.1 [g/cm²] のアルミニウム箔を通過するとき非干渉性散乱を起こす確率はいくらか．ただし，150 [keV] の光子に対する 1 電子あたりの非干渉性散乱断面積は 0.4436 [b] である．また，アルミニウムの原子量は 27，アボガドロ数は 6.022×10^{23} とする．

32. 実効エネルギー 40 [keV] で 1×10^8 [cm⁻²] の X 線束が厚さ 2 [cm] の水層を通過するとき，電子の束縛効果が無視できるとすれば，1 [cm²] あたり非干渉性散乱によって散逸する光子数はいくらか．ただし，40 [keV] の光子に対する 1 電子あたりの非干渉性散乱断面積は 0.5787 [b] である．また，水の分子量は 18，アボガドロ数は 6.022×10^{23} とする．

33. 200 [keV] で 1×10^7 個から成る X 線束が厚さ 0.1 [g/cm²] のベリリウム板を通過するとき，非干渉性散乱により 1.088×10^5 個の光子が散逸したとする．200 [keV] の光子に対する 1 電子あたりの非干渉性散乱断面積は何バーンか．ただし，ベリリウムの原子量は 9，アボガドロ数は 6.022×10^{23} とす

る．

34．1電子あたりの非干渉性散乱断面積 σ_e は次式で与えられる．

$$\sigma_e = 2\pi r_0^2 \left[\frac{1+\alpha}{\alpha^2} \left\{ \frac{2(1+\alpha)}{1+2\alpha} - \frac{\ln(1+2\alpha)}{\alpha} \right\} + \frac{\ln(1+2\alpha)}{2\alpha} - \frac{1+3\alpha}{(1+2\alpha)^2} \right]$$

α：電子の静止質量を単位とした光子エネルギー

5.11 [keV] の光子に対する1電子あたりの非干渉性散乱断面積は何バーンか．ただし，古典電子半径は 2.82 [fm] とする．

35．204.4 [keV] で 1×10^8 個から成る細い X 線束を厚さ 0.5 [g/cm²] のアルミニウム板に照射したとき，非干渉性散乱のみが起こったとする．線束の入射方向から 60° の向きにアルミニウム板の入射点から 20 [cm] の位置に口径面が 2 [cm²] の円筒形検出器を置いたとき，検出器に入る非干渉性散乱光子数はいくらか．ただし，関数 F_{KN} は次式で与えられる．

$$F_{KN} = \left\{ \frac{1}{1+\alpha(1-\cos\phi)} \right\}^2 \cdot \left[1 + \frac{\alpha^2(1-\cos\phi)^2}{\{1+\alpha(1-\cos\phi)\}(1+\cos^2\phi)} \right]$$

また，古典電子半径は 2.82 [fm]，アルミニウムの原子量は 27，アボガドロ数は 6.022×10^{23} とする．

演習問題3.4 解答

1． $\lambda_e = \dfrac{12.4}{511} \cong 0.02427$ [Å]

2． $\Delta\lambda = 0.024 \cdot (1-\cos 180°) = 0.024 \cdot (1+1) = 0.048$ [Å]

3． $0.012 = 0.024 \cdot (1-\cos\phi)$
   $0.5 = 1-\cos\phi$
   $\cos\phi = 0.5$
   ∴ $\phi = 60°$

4． $\Delta\lambda = 0.124 - 0.1 = 0.024$ [Å]
   $0.024 = 0.024 \cdot (1-\cos\phi)$
   $1 = 1-\cos\phi$

第 3 章　X 線と物質との相互作用

$\cos \phi = 0$

∴　$\phi = 90°$

5.　$\Delta\lambda = 0.024 \cdot (1 - \cos 120°) = 0.024 \cdot \left(1 + \dfrac{1}{2}\right) = 0.036$　[Å]

　　$\lambda = \lambda' - \Delta\lambda = 0.066 - 0.036 = 0.03$　[Å]

6.　$\Delta\lambda = 0.024 \cdot (1 - \cos 45°) = 0.024 \cdot \left(1 - \dfrac{1}{\sqrt{2}}\right) = 0.024 \cdot \dfrac{2 - 1.414}{2}$

　　　$= 0.024 \cdot 0.293 \cong 0.007$　[Å]

　　$\lambda = 0.057 - 0.007 = 0.05$　[Å]

7.　三対子生成を起こすことのできる限界波長は

　　$\lambda_{th} = \dfrac{12.4}{2.044 \times 10^3} \cong 6.0665 \times 10^{-3}$　[Å]

　十分に高いエネルギーなので，波長がゼロ近似できるとすると，

　　$6.0665 \times 10^{-3} = 0.024 \cdot (1 - \cos \phi)$

　　$1 - \cos \phi \cong 0.2527$

　　$\cos \phi \cong 0.7472$

　　∴　$\phi \cong 41.65°$

8.　$\sin(90° - \phi) = \cos \phi$ なので，

　　$\Delta\lambda = 0.024 \cdot (1 - \cos 20°) = 0.024 \cdot (1 - 0.94) = 0.024 \cdot 0.06 = 1.44 \times 10^{-3}$　[Å]

9.　散乱光子の飛行した距離は，

　　$\sqrt{30^2 + (\sqrt{124})^2} = \sqrt{1024} = 32$　[cm]

　これより，波長ののびは，

　　$\Delta\lambda = 0.024 \cdot \left(1 - \dfrac{30}{32}\right) = 0.024 \cdot \dfrac{1}{16} = 1.5 \times 10^{-3}$　[Å]

　入射光子の波長は，

　　$\lambda = \dfrac{12.4}{100} = 0.124$　[Å]

　したがって，散乱光子の波長は，

　　$\lambda' = 0.124 + 1.5 \times 10^{-3} = 0.1255$　[Å]

3.4 非干渉性散乱

10. まず $\cos 15°$ を求める．

    $\cos 15° = \cos(45° - 30°) = \cos 45° \cos 30° + \sin 45° \sin 30°$

    $= \dfrac{1}{\sqrt{2}} \cdot \dfrac{\sqrt{3}}{2} + \dfrac{1}{\sqrt{2}} \cdot \dfrac{1}{2} = \dfrac{\sqrt{2} \cdot \sqrt{3}}{4} + \dfrac{\sqrt{2}}{4} = \dfrac{\sqrt{2}(\sqrt{3}+1)}{4} \cong 0.966$

    したがって，波長ののびは，

    $\Delta\lambda = 0.024 \cdot (1 - 0.966) = 8.16 \times 10^{-4}$ [Å]

11. タングステン原子の K 吸収端は 69.5 [keV] である．したがって，散乱光子のエネルギーは

    $h\nu' = h\nu - T - B_K = 250 - 20 - 69.5 = 160.5$ [keV]

12. $\Delta\lambda = 0.024 \cdot (1+1) = 0.048$ [Å]

    $\lambda' = 0.202 + 0.048 = 0.25$ [Å]

    ∴ $h\nu' = \dfrac{12.4}{0.25} = 49.6$ [keV]

13. $\lambda = \dfrac{12.4}{1.55 \times 10^3} = 0.008$ [Å]

    $\lambda' = \dfrac{12.4}{620} = 0.02$ [Å]

    $\Delta\lambda = 0.02 - 0.008 = 0.012 = 0.024 \cdot (1 - \cos\phi)$

    $0.5 = 1 - \cos\phi$

    $\cos\phi = 0.5$

    ∴ $\phi = 60°$

14. $\lambda = \dfrac{12.4}{620} = 0.02$ [Å]

    $\sin(90° - \phi) = \cos\phi$ なので，

    $\Delta\lambda = 0.024 \cdot (1 - 0.9) = 2.4 \times 10^{-3}$ [Å]

    $\lambda' = 0.02 + 2.4 \times 10^{-3} = 0.0224$ [Å]

    $h\nu' = \dfrac{12.4}{0.0224} \cong 553.6$ [keV]

    したがって，反跳電子のエネルギーは，

    $T' = 620 - 553.6 = 66.4$ [keV]

15. $\lambda = \dfrac{12.4}{992} = 0.0125$ [Å]

　最大反跳エネルギーは散乱角 180° で与えられるので，
$\Delta\lambda = 0.024 \cdot (1 - \cos 180°) = 0.024 \cdot (1+1) = 0.048$
$\lambda' = 0.0125 + 0.048 = 0.0605$ [Å]
$h\nu' = \dfrac{12.4}{0.0605} \cong 205$ [keV]

　したがって，最大反跳エネルギーは，
$T'_{\max} = 992 - 205 = 787$ [keV]

16. $\lambda' = \dfrac{12.4}{620} = 0.02$ [Å]

$h\nu = 620 + 250 = 870$ [keV]

$\lambda = \dfrac{12.4}{870} \cong 0.01425$ [Å]

$\Delta\lambda = 0.02 - 0.01425 = 5.75 \times 10^{-3} = 0.024 \cdot (1 - \cos \phi)$

$0.24 = 1 - \cos \phi$

$\cos \phi = 0.76$

∴　$\phi = 40.5°$

17. $\lambda = \dfrac{12.4}{80} = 0.155$ [Å]

$h\nu' = 80 - 17.6 = 62.4$ [keV]

$\lambda' = \dfrac{12.4}{62.4} \cong 0.1987$ [Å]

$\Delta\lambda = 0.1987 - 0.155 = 0.0437 = 0.024 \cdot (1 - \cos \phi)$

$1.821 = 1 - \cos \phi$

$\cos \phi = -0.821$

∴　$\phi \cong 145.2°$

18. 散乱光子は入射光子とは逆方向に飛ぶので負の符号をつけると，
$\dfrac{h\nu}{c} = -\dfrac{h\nu'}{c} + p'$

$$\frac{h\nu}{c}+\frac{h\nu'}{c}=p'=mv'$$

ここで電子の質量（全エネルギー）は $87.815+511=598.815$ $[\mathrm{keV}/c^2]$，また，その速さ v' は，

$$v'=c\sqrt{\frac{598.815^2-511^2}{598.815^2}}\cong 0.521c$$

したがって，反跳運動量 p' は，

$$p'=mv'=598.815\cdot 0.521=312.183\ [\mathrm{keV}/c]$$

一方，入射光子と散乱光子の運動量の和は，

$$\frac{h\nu}{c}+\frac{h\nu'}{c}=200+112.185=312.185\ [\mathrm{keV}/c]$$

したがって，計算誤差の範囲で運動量保存則は成り立っている．

19．エネルギー保存則より，

$$h\nu=h\nu'+30$$
$$\therefore\ h\nu-h\nu'=30\ [\mathrm{keV}]\quad\cdots\cdots\ ①$$

運動量保存則より，

$$\frac{h\nu}{c}=-\frac{h\nu'}{c}+p'\quad\cdots\cdots\ ②$$

ここで反跳電子の運動量 p' は，

$$p'^2c^2=(511+30)^2-511^2=31560$$
$$p'c\cong 177.65\ [\mathrm{keV}]$$
$$\therefore\ p'=177.65\ [\mathrm{keV}/c]$$

これを式②に代入して，両辺に c を乗じると，

$$h\nu+h\nu'=177.65\ [\mathrm{keV}]\quad\cdots\cdots\ ③$$

式①と式③の和をとり，

$$2h\nu=207.65$$
$$\therefore\ h\nu=103.825\ [\mathrm{keV}]$$

したがって，散乱光子のエネルギーは，

$$h\nu'=103.825-30=73.825\ [\mathrm{keV}]$$

20. エネルギー保存則より，

$h\nu - h\nu' = 88$ [keV] ...... ①

運動量保存則より，

$\dfrac{h\nu}{c} = -\dfrac{h\nu'}{c} + p'$ ...... ②

反跳電子は 88 [keV] のエネルギーを授受しないと原子から離脱できないので，

$p'^2 c^2 = (511+88)^2 - 511^2 = 97680$

∴ $p' \cong 312.54$ [keV/c]

これを式②に代入して，両辺に c を乗じると，

$h\nu + h\nu' = 312.54$ [keV] ...... ③

式①と式③の和をとり，

$2h\nu = 400.54$

∴ $h\nu = 200.27$ [keV]

光電吸収ならば限界エネルギーは 88 [keV] である．しかし，非干渉性散乱では必ず散乱光子が一部分のエネルギーを保持することを忘れてはならない．したがって，入射光子エネルギーが 88 [keV] では非干渉性散乱は起こらない．

21. $\cot \theta$ を求めようとすればゼロ除算となる．この場合 $\theta \to 0$ で $\phi \to \pi$ となることを利用すればよい．

$\Delta\lambda = 0.024 \cdot (1 - \cos 180°) = 0.048$ [Å]

$\lambda = \dfrac{12.4}{100} = 0.124$ [Å]

$\lambda' = 0.124 + 0.048 = 0.172$ [Å]

$h\nu' = \dfrac{12.4}{0.172} \cong 72.1$ [keV]

22. $a = \dfrac{51.1}{511} = 0.1$

3.4 非干渉性散乱

$$\frac{1}{\tan\theta}=(1+0.1)\cdot\tan\frac{120°}{2}\cong 1.905$$

$\tan\theta\cong 0.525$

∴ $\theta\cong 27.7°$

23. $\alpha=\dfrac{102.2}{511}=0.2$

    $$\frac{1}{\tan 10°}=(1+0.2)\cdot\tan\frac{\phi}{2}$$

    $\tan\dfrac{\phi}{2}\cong 4.726$

    ∴ $\phi\cong 156.1°$

24. $\alpha=\dfrac{255.5}{511}=0.5$

    $$\frac{1}{\tan 25°}=(1+0.5)\cdot\tan\frac{\phi}{2}$$

    $\tan\dfrac{\phi}{2}\cong 1.43$

    ∴ $\phi\cong 110°$

    したがって，波長ののびは，

    $\Delta\lambda=0.024\cdot(1-\cos 110°)\cong 0.0322$ [Å]

    $\lambda=\dfrac{12.4}{255.5}\cong 0.0485$ [Å]

    $\lambda'=0.0485+0.0322=0.0807$

    $h\nu'=\dfrac{12.4}{0.0807}\cong 153.6$ [keV]

25. 消滅放射線のエネルギーは511 [keV] なので，

    $\alpha=\dfrac{511}{511}=1$

    $$\frac{1}{\tan\theta}=(1+1)\cdot\tan\frac{110°}{2}$$

    $\tan\theta\cong 0.35$

    ∴ $\theta\cong 19.3°$

一方,波長ののびは散乱角より,

$\Delta\lambda = 0.024 \cdot (1 - \cos 110°) \cong 0.0322$

$\lambda = \dfrac{12.4}{511} \cong 0.02427$ [Å]

$\lambda' = 0.02427 + 0.0322 = 0.05647$ [Å]

$h\nu' = \dfrac{12.4}{0.05647} = 219.6$ [keV]

したがって,反跳電子のエネルギーは,

$T' = 511 - 219.6 = 291.4$ [keV]

26. 題意より反跳角は 80° である。また,$\alpha = \dfrac{511}{511} = 1$

$\dfrac{1}{\tan 80°} = (1+1) \cdot \tan\dfrac{\phi}{2}$

$\tan\dfrac{\phi}{2} \cong 0.0882$

∴ $\phi \cong 10.1°$

これより,波長ののびは,

$\Delta\lambda = 0.024 \cdot (1 - \cos 10.1°) \cong 3.7 \times 10^{-4}$ [Å]

$\lambda = \dfrac{12.4}{511} \cong 0.02427$ [Å]

$\lambda' = 0.02427 + 3.7 \times 10^{-4} = 0.02464$ [Å]

$h\nu' = \dfrac{12.4}{0.02464} = 503.25$ [keV]

したがって,反跳電子のエネルギーは,

$T' = 511 - 503.25 = 7.75$ [keV]

27. $\lambda = \dfrac{12.4}{204.4} \cong 0.06$ [Å]

$h\nu' = 204.4 - 29.1 = 175.3$ [keV]

$\lambda' = \dfrac{12.4}{175.3} \cong 0.07$ [Å]

$\Delta\lambda = 0.07 - 0.06 = 0.024 \cdot (1 - \cos\phi)$

$\cos\phi \cong 0.583$

$\therefore \quad \phi \cong 54.3°$

$\alpha = \dfrac{204.4}{511} = 0.4$

$\dfrac{1}{\tan\theta} = (1+0.4)\cdot\tan\dfrac{54.3°}{2}$

$\tan\theta \cong 1.39$

$\therefore \quad \theta \cong 54.3°$

28. 関数 F_{KN} の値が与えられているので，光子エネルギーは基本的に関係ない．

$\dfrac{d\sigma_e}{d\Omega} = \dfrac{(2.82\times10^{-15})^2}{2}\cdot(1+\cos^2 30°)\cdot 0.88$

$\quad = 3.9762\times10^{-30}\cdot 1.54$

$\quad \cong 6.12\times10^{-30}\ [\text{m}^2/\text{sr}]$

29. 関数 F_{KN} の値が与えられているので，光子エネルギーは基本的に関係ない．まず，微分断面積は，

$\dfrac{d\sigma_e}{d\Omega} = \dfrac{(2.82\times10^{-13})^2}{2}\cdot(1+\cos^2 120°)\cdot 0.3715$

$\quad = 3.9762\times10^{-26}\cdot 0.464375$

$\quad \cong 1.846\times10^{-26}\ [\text{cm}^2/\text{sr}]$

次に箔中の電子数は，

$N_e = \dfrac{6.022\times10^{23}}{27}\cdot 0.2\cdot 13$

$\quad \cong 5.8\times10^{22}\ [\text{cm}^{-2}]$

したがって，散乱光子数は，

$N_s = 1.846\times10^{-26}\cdot 5.8\times10^{22}\cdot 1\times10^7$

$\quad \cong 1.07\times10^4\ [\text{sr}^{-1}]$

30. 板中の電子数は，

$N_e = \dfrac{6.022\times10^{23}}{12}\cdot 0.1\cdot 6$

$$= 3.011 \times 10^{22} \ [\text{cm}^{-2}]$$

したがって，微分断面積は，

$$\frac{\text{d}\sigma_e}{\text{d}\Omega} = \frac{15987}{3.011 \times 10^{22} \cdot 1 \times 10^7}$$

$$\cong 5.31 \times 10^{-26} \ [\text{cm}^2/\text{sr}]$$

$$= 0.0531 \ [\text{b/sr}]$$

31．箔中の電子数は，

$$N_e = \frac{6.022 \times 10^{23}}{27} \cdot 0.1 \cdot 13$$

$$\cong 2.9 \times 10^{22} \ [\text{cm}^{-2}]$$

したがって，この箔中で非干渉性散乱を起こす確率は，

$$P = 0.4436 \times 10^{-24} \cdot 2.9 \times 10^{22} \cong 0.0129$$

32．水の密度 1 [g/cm³] に水層厚 2 [cm] を乗じて面密度 2 [g/cm²] を得る．したがって，水層の電子数は，

$$N_e = \frac{6.022 \times 10^{23}}{18} \cdot 2 \cdot 10$$

$$\cong 6.691 \times 10^{23} \ [\text{cm}^{-2}]$$

非干渉性散乱する光子数は，

$$N_s = 0.5787 \times 10^{-24} \cdot 6.691 \times 10^{23} \cdot 1 \times 10^8$$

$$\cong 3.87 \times 10^7 \ [\text{cm}^{-2}]$$

33．板中の電子数は，

$$N_e = \frac{6.022 \times 10^{23}}{9} \cdot 0.1 \cdot 4$$

$$\cong 2.676 \times 10^{22} \ [\text{cm}^{-2}]$$

したがって，微分断面積は，

$$\frac{\text{d}\sigma_e}{\text{d}\Omega} = \frac{1.088 \times 10^5}{2.676 \times 10^{22} \cdot 1 \times 10^7}$$

$$\cong 4.065 \times 10^{-25} \ [\text{cm}^2]$$

$$= 0.4065 \ [\text{b}]$$

3.4 非干渉性散乱

34. $2\pi r_0^2 = 2\pi(2.82 \times 10^{-15})^2$
$\cong 5 \times 10^{-29}$ [m²]

$\alpha = \dfrac{5.11}{511} = 0.01$

$\sigma_e = 5 \times 10^{-29} \left[\dfrac{1.01}{1 \times 10^{-4}} \cdot \left\{ \dfrac{2.02}{1.02} - \dfrac{0.0198}{0.01} \right\} + \dfrac{0.0198}{0.02} - \dfrac{1.03}{1.0404} \right]$

$\cong 5 \times 10^{-29} \cdot 1.307$

$\cong 6.53 \times 10^{-29}$ [m²]

$= 0.653$ [b]

すなわち，トムソンの古典散乱係数とほぼ一致する．

35. $\alpha = \dfrac{204.4}{511} = 0.4$

$F_{\mathrm{KN}} = \left(\dfrac{1}{1.2} \right)^2 \cdot \left(1 + \dfrac{0.04}{1 \cdot 2 \cdot 1.25} \right)$

$\cong 0.713$

したがって，微分断面積は，

$\dfrac{d\sigma_e}{d\Omega} = \dfrac{(2.82 \times 10^{-13})^2}{2} \cdot (1 + 0.25) 0.713$

$\cong 3.54 \times 10^{-26}$ [cm²/sr]

次に板中の電子数は，

$N_e = \dfrac{6.022 \times 10^{23}}{27} \cdot 0.5 \cdot 13$

$\cong 1.45 \times 10^{23}$ [cm⁻²]

幾何学的条件から計測立体角（ステラジアン sr）は，

$\Omega = \dfrac{2}{20^2} = 0.005$ [sr]

したがって，検出器に入る散乱光子数は，

$N_s = 3.54 \times 10^{-26} \cdot 1.45 \times 10^{23} \cdot 0.005 \cdot 1 \times 10^8 \cong 2569$

139

3.5 電子対生成

■要　項■

3.5.1 陰陽電子のエネルギー

電子対生成により生成される陰陽電子の各々のエネルギーは，等配分されるとは限らず，さまざまな値をとる．しかし，一般に原子の反跳エネルギーは無視できるほど小さいため，両者の和は一定である．

$$T_- + T_+ = h\nu - 2m_0c^2 \tag{3.23}$$

T_-：陰電子のエネルギー，T_+：陽電子のエネルギー

$h\nu$：光子エネルギー

m_0c^2：電子の静止質量（$=0.511$ [MeV]）

また殻電子の電場で電子対生成が起こる場合，これを三対子生成と呼び，式 (3.23) は，

$$T_- + T_+ + T_r = h\nu - 4m_0c^2 \tag{3.23'}$$

T_r：反跳電子のエネルギー

と書き改める必要がある．

3.5.2 電子対生成断面積

入射光子のエネルギー $h\nu$ が電子対生成の閾エネルギー（$=1.022$ [MeV]）より十分に高く，かつ生成された陰陽電子のエネルギーが殻電子の電場の影響を無視してよいとき，原子あたりの電子対生成断面積 σ_κ は

$$\sigma_\kappa = \frac{Z^2}{137} \cdot r_0^2 \left(\frac{28}{9} \cdot \ln \frac{2h\nu}{m_0c^2} - \frac{218}{27} \right)$$

Z：原子番号，r_0：古典電子半径（$=2.81794092 \times 10^{-15}$ [m]），

m_0c^2：電子の静止質量

したがって，原子番号 Z_b の原子の光子エネルギー $h\nu_b$ に対する電子対生成断

3.5 電子対生成

面積 $\sigma_{\kappa,b}$ は，原子番号 Z_a の原子の光子エネルギー $h\nu_a$ に対する電子対生成断面積 $\sigma_{\kappa,a}$ を用いて，

$$\sigma_{\kappa,b} = \left(\frac{Z_b}{Z_a}\right)^2 \cdot \left(\frac{\ln h\nu_b}{\ln h\nu_a}\right) \cdot \sigma_{\kappa,a} \tag{3.24}$$

と近似できる．また三対子生成（殻電子の電場での電子対生成）を考慮する場合は，

$$\sigma_{\kappa,b} = \left(\frac{Z_b{}^2 + 0.8 Z_b}{Z_a{}^2 + 0.8 Z_a}\right) \cdot \left(\frac{\ln h\nu_b}{\ln h\nu_a}\right) \cdot \sigma_{\kappa,a} \tag{3.24'}$$

とすればよい．

【例題 3.5】
1. 光子が原子核の電場で全吸収され電子対生成を起こした．陰陽電子とも 5.11 [MeV] のエネルギーをもっていたとすれば，何Åの光子が吸収されたのか．

【解】 全吸収された光子のエネルギーは，式 (3.23) より，
$$h\nu = T_- + T_+ + 2m_0 c^2 = 5.11 + 5.11 + 1.022 = 11.242 \text{ [MeV]}$$
これを波長に換算すると，
$$\lambda = \frac{12.4}{11.242 \times 10^3} \cong 1.1 \times 10^{-3} \text{ [Å]}$$

2. 光子が原子核の電場で全吸収され電子対生成を起こした結果，速さ 6×10^7 [m/s] の陰電子と 1.5×10^8 [m/s] の陽電子が放出された．入射光子のエネルギーはいくらか．[MeV] 単位で答えよ．

【解】 陰電子の速さは 6×10^7 [m/s] なので，$\beta \, (\equiv v/c)$ は，
$$\beta_- = \frac{6 \times 10^7}{3 \times 10^8} = 0.2$$
したがって，陰電子のエネルギー T_- は，
$$T_- = \left(\frac{1}{\sqrt{1-\beta_-{}^2}} - 1\right) m_0 c^2 \cong \left(\frac{1}{0.9798} - 1\right) m_0 c^2 = 0.02 m_0 c^2$$
$$= 0.01024 \text{ [MeV]}$$

一方,陽電子の速さは 1.5×10^8 [m/s] なので,β_+ は,

$$\beta_+ = \frac{1.5\times 10^8}{3\times 10^8} = 0.5$$

したがって,陽電子のエネルギー T_+ は,

$$T_+ = \left(\frac{1}{\sqrt{1-\beta_+^2}} - 1\right) m_0 c^2 \cong \left(\frac{1}{0.866} - 1\right) m_0 c^2 = 0.1547 m_0 c^2$$

$$= 0.07905 \text{ [MeV]}$$

式 (3.23) より,T_- と T_+ の和に電子対生成の閾エネルギー $2 m_0 c^2 = 1.022$ [MeV] を加えたものが入射光子エネルギー $h\nu$ であるから,

$$h\nu = 0.01024 + 0.07905 + 1.022 = 1.11129 \text{ [MeV]}$$

3. 図 3.19 に示すように,5 [MeV] の光子が原子核の電場で全吸収され,電子対生成を起こした.陰電子は原子核に接近するように 2.956 [MeV/c] の運動量で放出され,陽電子は原子核から遠ざかるように放出されたとする.陽電子のエネルギーはいくらか.[MeV] 単位で答えよ.

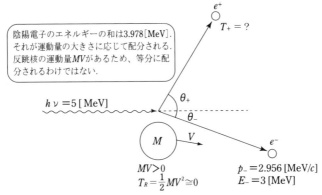

図 3.19 陽電子のエネルギー

【解】 式(3.23)より,陰電子と陽電子のエネルギーの和 $T_- + T_+$ は,

$$T_- + T_+ = h\nu - 2 m_0 c^2 = 5 - 1.022 = 3.978 \text{ [MeV]}$$

一方,陰電子の全エネルギー E_- は,運動量が 2.956 [MeV/c] なので,

$$E_- = \sqrt{p^2 c^2 + m_0^2 c^4} = \sqrt{2.956^2 + 0.511^2} \cong 3 \text{ [MeV]}$$

3.5 電子対生成

したがって，陰電子のエネルギー T_- は，
$$T_- = E_- - m_0c^2 = 3 - 0.511 = 2.489 \text{ [MeV]}$$
求める陽電子のエネルギー T_+ は，$T_- + T_+$ が既にわかっているので，
$$T_+ = 3.978 - 2.489 = 1.489 \text{ [MeV]}$$

4. $_6$C 原子の 10 [MeV] の光子に対する電子対生成断面積は 0.0766 [b] である．これを用いて，$_8$O 原子の 10 [MeV] の光子に対する電子対生成断面積を推定せよ．ただし，三対子生成断面積は考慮しないものとする．

   【解】 三対子生成は考慮しないので式（3.24）を用いるが，光子エネルギーが同じなので原子番号の 2 乗項に当てはめるだけである．
   $$\sigma_\kappa(\text{O}) = (8/6)^2 \sigma_\kappa(\text{C}) \cong 1.78 \cdot 0.0766 = 0.136 \text{ [b]}$$
   実際の $_8$O 原子の 10 [MeV] の光子に対する電子対生成断面積も 0.136 [b] である．電子対生成断面積における光子エネルギー依存性は $h\nu$ の対数をとるため大きくない．一方，原子番号に対する依存性は大きく，重みが $h\nu$ とは異なる．このことは十分に理解すべきである．また，電子対生成は，電子が原子核の電場でそのエネルギー状態を変化させる制動放射の逆過程と考えることができ，ともに断面積は原子番号の 2 乗に比例する．

5. $_{50}$Sn 原子の 5 [MeV] の光子に対する電子対生成断面積は 2.74 [b] である．これを用いて，$_{82}$Pb 原子の 6 [MeV] の光子に対する電子対生成断面積を推定せよ．

   【解】 光子のエネルギーが低く三対子生成が無視できるので，式（3.24）を使う．
   $$\sigma_\kappa(\text{Pb}) = (82/50)^2 (\ln 6/\ln 5) \sigma_\kappa(\text{Sn}) \cong 2.69 \cdot 1.1133 \cdot 2.74 \cong 8.2 \text{ [b]}$$
   実際の $_{82}$Pb 原子の 6 [MeV] の光子に対する電子対生成断面積も 8.54 [b] であり，式（3.24）が良い近似であることがわかる．

6. $_{13}$Al 原子の 50 [MeV] の光子に対する電子対生成断面積は三対子生成を含め 0.84 [b] である．これを用いて，$_{29}$Cu 原子の 60 [MeV] の光子に対する三対子生成を含めた電子対生成断面積を推定せよ．

   【解】 三対子生成を含めるため式（3.24'）を用いて，

第 3 章　X 線と物質との相互作用

$$\sigma_\kappa(\text{Cu}) = \{29 \cdot (29+0.8)/13 \cdot (13+0.8)\}(\ln 60/\ln 50) \cdot \sigma_\kappa(\text{Al})$$
$$\cong 4.82 \cdot 1.0466 \cdot 0.84 \cong 4.23 \ [\text{b}]$$

を得る．実際の $_{29}$Cu 原子の 60 [MeV] の光子に対する三対子生成を含めた電子対生成断面積も 4.12 [b] である．

● **演習問題 3.5**

1. 10 [MeV] の光子が原子核の電場で全吸収され電子対生成を起こした．陰電子のエネルギーが陽電子の 3 倍であるとすれば，陰電子のエネルギーはいくらか．[MeV] 単位で答えよ．

2. 20 [MeV] の光子が殻電子の電場で全吸収され三対子生成を起こした．陰陽電子とも 8.5 [MeV] のエネルギーをもっていたとすれば，反跳電子のエネルギーはいくらか．[MeV] 単位で答えよ．

3. 5 [MeV] の光子が原子核の電場で全吸収され電子対生成を起こした．陽電子のエネルギーが陰電子の半分だとすれば，陽電子の初速はいくらか．

4. 8 [MeV] の光子が殻電子の電場で全吸収され三対子生成を起こした．陰電子の速さがそれぞれ 2.4×10^8 [m/s] と 1.8×10^8 [m/s] であったとき，陽電子のエネルギーはいくらか．[MeV] 単位で答えよ．

5. 4 [MeV] の光子が原子核の電場で全吸収され電子対生成を起こした．陰電子が光子の入射方向に 3 [MeV/c] の運動量で放出されたとすると，陽電子のエネルギーはいくらか．[MeV] 単位で答えよ．

6. 同じ物質で，光子エネルギーが 10 [MeV] のときと 100 [MeV] のときでは電子対生成断面積は何倍になるか．また，20 [MeV] のときと 200 [MeV] のときではどうか．

7. 10 [MeV] の光子に対する $_{13}$Al 原子の電子対生成断面積は 0.357 [b] である．これを用いて，10 [MeV] の光子に対する $_{26}$Fe 原子の電子対生成断面積を推定せよ．ただし，三対子生成断面積は考慮しないものとする．

8. 6 [MeV] の光子に対する $_{30}$Zn 原子の電子対生成断面積は 1.22 [b] である．これを用いて，10 [MeV] の光子に対する $_{32}$Ge 原子の電子対生成断面積

3.5 電子対生成

を推定せよ．ただし，三対子生成断面積は考慮しないものとする．
9. 20 [MeV] の光子に対する $_{74}$W 原子の電子対生成断面積は三対子生成を含め 15.27 [b] である．これを用いて，20 [MeV] の光子に対する $_{78}$Pt 原子の三対子生成を含めた電子対生成断面積を推定せよ．
10. 50 [MeV] の光子に対する $_{82}$Pb 原子の電子対生成断面積は三対子生成を含め 26.41 [b] である．これを用いて，60 [MeV] の光子に対する $_{79}$Au 原子の三対子生成を含めた電子対生成断面積を推定せよ．

演習問題 3.5　解答

1. 電子対生成の閾エネルギーは 1.022 [MeV] であるから，
   $T_- + T_+ = 10 - 1.022 = 8.978$ [MeV]
   T_- は T_+ の 3 倍なので，
   $T_- = 8.978 \cdot \dfrac{3}{4} = 6.7335$ [MeV]

2. 三対子生成の閾エネルギーは 2.044 [MeV] であるから，
   $T_r = 20 - (8.5 + 8.5 + 2.044) = 0.956$ [MeV]

3. $T_- + T_+ = 5 - 1.022 = 3.978$ [MeV]
   T_+ は T_- の 1/2 なので
   $T_+ = 3.978 \cdot \dfrac{1}{2} = 1.989$ [MeV]

   したがって，陽電子の初速は，

   $v_+ = c \sqrt{\dfrac{(1.326 + 0.511)^2 - 0.511^2}{(1.326 + 0.511)^2}}$

   $\cong 0.96c$

   ∴　$v_+ \cong 2.88 \times 10^8$ [m/s]

4. $\beta_1 = \dfrac{2.4 \times 10^8}{3 \times 10^8} = 0.8$，$\beta_2 = \dfrac{1.8 \times 10^8}{3 \times 10^8} = 0.6$

   $T_1 = \left(\dfrac{1}{\sqrt{1 - 0.8^2}} - 1 \right) \cdot 0.511 \cong 0.341$ [MeV]

$$T_2 = \left(\frac{1}{\sqrt{1-0.6^2}} - 1\right) \cdot 0.511 \cong 0.128 \text{ [MeV]}$$

∴ $T_+ = 8 - (0.341 + 0.128 + 2.044) = 5.487$ [MeV]

5. 陰電子の全エネルギーは，

$$E_- = \sqrt{p^2 c^2 + m_0^2 c^4} = \sqrt{3^2 + 0.511^2}$$
$$\cong 3.043 \text{ [MeV]}$$

したがって，陰電子のエネルギーは，

$T_- = 3.043 - 0.511 = 2.532$ [MeV]

∴ $T_+ = 4 - (2.532 + 1.022) = 0.446$ [MeV]

6. 10 [MeV] と 100 [MeV] の場合は，

$$\frac{\ln 100}{\ln 10} = 2$$

20 [MeV] と 200 [MeV] の場合は，

$$\frac{\ln 200}{\ln 20} \cong 1.77$$

すなわち，光子エネルギーが高くなるほど増加の割合は減少する．

7. 同一エネルギーなので，原子番号の依存性だけである．

$$\sigma_\kappa = \left(\frac{26}{13}\right)^2 \cdot 0.357 = 1.428 \text{ [b]}$$

8. $\sigma_\kappa = \left(\frac{32}{30}\right)^2 \cdot \frac{\ln 10}{\ln 6} \cdot 1.22 \cong 1.78$ [b]

実際の Ge 原子の 10 [MeV] の光子に対する電子対生成断面積は 2.1 [b] である．

9. 同一エネルギーなので，原子番号の依存性だけである．

$$\sigma_\kappa = \left(\frac{78^2 + 0.8 \cdot 78}{74^2 + 0.8 \cdot 74}\right) \cdot 15.27 \cong 16.96 \text{ [b]}$$

10. $\sigma_\kappa = \left(\frac{79^2 + 0.8 \cdot 79}{82^2 + 0.8 \cdot 82}\right) \cdot \frac{\ln 60}{\ln 50} \cdot 26.41 \cong 0.9285 \cdot 1.0466 \cdot 26.41 \cong 25.66$ [b]

3.6　X線束の減弱

■要　　項■

3.6.1　減弱係数

単一元素から成る物質の質量減弱係数 μ/ρ は，1原子あたりの断面積を σ_a として，

$$\frac{\mu}{\rho}=\frac{N_A}{A_w}\sigma_a \tag{3.25}$$

N_A：アボガドロ数 [mol^{-1}]，A_w：原子量 [kg/mol]

μ/ρ の単位：[m^2/kg]

同じく線減弱係数 μ は，

$$\mu=\frac{N_A}{A_w}\rho\sigma_a \tag{3.26}$$

N_A：アボガドロ数 [mol^{-1}]，A_w：原子量 [kg/mol]

ρ：物質の密度 [kg/m^3]

μ の単位：[m^{-1}]

すなわち，質量減弱係数 μ/ρ は物質の単位質量（1 kg）中に含まれる総原子数にその原子の断面積 [m^2] を乗じたものであり，線減弱係数 μ は物質の単位体積（1 m^3）中に含まれる総原子数にその原子の断面積 [m^2] を乗じたものである．

逆に，質量減弱係数 μ/ρ が既知の場合，1原子あたりの断面積 σ_a は，

$$\sigma_a=\frac{\mu}{\rho}\cdot\frac{A_w}{N_A} \tag{3.25'}$$

また，1個の原子には Z（原子番号）個の電子が存在すると考え，1電子あたりの断面積 σ_e は，

$$\sigma_e=\frac{\mu}{\rho}\cdot\frac{A_w}{N_A}\cdot\frac{1}{Z} \tag{3.27}$$

第3章　X線と物質との相互作用

と換算できる．

なお，混合物，化合物の質量減弱係数 μ_c/ρ は，X線束の減弱は化学結合の影響を受けないと考え，

$$\frac{\mu_c}{\rho} = \sum_i w_i \left(\frac{\mu}{\rho}\right)_i \tag{3.28}$$

w_i：成分 i の重量比，$(\mu/\rho)_i$：成分 i の質量減弱係数

と近似できる．

3.6.2 指数関数則

単一エネルギーX線の細い線束は，図3.20に示すように，物質中で指数関数的に減弱する．

$$I = I_0 e^{-\mu x} \tag{3.29}$$

I_0：物質への入射強度，I：物質からの射出強度

μ：減弱係数，x：物質厚

式(3.29)の両辺を I_0 で除した I/I_0，したがって $e^{-\mu x}$ は透過率と呼ばれる．$e^{-\mu x}$

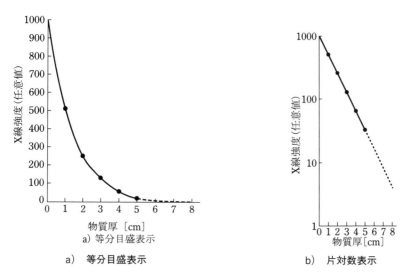

a)　等分目盛表示　　　　　　　b)　片対数表示

図3.20　X線束の指数関数的減弱

は割合であり，これが単位をもたないように μ と x は互いに逆元の単位でなければならない．すなわち，μ が線減弱係数 [m^{-1}] のとき x は長さ [m]，μ が質量減弱係数 [m^2/kg] のとき x は面密度 [kg/m^2] である．

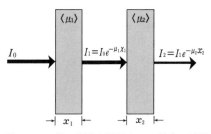

図3.21 2層の物質を通過するX線束の減弱

物質が2層から成る場合，図3.21のように式（3.29）は

$$I = I_0 e^{-(\mu_1 x_1 + \mu_2 x_2)} \tag{3.30}$$

μ_1：第1層の減弱係数，μ_2：第2層の減弱係数
x_1：第1層の物質厚，
x_2：第2層の物質厚

と書き改めることができる．3層以上の場合も同様に書き改めることができる．

3.6.3 半価層

透過率 $e^{-\mu x}$ が0.5となる，したがって図3.22のようにX線束の強度が半減するような物質厚を半価層 $d_{1/2}$ という．半価層 $d_{1/2}$ と減弱係数 μ とは

$$d_{1/2} = \frac{\ln 2}{\mu} \simeq \frac{0.693}{\mu} \tag{3.31}$$

の関係がある．

この場合も μ が線減弱係数 [m^{-1}] のとき $d_{1/2}$ の単位は長さ [m]，μ が質量減弱係数 [m^2/kg] のとき $d_{1/2}$ は面密度 [kg/m^2] である．

半価層を用いて式（3.29）と式

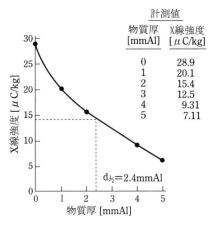

図3.22 単一エネルギーX線束の半価層

計測値	
物質厚 [mmAl]	X線強度 [μC/kg]
0	28.9
1	20.1
2	15.4
3	12.5
4	9.31
5	7.11

第3章　X線と物質との相互作用

(3.30) を

$$\frac{I}{I_0} = \left(\frac{1}{2}\right)^{\frac{x}{d_{1/2}}} \tag{3.29'}$$

$$\frac{I}{I_0} = \left(\frac{1}{2}\right)^{\left(\frac{x_1}{d_{1/2,1}} + \frac{x_2}{d_{1/2,2}}\right)} \tag{3.30'}$$

と書き改めることができる．

3.6.4　エネルギー吸収

　質量エネルギー転移係数 μ_{tr}/ρ は質量減弱係数 μ/ρ に「2次電子エネルギー/入射光子エネルギー」の重みを乗じたものである．したがって，質量光電エネルギー転移係数 τ_{tr}/ρ は，

$$\frac{\tau_{tr}}{\rho} = \frac{\tau}{\rho}\left(1 - \frac{\delta}{h\nu}\right) \tag{3.32}$$

　　τ/ρ：質量光電減弱係数 [m²/kg]，δ：特性X線の平均エネルギー

　　$h\nu$：入射光子エネルギー

　　τ_{tr}/ρ の単位：[m²/kg]

　質量コンプトンエネルギー転移係数 σ_{tr}/ρ は，

$$\frac{\sigma_{tr}}{\rho} = \frac{\sigma}{\rho}\left(1 - \frac{\overline{h\nu'}}{h\nu}\right) \tag{3.33}$$

　　σ/ρ：質量コンプトン減弱係数 [m²/kg]

　　$\overline{h\nu'}$：散乱線の平均エネルギー

　　$h\nu$：入射光子エネルギー

　　σ_{tr}/ρ の単位：[m²/kg]

　質量対生成エネルギー転移係数 κ_{tr}/ρ は，

$$\frac{\kappa_{tr}}{\rho} = \frac{\kappa}{\rho}\left(1 - \frac{2m_0c^2}{h\nu}\right) \tag{3.34}$$

　　κ/ρ：質量対生成減弱係数 [m²/kg]

　　m_0c^2：電子の静止質量（$=0.511$ [MeV]）

　　$h\nu$：入射光子エネルギー

3.6 X線束の減弱

κ_{tr}/ρ の単位：[m²/kg]

細い線束が物質中で減弱したとき，物質層で吸収されるエネルギー E_{ab} はエネルギー吸収係数 μ_{en} を用いて，

$$E_{ab} = \frac{\mu_{en}}{\mu}(1 - e^{-\mu x})I_0 \tag{3.35}$$

μ：減弱係数，x：物質厚，I_0：物質への入射強度 [J]

E_{ab} の単位：[J]

で与えられる．

【例題 3.6】

1. カーボンの 1 [MeV] の光子に対する 1 原子あたりの断面積は 1.267 [b] である．これを質量減弱係数（[cm²/g] 単位）に換算せよ．ただし，カーボンの原子量は 12.011 とする．また，アボガドロ数は 6.022×10^{23} とする．

【解】 1.267 [b] は 1.267×10^{-24} [cm²] に等しい．これを式（3.25）に代入して，

$$\frac{\mu}{\rho} = \frac{N_A}{A_w}\sigma_a = \frac{6.022 \times 10^{23}}{12.011} \cdot 1.267 \times 10^{-24} = 6.35 \times 10^{-2} \text{ [cm}^2\text{/g]}$$

を得る．アボガドロ数の 10^{23} とバーン単位の 10^{-24} が打ち消しあうため，1 [b] 近辺の断面積を [cm²/g] 単位に換算するとき，あまり大きな値や小さな値にはならないことを知っておくと便利である．

2. シリコンの 100 [keV] の光子に対する線減弱係数は 40.2877 [m⁻¹] である．これを 1 原子あたりの断面積（[b] 単位）に換算せよ．ただし，シリコンの原子量は 28.0855，密度は 2.3296 [g/cm³] とする．また，アボガドロ数は 6.022×10^{23} とする．

【解】 2.3296 [g/cm³] は 2.3296×10^3 [kg/m³] に等しい．また線減弱係数は 40.2877 [m⁻¹] であるので，これらを式（3.25′）に代入して，

$$\sigma_a = \frac{\mu}{\rho} \cdot \frac{A_w}{N_A} = \frac{40.2877}{2.3296 \times 10^3} \cdot \frac{28.0855 \times 10^{-3}}{6.022 \times 10^{23}} = 8.0655 \times 10^{-28} \text{ [m}^2\text{]}$$

1 [b] = 1×10^{-28} [m²] であるから約 8.066 [b] である．原子量に乗じた 10^{-3}

は[kg]単位でモル質量を表すためである(例題2.4.4(p.65)参照).もちろん,密度をc.g.s.単位系のまま用いて,線減弱係数を0.402877[cm^{-1}]としても結果は同じである.

3. 水素の1[MeV]の光子に対する1原子あたりの断面積は0.2112[b],酸素の1[MeV]の光子に対する1原子あたりの断面積は1.69[b]である.水の1[MeV]の光子に対する質量減弱係数はいくらか.[cm^2/g]単位で答えよ.ただし,水素の原子量を1,酸素の原子量は16とする.また,アボガドロ数は6.022×10^{23}とする.

【解】 0.2112[b]は0.2112×10^{-24}[cm^2]に,1.69[b]は1.69×10^{-24}[cm^2]にそれぞれ等しいので,水素の質量減弱係数$\mu/\rho(\mathrm{H})$と酸素の質量減弱係数$\mu/\rho(\mathrm{O})$は各々,

$$\frac{\mu}{\rho}(\mathrm{H})=\frac{6.022\times10^{23}}{1}\cdot0.2112\times10^{-24}\cong0.1272\ [\mathrm{cm^2/g}]$$

$$\frac{\mu}{\rho}(\mathrm{O})=\frac{6.022\times10^{23}}{16}\cdot1.69\times10^{-24}\cong0.0636\ [\mathrm{cm^2/g}]$$

したがって,水H$_2$Oの質量減弱係数$\mu/\rho(\mathrm{H_2O})$は,式(3.28)より

$$\frac{\mu}{\rho}(\mathrm{H_2O})=\frac{1+1}{1+1+16}\cdot0.1272+\frac{16}{1+1+16}\cdot0.0636$$
$$\cong0.0141+0.0565=0.0706\ [\mathrm{cm^2/g}]$$

重量比が原子量(の総和)と分子量の比に置き換わっているが,これは18[g]のH$_2$Oが1[mol]であり,その中にアボガドロ数個のH$_2$O分子を含んでいると考えるためである.

4. 減弱の式(3.29)を導きなさい.

【解】 表面におけるX線の強さをI_0とする.表面からx[cm]の点におけるX線の強度をIとする.この点からさらに$\mathrm{d}x$[cm]進むとX線の強度は$\mathrm{d}I$に減弱する(図3.23).こうすると,$\mathrm{d}I$はI,$\mathrm{d}x$に比例する.比例定数を$-\mu$とすれば

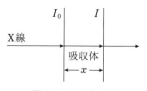

図3.23 X線の減弱

3.6 X線束の減弱

$$dI = -\mu I dx$$
$$\therefore \frac{dI}{I} = -\mu dx$$

積分すると $\int \frac{dI}{I} = -\mu \int dx + c$

よって，$\ln I = -\mu x + c = \ln e^{-\mu x + c}$

$$\therefore I = e^c \cdot e^{-\mu x}$$

ここで，$x=0$ のとき $I=I_0$ とすれば，$I = I_0 e^{-\mu x}$

5. いま100 [keV] の細いX線束の照射線量を計測したところ1 [C/kg] であったとする．線量計から離れた位置に2 [mm] のアルミニウム板を入れると，照射線量はいくらになるか．ただし，アルミニウムの100 [keV] の光子に対する減弱係数は0.1704 [cm²/g]，密度は2.7 [g/cm³] とする．また，線量計は理想的なエネルギーレスポンスを有しているものとする．

【解】 減弱係数は明記されてないが，その単位から質量減弱係数 μ/ρ とわかる．したがって，アルミニウムの線減弱係数 μ は

$$\mu = \frac{\mu}{\rho} \cdot \rho = 0.1704 \cdot 2.7 = 0.46008 \ [\text{cm}^{-1}]$$

またアルミニウム板厚は2 [mm]，すなわち0.2 [cm] なので，式 (3.29) から，

$$I = I_0 e^{-\mu x} = 1 \cdot e^{-0.46008 \cdot 0.2} \cong 0.912 \ [\text{C/kg}]$$

6. 図3.24に示すように，150 [keV] の細いX線束がある厚さの銅板を通過したところ，透過率は0.6であった．銅の150 [keV] の光子に対する減弱係数を0.2217 [cm²/g]，密度を8.933 [g/cm³] とすると，銅板の厚さはいくらか．

【解】 前題と同じく質量減弱係数 μ/ρ なので，銅の線減弱係数 μ は，

$$\mu = 0.2217 \cdot 8.933 \cong 1.98 \ [\text{cm}^{-1}]$$

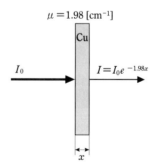

図3.24 X線の透過率

第3章 X線と物質との相互作用

式 (3.29) を $\ln(I/I_0) = -\mu x$ と変形して,

$$x = -\frac{\ln(I/I_0)}{\mu} = -\frac{\ln 0.6}{1.98} = 0.258 \ [\text{cm}]$$

すなわち,厚さ 2.58 [mm] の銅板である.

7. 80 [keV] で 1×10^6 個の X 線光子から成る細い線束を厚さ 0.5 [mm] のアルミニウム板に照射したところ,9.73×10^5 個の光子が通過してきたとする.アルミニウムの 80 [keV] の光子に対する質量減弱係数([cm²/g] 単位)を求めよ.ただし,アルミニウムの密度は 2.7 [g/cm³] とする.

【解】 質量減弱係数を μ/ρ,密度を ρ として式 (3.29) に代入すると,

$$9.73 \times 10^5 = 1 \times 10^6 e^{-(\mu/\rho \cdot \rho \cdot x)}$$

両辺を 1×10^6 で除し,対数をとって,

$$\ln \frac{9.73 \times 10^5}{1 \times 10^6} = -\frac{\mu}{\rho} \rho x$$

密度 2.7 [g/cm³] と厚さ 0.5 [mm] = 0.05 [cm] を代入して,

$$\frac{\mu}{\rho} \cdot 2.7 \cdot 0.05 \cong 0.02737$$

$$\therefore \ \frac{\mu}{\rho} = 0.2027 \ [\text{cm}^2/\text{g}]$$

8. 150 [keV] で 1×10^6 個の X 線光子から成る細い線束が厚さ 3 [mm] の銅板を通過した.銅の 150 [keV] の光子に対する減弱係数を 0.2217 [cm²/g],密度を 8.933 [g/cm³] とすると,銅板中で散逸したエネルギーはいくらか.[J] 単位で答えよ.ただし,1 [eV] = 1.602×10^{-19} [J] とする.

【解】 銅の線減弱係数 μ は,

$$\mu = 0.2217 \cdot 8.933 \cong 1.98 \ [\text{cm}^{-1}]$$

通過した強度ではなく散逸した強度 I_{att} を求めるので($I_{att} = I_0 - I$),式 (3.29) を変形して $I' = I_0(1 - e^{-\mu x})$ を得る.これに銅板の厚さ 3 [mm] = 0.3 [cm] を代入して,

$$I_{att} = I_0(1 - e^{-\mu x}) = (1 - e^{-1.98 \cdot 0.3}) \cdot 150 \times 10^6 \cong 0.448 \cdot 150 \times 10^6$$
$$\cong 6.719 \times 10^7 \ [\text{keV}]$$

3.6 X線束の減弱

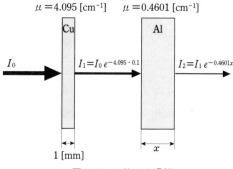

図3.25 2枚のろ過板

$$= 1.077 \times 10^{-8} \text{ [J]}$$

9. 図3.25に示すように，100 [keV] の細い X 線束が厚さ 1 [mm] の銅板を通過した後，さらにある厚さのアルミニウム板を通過したところ，透過率は0.5 であった．銅の 100 [keV] の光子に対する減弱係数を 4.095 [cm^{-1}]，アルミニウムの 100 [keV] の光子に対する減弱係数を 0.4601 [cm^{-1}] とすると，アルミニウム板の厚さはいくらか．

【解】 2層の物質を通過するので，式（3.30）より，
$$I/I_0 = 0.5 = e^{-(\mu_1 x_1 + \mu_2 x_2)}$$
銅板の厚さ 1 [mm]＝0.1 [cm] を代入し，対数をとって，
$$-\ln 0.5 = 4.095 \cdot 0.1 + 0.4601 x_2$$
$$\therefore \quad x_2 = \frac{0.693 - 0.4095}{0.4601} = 0.6165 \text{ [cm]}$$

すなわち，厚さ 6.165 [mm] のアルミニウム板である．

10. 200 [keV] の細い X 線束が厚さ 7 [mm] の銅板を通過したところ，透過率が 0.38 であったとする．200 [keV] の光子に対する銅の半価層はいくらか．ただし，$\ln 2 = 0.693$ とする．

【解】 厚さ 7 [mm] の銅板を通過したときの透過率が 0.38 なので，
$$I/I_0 = 0.38 = e^{-7\mu}$$
$$\ln(0.38) \cong -0.9676 = -7\mu$$

∴ $\mu \cong 0.138$ [mm⁻¹]

したがって，求める半価層 $d_{1/2}$ は式(3.31)から，

$$d_{1/2} = \frac{\ln 2}{\mu} \cong \frac{0.693}{0.138} \cong 5 \ [\text{mmCu}]$$

11．ある低エネルギー光子に対するモリブデンの減弱係数は 34.65 [cm⁻¹] である．この X 線光子の細い線束中に 1 [mm] のモリブデン板を挿入したとき，通過強度は入射強度と比べてどれくらいまで減じるか．ただし，$\ln 2 = 0.693$ とする．（電卓使用不可）

【解】 減弱係数が 34.65 [cm⁻¹] $= 3.465$ [mm⁻¹] なので，半価層 $d_{1/2}$ は，

$$d_{1/2} = \frac{0.693}{3.465} = 0.2 \ [\text{mmMo}]$$

これを式（3.29′）に代入して，

$$\frac{I}{I_0} = \left(\frac{1}{2}\right)^{\frac{x}{d_{1/2}}} = \left(\frac{1}{2}\right)^{\frac{1}{0.2}} = \frac{1}{32} \ (= 0.03125)$$

12．図 3.26 に示すように，150 [keV] の光子に対する銅の線減弱係数は 1.98 [cm⁻¹]，アルミニウムの線減弱係数は 0.385 [cm⁻¹] であるとする．150 [keV] の X 線光子の細い線束を遮るように厚さ 7 [mm] の銅板と厚さ 9 [mm] のアルミニウム板を入れたとき，透過率はいくらとなるか．ただし，$\ln 2 = 0.693$，$\sqrt{2} = 1.414$ とする．（電卓使用不可）

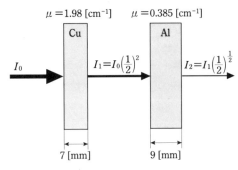

図 3.26 X 線の透過率

3.6 X線束の減弱

【解】 この線束に対する銅の半価層 $d_{1/2}(\mathrm{Cu})$ は

$$d_{1/2}(\mathrm{Cu}) = \frac{0.693}{1.98} = 0.35 \,[\mathrm{cmCu}] = 3.5 \,[\mathrm{mmCu}]$$

同じく,アルミニウムの半価層 $d_{1/2}(\mathrm{Al})$ は

$$d_{1/2} = \frac{0.693}{0.385} = 1.8 \,[\mathrm{cmAl}] = 18 \,[\mathrm{mmAl}]$$

これらを式 (3.29′) に代入して,

$$\frac{I}{I_0} = \left(\frac{1}{2}\right)^{\left(\frac{7}{3.5} + \frac{9}{18}\right)} = \left(\frac{1}{2}\right)^{\left(2 + \frac{1}{2}\right)} = \left(\frac{1}{2}\right)^{\frac{5}{2}} = \frac{1}{\sqrt{32}} = \frac{1}{4\sqrt{2}}$$

したがって,透過率は $1/(4\sqrt{2}) = 1/5.656 (= 0.1768)$ となる.

13. 半価層は入射強度を 1/2 まで減じる物質厚をいうが,同様に 1/10 まで減じる物質厚を 1/10 価層という.ある単一エネルギー光子の細い線束に対する銅の半価層が 0.3 [mmCu] であるとすれば,同じ線束に対する銅の 1/10 価層はいくらか.ただし,$\ln 2 = 0.69$,$\ln 10 = 2.3$ とする.(電卓使用不可)

【解】 1/10 価層を $d_{1/10}$ とすると,式 (3.29′) と同様に,

$$\frac{I}{I_0} = \left(\frac{1}{10}\right)^{\frac{x}{d_{1/10}}}$$

と書くことができる.一方,

$$\frac{I}{I_0} = \left(\frac{1}{2}\right)^{\frac{x}{d_{1/2}}} = \left(\frac{1}{2}\right)^{\frac{x}{0.3}}$$

であるので,

$$\left(\frac{1}{2}\right)^{\frac{x}{0.3}} = \left(\frac{1}{10}\right)^{\frac{x}{d_{1/10}}}$$

と置くことができる.両辺の対数をとると,

$$-\ln 2 \cdot \frac{x}{0.3} = -\ln 10 \cdot \frac{x}{d_{1/10}}$$

両辺から x を消去すると,

$$d_{1/10} = \frac{\ln 10}{\ln 2} \cdot 0.3 = \frac{2.3}{0.69} \cdot 0.3 = 1 \,[\mathrm{mmCu}]$$

14. ある単一エネルギー X 線の細い線束が厚さ 1 [cm] のアルミニウム板を通

第 3 章　X 線と物質との相互作用

過すると強度が 1/10 に減じた．この線束に対するアルミニウムの半価層はいくらか．ただし，$\log_{10} 2 = 0.3$ とする．（電卓使用不可）

【解】　与えられている条件が $\log_{10} 2 = 0.3$ なので，常用対数で展開する．この単一エネルギーの光子に対するアルミニウムの半価層を $d_{1/2}$ とすると，

$$\frac{I}{I_0} = \frac{1}{10} = \left(\frac{1}{2}\right)^{\frac{1}{d_{1/2}}}$$

常用対数をとり，

$$-\log_{10} 10^{-1} = -\log_{10} 2^{-\frac{1}{d_{1/2}}}$$

$$1 = \log_{10} 2 \cdot \frac{1}{d_{1/2}}$$

$$\therefore \quad d_{1/2} = \log_{10} 2 = 0.3 \ [\text{cmAl}]$$

すなわち，3 [mmAl] である．

15．図 3.27 に示すように，ある単一エネルギー X 線の細い線束の照射線量率を計測したところ 4 [mA/kg] であった．この線束を遮るよう線量計から離れた位置に 2 [mm] のアルミニウム板を入れると照射線量率は 2 [mA/kg] となった．さらに 1 [mm] のアルミニウム板を追加すると照射線量率はいくらとなるか．ただし，$\sqrt{2} = 1.414$ とし，線量計は理想的なエネルギーレスポンスを有しているものとする．（電卓使用不可）

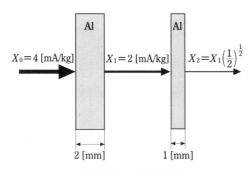

図 3.27　照射線量率

【解】　この単一エネルギーの光子に対するアルミニウムの半価層を $d_{1/2}$ とす

ると，

$$\frac{2}{4}=\frac{1}{2}=\left(\frac{1}{2}\right)^{\frac{2}{d_{1/2}}}$$

$$\therefore \quad d_{1/2}=2 \text{ [cmAl]}$$

さらに 1 [mm] 追加して総計 3 [mm] 厚とするのだから，

$$\left(\frac{1}{2}\right)^{\frac{3}{2}}=\sqrt{\frac{1}{8}}=\frac{1}{2}\cdot\frac{1}{\sqrt{2}}=\frac{1}{2\sqrt{2}}$$

したがって，求める照射線量率は

$$4\cdot\frac{1}{2\sqrt{2}}=\frac{2}{\sqrt{2}}=\frac{2\sqrt{2}}{2}=\sqrt{2}=1.414 \text{ [mA/kg]}$$

16. 100 [keV] の光子に対する鉛の質量光電減弱係数は 5.24 [cm²/g]，K-X 線の平均エネルギーは 76 [keV] であり，質量コンプトン減弱係数は 0.0989 [cm²/g]，反跳電子の平均エネルギーは 13.8[keV] である．100[keV] の光子に対する鉛の全質量エネルギー転移係数はいくらか．

【解】 質量光電エネルギー転移係数 τ_{tr}/ρ は，式 (3.32) から，

$$\frac{\tau_{tr}}{\rho}=\frac{\tau}{\rho}\left(1-\frac{76}{100}\right)=5.24\cdot 0.24 \cong 1.2576 \text{ [cm}^2\text{/g]}$$

質量コンプトンエネルギー転移係数 σ_{tr}/ρ は，散乱光子の平均エネルギーが $100-13.8=86.2$ [keV] であることに注意して，式 (3.33) から，

$$\frac{\sigma_{tr}}{\rho}=\frac{\sigma}{\rho}\left(1-\frac{86.2}{100}\right)=0.0989\cdot 0.138 \cong 0.01365 \text{ [cm}^2\text{/g]}$$

したがって，求める全質量エネルギー転移係数 μ_{tr}/ρ は，

$$\frac{\mu_{tr}}{\rho}=\frac{\tau_{tr}}{\rho}+\frac{\sigma_{tr}}{\rho}=1.2576+0.01365 \cong 1.27 \text{ [cm}^2\text{/g]}$$

実際の鉛の全質量エネルギー転移係数は約 1.97 [cm²/g] である．この残差は特性 X 線の平均エネルギーを K-X 線の平均エネルギーとして求めているためである．

17. 10 [MeV] の光子に対するタングステンの質量対生成減弱係数は 0.0344 [cm²/g] である．厚さ 1 [g/cm²] のタングステン箔にエネルギー

第3章　X線と物質との相互作用

10 [MeV] で 1×10^6 個から成る細いX線束を照射したとき，電子対生成のみが生じるとすれば，2次電子の初期運動エネルギーの総和はいくらか．[J]単位で答えよ．ただし，1 [eV]$=1.602\times10^{-19}$ [J] とする．

【解】　箔中で散逸する強度 I_{att} は（例題 3.6.8, p.154 参照），
$$I_{att}=(1-e^{-0.0344\cdot1})\cdot10\times10^6=0.033815\cdot10\times10^6=3.3815\times10^5 \text{ [MeV]}$$
$$\cong5.417\times10^{-8} \text{ [J]}$$

したがって，2次電子（対生成された陰陽電子）に配分される初期エネルギー T_0 は
$$T_0=5.418\times10^{-8}\cdot\left(1-\frac{1.022}{10}\right)=5.418\times10^{-8}\cdot0.8978\cong4.864\times10^{-8} \text{ [J]}$$

18. 人体筋組織の 1 [MeV] の光子に対する減弱係数は 7.007×10^{-2} [cm²/g] である．同様に，エネルギー吸収係数は 3.074×10^{-2} [cm²/g] である．人体筋組織の密度が水と同じであるとして，エネルギー 1 [MeV] で 1×10^6 個から成る細い X 線束中にある厚さ 5 [cm] の人体筋組織に吸収されるエネルギーはいくらか．[J] 単位で答えよ．ただし，1 [eV]$=1.602\times10^{-19}$ [J] とする．

【解】　密度を 1 [g/cm³] とすれば人体筋組織の線減弱係数は 7.007×10^{-2} [cm⁻¹] である．厚さ 5 [cm] であるから，式 (3.35) より
$$E_{ab}=\frac{\mu_{en}}{\mu}\cdot(1-e^{-\mu x})\cdot I_0=\frac{0.03074}{0.07007}\cdot(1-e^{-0.07007\cdot5})\cdot1\times10^6$$
$$\cong0.4387\cdot0.3\cdot1\times10^6=1.2966\times10^5 \text{ [MeV]}$$
$$\cong2.077\times10^{-8} \text{ [J]}$$

19. アルミニウムの 80 [keV] の光子に対する減弱係数は 0.2018 [cm²/g] である．同様に，エネルギー吸収係数は 0.05511 [cm²/g] である．エネルギー 80 [keV] で 1×10^6 個から成る細い X 線束中にある厚さ 3 [cm] のアルミニウムブロック中で散逸するエネルギーと吸収されるエネルギーを求め，その差分を [keV] 単位で答えよ．さらに，図 3.28 でその差分の内容が何であるか簡単に説明せよ．なお，アルミニウムの密度は 2.7 [g/cm³] とし，減弱係

3.6 X線束の減弱

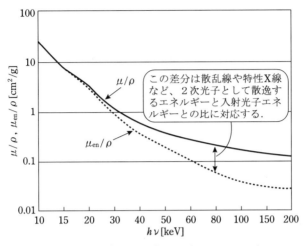

図3.28 散逸エネルギーと入射光子エネルギー

数 $0.2018\,[\mathrm{cm^2/g}]$ の内訳は干渉性散乱が $0.02\,[\mathrm{cm^2/g}]$，光電吸収が $0.0378\,[\mathrm{cm^2/g}]$，非干渉性散乱が $0.144\,[\mathrm{cm^2/g}]$ である．

【解】 ブロック中で散逸する強度，すなわち散逸エネルギー E_{att} は，
$$E_{att} = (1 - e^{-0.2018 \cdot 2.7 \cdot 3}) 80 \times 10^6 \cong 0.805 \cdot 80 \times 10^6 \cong 6.44 \times 10^7\,[\mathrm{keV}]$$
一方，吸収されるエネルギー E_{ab} は，
$$E_{ab} = \frac{0.05511}{0.2018} \cdot (1 - e^{-0.2018 \cdot 2.7 \cdot 3}) \cdot 80 \times 10^6 \cong 0.273 \cdot 0.805 \cdot 80 \times 10^6$$
$$\cong 1.76 \times 10^7\,[\mathrm{keV}]$$
したがって，その差分 $E_{att} - E_{ab}$ は，
$$E_{att} - E_{ab} = 4.68 \times 10^7\,[\mathrm{keV}]$$
この $4.68 \times 10^7\,[\mathrm{keV}]$ は干渉性散乱光子エネルギー，光電吸収における蛍光X線エネルギー，非干渉性散乱光子エネルギー，それと $80\,[\mathrm{keV}]$ 程度ではほぼ無視できるが制動X線エネルギーの総和である．また，減弱係数の内訳から考え，非干渉性散乱光子のエネルギーが大きな割合を占めていると考えられる．実際，$80\,[\mathrm{keV}]$ 程度では反跳電子の持ち出すエネルギーは $10\,[\%]$

第3章　X線と物質との相互作用

ほどである．

●演習問題3.6

1. バリウムは光子エネルギー37.44［keV］にK吸収端をもち，その質量減弱係数は29.19［cm²/g］である．バリウムの密度を3.62［g/cm³］とすると，K吸収端での線減弱係数はいくらか．［cm⁻¹］単位で答えよ．

2. 0.5［MeV］の光子に対する鉛の線光電減弱係数は0.9368［cm⁻¹］，線コンプトン減弱係数は0.7633［cm⁻¹］である．鉛の密度を11.342［g/cm³］とすると，0.5［MeV］の光子に対する鉛の全質量減弱係数はいくらか．［cm²/g］単位で答えよ．

3. 60［keV］の光子に対するアルミニウム1原子の断面積は12.4［b］である．これを質量減弱係数に換算し，［cm²/g］単位で答えよ．ただし，アルミニウムの原子量は27，アボガドロ数は6.022×10^{23}とする．

4. 150［keV］の光子に対する鉄の質量減弱係数は0.1964［cm²/g］である．150［keV］の光子に対する鉄1原子の断面積は何バーンか．ただし，鉄の原子量は55.845，アボガドロ数は6.022×10^{23}とする．

5. 2［MeV］の光子に対するカーボンの線減弱係数は10［m⁻¹］である．2［MeV］の光子に対するカーボンの1電子あたりの断面積は何バーンか．ただし，カーボンの原子量は12.011，密度は2.267［g/cm³］とする．また，アボガドロ数は6.022×10^{23}とする．

6. 30［keV］の光子に対する水素の質量減弱係数は0.357［cm²/g］，酸素は0.3779［cm²/g］である．30［keV］の光子に対するH_2Oの質量減弱係数はいくらか．［m²/kg］単位で答えよ．ただし，水素の原子量は1，酸素は16とする．

7. 1［MeV］の光子に対するCO_2の質量減弱係数は0.06369［cm²/g］である．酸素の質量減弱係数を0.06372［cm²/g］とすると，炭素1原子あたりの断面積は何バーンか．ただし，炭素の原子量は12，酸素は16，アボガドロ数は6.022×10^{23}とする．

3.6 X線束の減弱

8. ヨウ素は光子エネルギー 33.17 [keV] に K 吸収端をもち，その減弱係数は 35.82 [cm²/g] である．面密度 0.07 [g/cm²] のヨウ素の薄層があるとき，33.17 [keV] の光子の透過率はいくらか．

9. 実効エネルギー 40 [keV] の細い X 線束が厚さ 0.17 [mm] のニッケル板を通過すると，その強度が半減した．40 [keV] の光子に対するニッケルの線減弱係数はいくらか．[cm^{-1}] 単位で答えよ．ただし，$\ln 2 = 0.693$ とする．

10. 50 [keV] の光子に対して鉛は 91.2 [cm^{-1}] の減弱係数をもつ．実効エネルギー 50 [keV] の細い X 線束の強度を 1/1000 とするには何ミリメートルの鉛厚が必要か．

11. 150 [keV] の光子に対してアルミニウムは 0.372 [cm^{-1}] の減弱係数をもつ．150 [keV] の細い X 線束の中に厚さ 1 [mm] のアルミニウム板を入れたとき，透過率はいくらか．ただし，厚さ 1 [mm] は $e^{-x} \cong 1 - x$ と近似できるものとする．(電卓使用不可)

12. ある単一エネルギー X 線の細い線束が厚さ 1 [cm] のアルミニウム板を通過したとき強度が 40 [%] に減弱した．この線束に対するアルミニウムの線減弱係数はいくらか．[cm^{-1}] 単位で答えよ．ただし，$\ln 2 = 0.693$，$\ln 10 = 2.3$ とする．(電卓使用不可)

13. 30 [keV] の光子に対してモリブデンは 28.1 [cm²/g] の減弱係数をもつ．30 [keV] の細い X 線束がモリブデン板を通過したとき透過率が 1/4 であるとしたら，モリブデン板の厚さはいくらか．[g/cm²] 単位で答えよ．ただし，$\ln 2 = 0.693$ とする．(電卓使用不可)

14. いま，実効エネルギー 40 [keV] の細い X 線束の照射線量を計測したところ 2 [C/kg] であったとする．線量計から離れた位置に厚さ 0.1 [mm] の銅板を入れると，照射線量は 1.3 [C/kg] となった．厚さ 0.2 [mm] の銅板を入れると照射線量はいくらになるか．ただし，線量計は理想的なエネルギーレスポンスをもつものとする．

15. 0.5 [MeV] で 1×10^7 個から成る細い X 線束が厚さ 2 [cm] のグラファイト層 (カーボンから成る) を通過した．グラファイト層の中で 3.25×10^6 個の

X線光子が散逸したとすると，グラファイトの質量減弱係数はいくらか．[cm²/g] 単位で答えよ．ただし，グラファイトの密度は 2.25 [g/cm³] とする．

16． ²⁴¹Am から放射される 59.5 [keV] の γ 線が厚さ 10 [cm] の水層を通過すると強度が 40 [％] に，厚さ 25 [cm] の水層を通過すると強度が 10 [％] に減衰したとする．59.5 [keV] の光子に対する水の線減弱係数はいくらか．[cm⁻¹] 単位で答えよ．ただし，ln4＝1.38 とする．（電卓使用不可）

17． ある単一エネルギーX線の細い線束が厚さ 0.5 [mm] の銅板を通過すると強度が 0.5 に，さらに厚さ 3 [cm] のアルミニウム層を追加すると強度が 0.05 に減衰した．厚さ 2 [cm] のアルミニウム層をさらに追加した場合，強度が 0.01 に減じたとすれば，銅の線減弱係数はいくらか．[cm⁻¹] 単位で答えよ．ただし，ln5＝1.6，ln0.05＝－3 とする．（電卓使用不可）

18． 60 [keV] の光子に対するアルミニウムの減弱係数は 0.2778 [cm²/g] である．60 [keV] の光子に対するアルミニウムの半価層はいくらか．[mmAl] 単位で答えよ．ただし，アルミニウムの密度は 2.7 [g/cm³]，ln2＝0.693 とする．

19． 20 [keV] の光子に対するモリブデンの半価層は 8.55 [μm] である．20 [keV] の光子に対するモリブデンの質量減弱係数はいくらか．[cm²/g] 単位で答えよ．ただし，モリブデンの密度は 10.2 [g/cm³]，ln2＝0.693 とする．

20． 200 [keV] の光子に対する鉛の減弱係数は 0.9985 [cm²/g] である．200 [keV] の細いX線束の強度を 1/1024 とするのに必要な鉛の厚さは何ミリメートルか．ただし，鉛の密度は 11.342 [g/cm³]，ln2＝0.693 とする．

21． 200 [keV] の細いX線束の照射線量を計測したところ 8 [mC/kg] であったとする．同じ条件で，厚さ 63 [mm] のアルミニウム層を線束中に入れると 1 [mC/kg] となった．200 [keV] の光子に対するアルミニウムの線減弱係数はいくらか．[cm⁻¹] 単位で答えよ．ただし，ln2＝0.693 とする．（電卓使用不可）

3.6 X線束の減弱

22. ある単一エネルギー X 線の細い線束が厚さ 0.5 [cm] のアルミニウム板を通過したとき強度が 1/10 に減弱した．この線束に対するアルミニウムの半価層はいくらか．有効数字 3 桁で，[mmAl] 単位で答えよ．ただし，$\ln 2 = 0.693$，$\ln 10 = 2.3$ とする．（電卓使用不可）

23. ある単一エネルギー X 線の細い線束に対するアルミニウムの減弱係数は 1.1 [cm^{-1}] である．この線束に厚さ 2.1 [cm] のアルミニウム層を入れると強度は何分の 1 となるか．ただし，$\ln 2 = 0.693$，$\sqrt[3]{2} = 1.26$ とする．（電卓使用不可）

24. 500 [keV] の細い X 線束に対して 0.77 [cm^{-1}] の減弱係数をもつ物質がある．この物質の 1/1000 価層は何センチメートルか．ただし，$\ln 2 = 0.693$，$\log_{10} 2 = 0.3$ とする．（電卓使用不可）

25. ある単一エネルギー X 線の細い線束が厚さ 7 [mm] のアルミニウム板を通過すると強度が半減した．同じく，厚さ 0.3 [mm] の銅板でも半減したとする．厚さ 3.5 [mm] のアルミニウム板と厚さ 0.75 [mm] の銅板を重ね合わせたとき，強度は何分の 1 となるか．（電卓使用不可）

26. ある単一エネルギー X 線の細い線束に対するアルミニウムの減弱係数は 0.385 [cm^{-1}]，銅の減弱係数は 1.98 [cm^{-1}] である．厚さ 9 [mm] のアルミニウム板と厚さ 7 [mm] の銅板を重ね合わせたとき，この線束の透過率はいくらか．ただし，$\ln 2 = 0.693$，$\sqrt{2} = 1.414$ とする．（電卓使用不可）

27. 80 [keV] の細い X 線束が厚さ 5.5 [cm] のアルミニウム層を通過したところ強度が 1/20 となった．この線束に対するアルミニウムの半価層はいくらか．ただし，$\ln 2 = 0.693$，$\ln x = 2.3 \log_{10} x$ とする．（電卓使用不可）

28. 100 [keV] の光子に対するタングステンの質量光電減弱係数は 4.15 [cm^2/g] であり，K-X 線の平均エネルギーは 60.6 [keV] である．100 [keV] の光子に対するタングステンの質量光電エネルギー転移係数はいくらか．

29. 0.5 [MeV] の光子に対する水の質量コンプトン減弱係数は 0.0966 [cm^2/g] であり，散乱光子の平均エネルギーは 0.329 [MeV] である．0.5 [MeV]

第 3 章　X 線と物質との相互作用

の光子に対する水の質量コンプトンエネルギー転移係数はいくらか．

30．5 [MeV] の光子に対する鉛の質量対生成減弱係数は 0.0215 [cm²/g] である．鉛の密度を 11.342 [g/cm³] とすると，5 [MeV] の光子に対する鉛の線対生成エネルギー転移係数はいくらか．[m⁻¹] 単位で答えよ．

31．10 [MeV] の光子に対する白金の質量コンプトン減弱係数は 0.012 [cm²/g]，反跳電子の平均エネルギーは 6.84 [MeV] であり，質量対生成減弱係数は 0.036 [cm²/g] である．10 [MeV] の光子に対する白金の全質量エネルギー転移係数はいくらか．

32．10 [MeV] の光子に対する鉛の質量対生成減弱係数は 0.037 [cm²/g] である．厚さ 0.5 [g/cm²] の鉛箔にエネルギー 10 [MeV] で 1×10⁸ 個から成る細い X 線束を照射したとき，電子対生成のみが生じるとすれば，2 次電子の初期運動エネルギーの総和はいくらか．[J] 単位で求めよ．ただし，1 [eV]＝1.602×10⁻¹⁹ [J] とする．

33．10 [MeV] の光子に対する水の質量減弱係数は 2.219×10⁻² [cm²/g] である．同様に，質量エネルギー吸収係数は 1.566×10⁻² [cm²/g] である．エネルギー 10 [MeV] で 1×10⁷ 個から成る細い X 線束中にある厚さ 10 [cm] の水ファントーム中に吸収されるエネルギーはいくらか．[J] 単位で求めよ．ただし，1 [eV]＝1.602×10⁻¹⁹ [J] とする．

34．20 [MeV] の光子に対する空気の質量減弱係数は 1.705×10⁻² [cm²/g] である．同様に，質量エネルギー吸収係数は 1.311×10⁻² [cm²/g] である．エネルギー 20 [MeV] で 1×10⁶ 個から成る細い X 線束を体積を 1/10 とした厚さ 10 [cm] の圧縮空気層に照射したとき，この圧縮空気層で吸収されるエネルギーはいくらか．[J] 単位で求めよ．ただし，標準状態の空気の密度は 0.0013 [g/cm³]，1 [eV]＝1.602×10⁻¹⁹ [J] とする．

35．2 [MeV] の光子に対する水の質量減弱係数は 4.942×10⁻² [cm²/g]，質量エネルギー吸収係数は 2.608×10⁻² [cm²/g] である．エネルギー 2 [MeV] で 1×10⁸ 個から成る細い X 線束中にある厚さ 20 [cm] の水層中で散逸するエネルギーと吸収されるエネルギーを求め，その差分を [MeV] 単位で答え

3.6 X線束の減弱

よ．さらにその差分が主として何によるものかを述べよ．

演習問題3.6 解答

1. $\mu = \dfrac{\mu}{\rho} \cdot \rho = 29.19 \cdot 3.62 \cong 105.7 \ [\mathrm{cm}^{-1}]$

2. 0.5 [MeV] なので対生成減弱係数はゼロであり，干渉性散乱係数も無視できる．

   $\mu_{\mathrm{total}} = \dfrac{\tau}{\rho} + \dfrac{\sigma}{\rho} = \dfrac{0.9368}{11.342} + \dfrac{0.7633}{11.342} \cong 0.15 \ [\mathrm{cm}^2/\mathrm{g}]$

3. $\dfrac{\mu}{\rho} = \dfrac{6.022 \times 10^{23}}{27} \cdot 12.4 \times 10^{-24} \cong 0.2766 \ [\mathrm{cm}^2/\mathrm{g}]$

4. $\sigma_a = 0.1964 \cdot \dfrac{55.845}{6.022 \times 10^{23}} \cong 1.821 \times 10^{-23} \ [\mathrm{cm}^2]$

   $= 18.21 \ [\mathrm{b}]$

5. $10 \ [\mathrm{m}^{-1}] = 0.1 \ [\mathrm{cm}^{-1}]$ であるから，

   $\sigma_e = \dfrac{0.1}{2.267} \cdot \dfrac{12.011}{6.022 \times 10^{23}} \cdot \dfrac{1}{6} \cong 1.466 \times 10^{-25} \ [\mathrm{cm}^2]$

   $= 0.1466 \ [\mathrm{b}]$

6. $0.357 \ [\mathrm{cm}^2/\mathrm{g}] = 0.0357 \ [\mathrm{m}^2/\mathrm{kg}]$，$0.3779 \ [\mathrm{cm}^2/\mathrm{g}] = 0.03779 \ [\mathrm{m}^2/\mathrm{kg}]$ であるから，

   $\left(\dfrac{\mu}{\rho}\right)_{\mathrm{H_2O}} = \dfrac{2}{18} \cdot 0.0357 + \dfrac{16}{18} \cdot 0.03799$

   $\cong 0.0377 \ [\mathrm{m}^2/\mathrm{kg}]$

7. $0.06369 = \dfrac{12}{44} \cdot \left(\dfrac{\mu}{\rho}\right)_{\mathrm{C}} + \dfrac{32}{44} \cdot 0.06372$

   $\therefore \ \left(\dfrac{\mu}{\rho}\right)_{\mathrm{C}} = 0.06361 \ [\mathrm{cm}^2/\mathrm{g}]$

   したがって，炭素原子の断面積は，

   $\sigma_a = 0.06361 \cdot \dfrac{12}{6.022 \times 10^{23}} \cong 1.267 \times 10^{-24} \ [\mathrm{cm}^2]$

   $= 1.267 \ [\mathrm{b}]$

第3章 X線と物質との相互作用

8. $\dfrac{I}{I_0} = e^{-35.82 \cdot 0.07} \cong 0.0815$

9. 0.17 [mm] = 0.017 [cm] なので，

   $\dfrac{I}{I_0} = \dfrac{1}{2} = e^{-0.017\mu}$

   対数をとると，
   $\quad -0.693 = -0.017\mu$
   $\quad \therefore\ \mu = 40.76\ [\text{cm}^{-1}]$

10. 91.2 [cm^{-1}] = 9.12 [mm^{-1}] なので

    $\dfrac{I}{I_0} = \dfrac{1}{1000} = e^{-9.12x}$

    対数をとると，
    $\quad -6.91 = -9.12x$
    $\quad \therefore\ x \cong 0.757\ [\text{mm}]$

11. 1 [mm] = 0.1 [cm] なので，

    $\mu x = 0.372 \cdot 0.1 = 0.0372$
    $e^{-\mu x} \cong 1 - \mu x = 0.9628$

12. $\dfrac{I}{I_0} = \dfrac{4}{10} = e^{-\mu}$

    対数をとると，
    $\quad \ln 4 - \ln 10 = -\mu$
    $\quad \ln 2^2 - \ln 10 = -\mu$
    $\quad 2\ln 2 - \ln 10 = -\mu$
    $\quad 1.386 - 2.3 = -\mu$
    $\quad \therefore\ \mu = 0.914\ [\text{cm}^{-1}]$

13. $\dfrac{I}{I_0} = \dfrac{1}{4} = e^{-28.1x}$

    対数をとると，
    $\quad -\ln 4 = -28.1x$

3.6 X線束の減弱

$2\ln 2 = 28.1x$

$1.386 = 28.1x$

∴ $x \cong 0.049$ [g/cm²]

14. $\dfrac{1.3}{2} = e^{-0.1\mu}$

両辺の対数をとると,

$-0.431 = -0.1\mu$

∴ $\mu = 4.31$ [mm⁻¹]

銅板厚を 0.2 [mm] とすると,

$X = X_0 e^{-4.31 \cdot 0.2} = 2 \cdot 0.4225 = 0.845$ [C/kg]

15. 通過した光子数は,

$N = 1 \times 10^7 - 3.25 \times 10^6 = 6.75 \times 10^6$

したがって,透過率は,

$N/N_0 = 6.75 \times 10^6 / 1 \times 10^7 = 0.675$

$0.675 = e^{-2\mu}$

両辺の対数をとると,

$-0.393 = -2\mu$

∴ $\mu \cong 0.1965$ [cm⁻¹]

グラファイトの密度が 2.25 [g/cm³] であるから,

$\dfrac{\mu}{\rho} = \dfrac{0.1965}{2.25} \cong 0.0873$ [cm²/g]

16. $\dfrac{4}{10} = e^{-10\mu}$

$\dfrac{1}{10} = e^{-25\mu}$

両辺の対数をとると,

$\ln 4 - \ln 10 = -10\mu$ ……①

$\ln 1 - \ln 10 = -25\mu$ ……②

式①から式②を引くと,

第3章 X線と物質との相互作用

$\ln 4 = 15\mu$

$1.38 = 15\mu$

∴ $\mu = 0.092$ [cm^{-1}]

17. 銅板を無視し，アルミニウム板だけを考えれば，

$\dfrac{0.05}{0.5} = e^{-3\mu_{Al}}$

$\dfrac{0.01}{0.5} = e^{-(3+2)\mu_{Al}}$

両辺の対数をとると，

$\ln 0.1 = -3\mu_{Al}$ …… ①

$\ln 0.02 = -5\mu_{Al}$ …… ②

式①から式②を引くと，

$\ln 0.1 - \ln 0.02 = 2\mu_{Al}$

$\ln \dfrac{0.1}{0.02} = \ln 5 = 1.6 = 2\mu_{Al}$

∴ $\mu_{Al} = 0.8$ [cm^{-1}]

0.5 [mm] = 0.05 [cm] なので，

$0.05 = e^{-(0.05\mu_{Cu} + 0.8 \cdot 3)}$

両辺の対数をとると，

$\ln 0.05 = -3 = -0.05\mu_{Cu} - 2.4$

$0.05\mu_{Cu} = 0.6$

∴ $\mu_{Cu} = 12$ [cm^{-1}]

18. $\mu = \dfrac{\mu}{\rho} \cdot \rho = 0.2778 \cdot 2.7 \cong 0.75$ [cm^{-1}] = 0.075 [mm^{-1}]

$d_{1/2} = \dfrac{0.693}{0.075} = 9.24$ [mmAl]

19. 8.55 [μm] = 8.55×10^{-4} [cm] なので，

$\mu = \dfrac{0.693}{8.55 \times 10^{-4}} \cong 810.5$ [cm^{-1}]

3.6 X線束の減弱

$$\frac{\mu}{\rho}=\frac{810.5}{10.2}\cong 79.46 \ [\mathrm{cm^2/g}]$$

20. $\mu=0.9985\cdot 11.342\cong 11.325 \ [\mathrm{cm^{-1}}]$

$$d_{1/2}=\frac{0.693}{11.325}\cong 0.0612 \ [\mathrm{cm}]$$

$(1/1024)=(1/2)^{10}$ であるから,

$$10=\frac{x}{0.0612}$$

$$\therefore \ x=0.612 \ [\mathrm{cm}]$$
$$=6.12 \ [\mathrm{mm}]$$

21. $\dfrac{1}{8}=\left(\dfrac{1}{2}\right)^3=\left(\dfrac{1}{2}\right)^{\frac{63}{d_{1/2}}}$

$$3=\frac{63}{d_{1/2}}$$

$$\therefore \ d_{1/2}=21 \ [\mathrm{mm}]=2.1 \ [\mathrm{cm}]$$

$$\mu=\frac{0.693}{2.1}=0.33 \ [\mathrm{cm^{-1}}]$$

22. $\dfrac{1}{10}=e^{-0.5\mu}$

両辺の対数をとり,

$$-\ln 10=-2.3=-0.5\mu$$

$$\therefore \ \mu=4.6 \ [\mathrm{cm^{-1}}]$$

$4.6 \ [\mathrm{cm^{-1}}]=0.46 \ [\mathrm{mm^{-1}}]$ なので,

$$d_{1/2}=\frac{0.693}{0.46}\cong 1.51 \ [\mathrm{mmAl}]$$

23. $d_{1/2}=\dfrac{0.693}{1.1}=0.63$

$$\left(\frac{1}{2}\right)^{\frac{2.1}{0.63}}=\left(\frac{1}{2}\right)^{\frac{10}{3}}=\left(\frac{1}{2}\right)^{3+\frac{1}{3}}=\frac{1}{8}\cdot\frac{1}{\sqrt[3]{2}}=\frac{1}{8}\cdot\frac{1}{1.26}=\frac{1}{10.08}$$

24. $d_{1/2}=\dfrac{0.693}{0.77}=0.9 \ [\mathrm{cm}]$

第 3 章　X 線と物質との相互作用

$$\left(\frac{1}{1000}\right)^{\frac{x}{d_{1/1000}}} = \left(\frac{1}{2}\right)^{\frac{x}{0.9}}$$

両辺の常用対数をとると，

$$-3\frac{x}{d_{1/1000}} = -\log_{10}2\frac{x}{0.9}$$

両辺から x を消去すると．

$$\frac{3}{d_{1/1000}} = \frac{0.3}{0.9}$$

$\therefore\ d_{1/1000} = 9\ [\mathrm{cm}]$

25. $\dfrac{I}{I_0} = \left(\dfrac{1}{2}\right)^{\frac{3.5}{7}} \cdot \left(\dfrac{1}{2}\right)^{\frac{0.75}{0.3}} = \left(\dfrac{1}{2}\right)^{0.5+2.5} = \left(\dfrac{1}{2}\right)^3 = \dfrac{1}{8}$

26. $d_{1/2}(\mathrm{Al}) = \dfrac{0.693}{0.385} = 1.8\ [\mathrm{cm}] = 18\ [\mathrm{mm}]$

    $d_{1/2}(\mathrm{Cu}) = \dfrac{0.693}{1.98} = 0.35\ [\mathrm{cm}] = 3.5\ [\mathrm{mm}]$

    $\dfrac{I}{I_0} = \left(\dfrac{1}{2}\right)^{\frac{9}{18}} \cdot \left(\dfrac{1}{2}\right)^{\frac{7}{3.5}} = \left(\dfrac{1}{2}\right)^{\frac{1}{2}} \cdot \left(\dfrac{1}{2}\right)^2$

    $= \dfrac{1}{\sqrt{2}} \cdot \dfrac{1}{4} = \dfrac{\sqrt{2}}{2} \cdot \dfrac{1}{4} = \dfrac{1.414}{8}$

    $\cong 0.177$

27. $\dfrac{I}{I_0} = \dfrac{1}{20} = e^{-5.5\mu}$

対数をとると，

$-\ln 20 = -5.5\mu$

$\mu = \dfrac{\ln 20}{5.5} = \dfrac{\ln(2 \cdot 10)}{5.5} = \dfrac{\ln 2 + \ln 10}{5.5}$

$\ln 10 = 2.3 \log_{10} 10 = 2.3$ であるから，

$\mu = \dfrac{0.693 + 2.3}{5.5} \cong 0.544\ [\mathrm{cm}^{-1}]$

$d_{1/2} = \dfrac{0.693}{0.544} \cong 1.27\ [\mathrm{cm}]$

3.6 X線束の減弱

28. $\dfrac{\tau_{tr}}{\rho} = \dfrac{\tau}{\rho}\left(1 - \dfrac{\delta}{h\nu}\right) = 4.15 \cdot \left(1 - \dfrac{60.6}{100}\right)$
    $\cong 1.64 \; [\mathrm{cm^2/g}]$

29. $\dfrac{\sigma_{tr}}{\rho} = \dfrac{\sigma}{\rho}\left(1 - \dfrac{\overline{h\nu'}}{h\nu}\right) = 0.0966 \cdot \left(1 - \dfrac{0.329}{0.5}\right)$
    $\cong 0.033 \; [\mathrm{cm^2/g}]$

30. $\dfrac{\kappa_{tr}}{\rho} = \dfrac{\kappa}{\rho}\left(1 - \dfrac{2m_0c^2}{h\nu}\right) = 0.0215 \cdot \left(1 - \dfrac{1.022}{5}\right)$
    $\cong 0.0171 \; [\mathrm{cm^2/g}]$
    $\therefore \; \kappa_{tr} = 0.0171 \cdot 11.342$
    $\cong 0.194 \; [\mathrm{cm^{-1}}]$
    $= 19.4 \; [\mathrm{m^{-1}}]$

31. 10 [MeV] なので光電減弱係数はほぼ無視できる．
    $\dfrac{\sigma_{tr}}{\rho} = \dfrac{\sigma}{\rho}\left(\dfrac{\overline{T'}}{h\nu}\right) = 0.012 \cdot \dfrac{6.84}{10}$
    $\cong 0.00821 \; [\mathrm{cm^2/g}]$
    $\dfrac{\kappa_{tr}}{\rho} = \dfrac{\kappa}{\rho}\left(1 - \dfrac{2m_0c^2}{h\nu}\right) = 0.036 \cdot \left(1 - \dfrac{1.022}{10}\right)$
    $\cong 0.03232 \; [\mathrm{cm^2/g}]$
    $\dfrac{\mu_{tr}}{\rho} = \dfrac{\sigma_{tr}}{\rho} + \dfrac{\kappa_{tr}}{\rho} = 0.04053 \; [\mathrm{cm^2/g}]$

32. 箔中で散逸する強度は，
    $I_{att} = (1 - e^{-0.037 \cdot 0.5}) \cdot 10 \cdot 1 \times 10^8$
    $\cong 1.833 \times 10^7 \; [\mathrm{MeV}]$
    $\cong 2.936 \times 10^{-6} \; [\mathrm{J}]$
    したがって，陰陽電子に配分される初期エネルギーは，
    $T_0 = 2.936 \times 10^{-6} \cdot \left(1 - \dfrac{1.022}{10}\right)$
    $\cong 2.636 \times 10^{-6} \; [\mathrm{J}]$

33. 水の場合，厚さ 10 [cm] は面密度 10 [g/cm²] に等しいので，

$$E_{ab} = \frac{1.566 \times 10^{-2}}{2.219 \times 10^{-2}} \cdot (1 - e^{-0.02219 \cdot 10}) \cdot 10 \cdot 1 \times 10^7$$

$$\cong 0.7057 \cdot 0.199 \cdot 1 \times 10^8 = 1.4044 \times 10^6 \ [\text{MeV}]$$

$$\cong 2.25 \times 10^{-6} \ [\text{J}]$$

34. 体積を 1/10 に圧縮した厚さ 10 [cm] の空気層の面密度は，
$0.0013 \cdot 10 \cdot 10 = 0.13 \ [\text{g/cm}^2]$

$$E_{ab} = \frac{1.311 \times 10^{-2}}{1.705 \times 10^{-2}} \cdot (1 - e^{-0.01705 \cdot 0.13}) \cdot 20 \cdot 1 \times 10^6$$

$$\cong 0.769 \cdot 2.214 \times 10^{-3} \cdot 2 \times 10^7 \cong 3.405 \times 10^4 \ [\text{MeV}]$$

$$\cong 5.45 \times 10^{-9} \ [\text{J}]$$

35. 散逸されるエネルギーは，

$$E_{att} = (1 - e^{-0.04942 \cdot 20}) \cdot 2 \cdot 1 \times 10^8$$

$$\cong 1.256 \times 10^8 \ [\text{MeV}]$$

吸収されるエネルギーは，

$$E_{ab} = \frac{2.608 \times 10^{-2}}{4.942 \times 10^{-2}} \cdot (1 - e^{-0.04942 \cdot 20}) \cdot 2 \cdot 1 \times 10^8$$

$$\cong 6.63 \times 10^7 \ [\text{MeV}]$$

したがって，その差分は，

$$E_{att} - E_{ab} = 5.93 \times 10^7 \ [\text{MeV}]$$

低原子番号の物質中での 2 [MeV] 程度の光子の相互作用は，非干渉性散乱が非常に優勢である．また，2 次電子の制動放射の寄与も考えにくい領域である．したがって，主として非干渉性散乱光子が持ち出すエネルギーの散逸によるものと考えられる．

第 4 章

放射性元素

第4章 放射性元素

●学習のポイント●

放射性崩壊は統計的な現象である．したがって，最初に理解すべきことは放射性元素の崩壊確率を表す崩壊定数であり，崩壊定数から導かれる崩壊の法則性である．実際，崩壊定数や崩壊の法則性を理解することなく，分岐崩壊や逐次崩壊を把握することはできない．また放射性崩壊は自発的に起こる核転移であり，既に学んだ核反応と同じく，全エネルギーが必ず保存される．さまざまな崩壊形式も全エネルギー保存則上は同等に扱える．同様に，電荷や角運動量も必ず保存される．放射性崩壊はこれらの保存則から可能な形式で起こる現象である．また，逐次崩壊の中でもっとも興味深い現象である放射平衡についても学ぶ．放射平衡とは動的なバランスであり，崩壊の法則性を理解していればその基本を理解することは容易であり，逆に放射平衡を学ぶことでより深く崩壊の法則性を理解することができる．

4.1　放射性崩壊の法則

■要　　項■

4.1.1　放射性崩壊の式

ある時刻に N_0 個の放射性原子があり，時間 t だけ経過した時刻において N 個まで放射性原子の数が減じたならば，その核種に固有の崩壊定数 λ は

$$\lambda = -\ln(N/N_0)/t = \ln(N_0/N)/t \tag{4.1}$$

λ の単位：$[\mathrm{s}^{-1}]$

である．また式（4.1）を指数関数であらわせば，

$$N = N_0 \cdot e^{-\lambda t} \tag{4.2}$$

式（4.2）を放射性崩壊の式と呼ぶ．

また，崩壊定数 λ の逆数を平均寿命 τ という．

$$\tau = \frac{1}{\lambda} \tag{4.3}$$

τ の単位：[s]

放射性崩壊の式(4.2)は，図4.1に示すように，放射性原子数が指数関数的に減じていくことを意味し，その曲線下の面積は N_0 と平均寿命 τ との積に等しい．

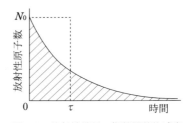

図4.1 放射性核種の指数関数的減衰

曲線下の面積（斜線部）と $N_0 \cdot \tau$ の面積は等しい．

4.1.2 半減期

ある時刻に N_0 個の放射性原子があり，時間 t だけ経過した時刻において $N_0/2$ 個まで放射性原子の数が減じたならば，経過時間 t をその核種の半減期 $T_{1/2}$ という．半減期 $T_{1/2}$ と崩壊定数 λ とは

$$T_{1/2} = \frac{\ln 2}{\lambda} \simeq \frac{0.693}{\lambda} \tag{4.4}$$

$T_{1/2}$ の単位：[s]

の関係がある．半減期 $T_{1/2}$ を用いて放射性崩壊の式(4.2)を

$$\frac{N}{N_0} = \left(\frac{1}{2}\right)^{\frac{t}{T_{1/2}}} \tag{4.2'}$$

と書き改めることができる．

また放射性原子が2つの形式で分岐崩壊する場合，その核種の半減期 $T_{1/2}$ は，各々の形式での半減期を $T_{1/2,1}$, $T_{1/2,2}$ とすれば

$$\frac{1}{T_{1/2}} = \frac{1}{T_{1/2,1}} + \frac{1}{T_{1/2,2}} \tag{4.5}$$

である．一方，その核種の崩壊定数 λ は，各々の形式での崩壊定数を λ_1, λ_2 とすれば

$$\lambda = \lambda_1 + \lambda_2 \tag{4.6}$$

で得られる．3つ以上の形式で分岐崩壊する場合もそれぞれ同様である．

4.1.3 放射能と比放射能

ある時刻において N 個の放射性原子があるとき,その放射能 A は

$$A = \lambda N \tag{4.7}$$

λ：崩壊定数 [s^{-1}]

A の単位：[Bq]

また,単位質量 [kg] あたりの放射能を比放射能 S という.

$$S = \frac{\ln 2}{T_{1/2}} \frac{N_A}{M} \tag{4.8}$$

N_A：アボガドロ数（6.0221367×10^{23} [mol^{-1}]）,$T_{1/2}$：半減期 [s],
M：放射性原子の原子質量 [kg/mol]

したがって,w [kg] の放射性原子があれば,その放射能 A は

$$A = \frac{\ln 2}{T_{1/2}} \frac{N_A}{M} w \tag{4.9}$$

で与えられる.

なお,放射性崩壊の式（4.2）の両辺に崩壊定数 λ を乗じて

$$A = A_0 e^{-\lambda t} \tag{4.2''}$$

と書き改めることができる.

【例題 4.1】

1. 最初 6×10^{21} 個あった ^{99m}Tc 原子が 1 時間後には 5.345×10^{21} 個まで減っていた.^{99m}Tc の崩壊定数を求めよ.

   【解】 1 [h] = 3600 [s] として,式（4.1）を用いる.

   $\lambda = \ln(N_0/N)/t = \ln(6 \times 10^{21}/5.345 \times 10^{21})/3600 = 3.21 \times 10^{-5}$ [s^{-1}]

   $\ln(N_0/N) = \ln N_0 - \ln N$ であるから,式（4.1）は図 4.2 のように直線の傾きを求めていることになる.当然,傾きが大きいほど,すなわち λ が大きいほど崩壊が速いことを意味する.

2. ある核種の崩壊定数は 2×10^{-5} [s^{-1}] である.最初 N_0 個あったその原子が時間 t だけ経過すると $N_0/10$ となっていた.経過時間は何時間か.ただし,

4.1 放射性崩壊の法則

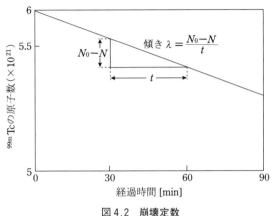

図 4.2 崩壊定数

$1/\log_{10} e = 0.23$ とする．（電卓使用不可）

【解】 経過時間を時間単位で求めるため，最初に 3600 [s/h] を乗じて崩壊定数を [h^{-1}] 単位にしておく．

$$2 \times 10^{-5} \cdot 3600 = 0.072 \ [\text{h}^{-1}]$$

放射性崩壊の式 (4.2) を $N/N_0 = e^{-\lambda t}$ として，

$$\frac{N}{N_0} = \frac{1}{10} = e^{-0.072t}$$

常用対数をとって，

$$\log_{10} \frac{1}{10} = -\log_{10} 10 = -1 = -0.072t \cdot \log_{10} e$$

$$\therefore \quad t = \frac{1}{0.072} \times 2.3 \cong 32 \ [\text{h}]$$

問題で時間の単位が指定されていなくても，崩壊定数の指数から判断し，はじめから崩壊定数を [h^{-1}] や [y^{-1}] とした方が手っ取り早いことが多い．

3. ^{41}Ar の崩壊定数は 1.0521×10^{-4}[s^{-1}] である．ある時刻において 1.47×10^{22} 個あった ^{41}Ar 原子は 1 時間経過するまでに何個崩壊するか．

【解】 残っている原子数ではなく，図 4.3 のように転移した原子数 N_t を求めるのだから，放射性崩壊の式 (4.2) を $N_t = N_0(1 - e^{-\lambda t})$ と変形して，

179

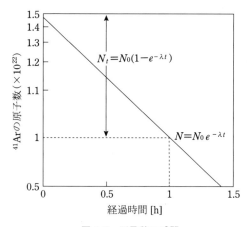

図4.3　原子数の減弱

$$N_t = N_0(1-e^{-\lambda t}) = 1.47\times 10^{22}(1-e^{-1.0521\times 10^{-4}\cdot 3600})$$
$$\cong 1.47\times 10^{22}(1-0.6847) \cong 4.635\times 10^{21} \text{ [atoms]}$$

4．^{111}In の崩壊定数は 2.8352×10^{-6} [s^{-1}] である．ある時刻において 5.43×10^{21} 個あった ^{111}In 原子は 98 時間経過した後何個残っているか．

【解】　崩壊定数は 2.8352×10^{-6} [s^{-1}] $\cong 0.0102$ [h^{-1}] である．したがって，残存している原子数 N は

$$N = N_0 e^{-\lambda t} = 5.43\times 10^{21}\cdot e^{-0.0102\cdot 98} = 5.43\times 10^{21}\cdot 0.368$$
$$\cong 2\times 10^{21} \text{ [atoms]}$$

経過時間の 98 [h] は，この場合，崩壊定数 0.0102 [h^{-1}] の逆数にきわめて近い．したがって，^{111}In の平均寿命 τ である．平均寿命とは一種の緩和時間であり，図4.4 のように，放射性原子数（後述するように放射能も）が最初の $1/e(\cong 0.368)$ まで減衰する時間でもある．

5．ある時刻において 8.8×10^{21} 個あった ^{68}Ga 原子が 30 分後 6.47×10^{21} 個まで減っていた．^{68}Ga の半減期は何分か．ただし，$\ln 2 = 0.693$ とする．

【解】　まず，式（4.1）を用いて崩壊定数 λ を求めると，

4.1 放射性崩壊の法則

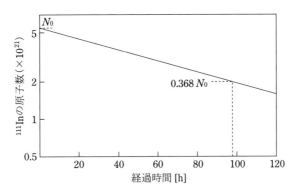

図4.4　原子数と経過時間

$$\lambda = \frac{\ln(N_0/N)}{t} = \ln\left(\frac{8.8 \times 10^{21}}{6.47 \times 10^{21}}\right)/30 = \frac{0.3075756}{30}$$

$$\cong 0.01025 \ [\text{min}^{-1}]$$

これを式（4.4）に代入して，

$$T_{1/2} = \frac{\ln 2}{\lambda} = \frac{0.693}{0.01025} \cong 67.61 \ [\text{min}]$$

6．最初 1×10^{20} 個あった ^{99m}Tc 原子は9時間後いくらあるか．ただし，^{99m}Tc の半減期は 6 [h]，$\sqrt{2} = 1.414$ とする．（電卓使用不可）

【解】　式（4.2′）より，

$$N = N_0 \left(\frac{1}{2}\right)^{\frac{t}{T_{1/2}}} = 1 \times 10^{20} \cdot \left(\frac{1}{2}\right)^{\frac{9}{6}} = 1 \times 10^{20} \cdot \left(\frac{1}{2}\right)^{\frac{3}{2}}$$

$$= 1 \times 10^{20} \cdot \frac{1}{2} \cdot \frac{1}{\sqrt{2}} = 1 \times 10^{20} \cdot \frac{1}{2} \cdot \frac{\sqrt{2}}{2} \cong 1 \times 10^{20} \cdot 0.3535$$

$$\cong 3.535 \times 10^{19} \ [\text{atoms}]$$

7．図4.5に示すように，ある時刻において半減期6時間の核種Aが半減期18時間の核種Bの2倍の原子数があったとする．何時間経過すると核種Aの原子数は核種Bの半分となるか．（電卓使用不可）

【解】　核種Bの最初の原子数を N_0 とすると，最初あった核種Aの原子数は $2N_0$ である．したがって，核種Aの原子数を N_A，核種Bの原子数を N_B とす

181

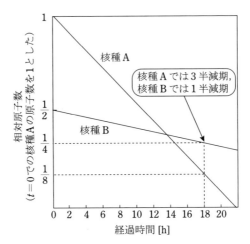

図 4.5 2種の放射性核種

ると，

$$\frac{N_A}{2N_0} = \left(\frac{1}{2}\right)^{\frac{t}{6}} \qquad \therefore \quad N_A = 2N_0\left(\frac{1}{2}\right)^{\frac{t}{6}}$$

$$\frac{N_B}{N_0} = \left(\frac{1}{2}\right)^{\frac{t}{18}} \qquad \therefore \quad N_B = N_0\left(\frac{1}{2}\right)^{\frac{t}{18}}$$

とおき，$N_A/N_B = 1/2$ となる時間 t を求めればよい．

$$\frac{N_A}{N_B} = \frac{1}{2} = \frac{2(1/2)^{\frac{t}{6}}}{(1/2)^{\frac{t}{18}}}$$

$$\therefore \quad (1/2)^{\frac{t}{18}} = 4(1/2)^{\frac{t}{6}} = (1/2)^{-2} \cdot (1/2)^{\frac{t}{6}}$$

指数の公式より，

$$\frac{t}{18} = \frac{t}{6} - 2$$

$$\frac{3t - t}{18} = 2$$

$$\therefore \quad t = 18 \ [\text{h}]$$

8. ^{60}Co の比放射能の最大値はいくらか．ただし，^{60}Co の半減期は 5.271

4.1 放射性崩壊の法則

[y]，原子質量は質量数で代用できるものとする．ただし，ln 2＝0.693，アボガドロ数は 6.022×10^{23} とする．

【解】 比放射能の最大値は無担体のときに得られる．したがって，式（4.8）をそのまま使う．1 [y]＝365.2 [d] として，

$$S=\frac{\ln 2}{T_{1/2}}\frac{N_A}{M}=\frac{0.693}{5.271\cdot(3600\cdot24\cdot365.2)}\cdot\frac{6.022\times10^{23}}{60\times10^{-3}}$$

$$=4.167\times10^{-9}\cdot1.00367\times10^{25}\cong4.182\times10^{16}\ [\text{Bq/kg}]$$

$$=41.82\ [\text{PBq/kg}]$$

9. 0.5 [GBq] の ^{222}Rn は何グラムか．また，標準状態で占める容積は何リットルか．ただし，^{222}Rn の半減期は 3.824 [d]，原子質量は質量数で代用できるものとする．また，ln 2＝0.693，アボガドロ数は 6.022×10^{23} とする．

【解】 1 [d]＝86400 [s] として，式（4.9）を変形すると，

$$w=\frac{T_{1/2}}{\ln 2}\frac{M}{N_A}A=\frac{3.824\cdot86400}{0.693}\cdot\frac{222}{6.022\times10^{23}}\cdot0.5\times10^9$$

$$=476758.44\cdot3.6865\times10^{-22}\cdot0.5\times10^9=8.788\times10^{-8}\ [\text{g}]=87.88\ [\text{ng}]$$

また，Rn は希ガスであるから，標準状態で 22.4 [ℓ/mol] を占めるので，容積を V とすれば，

$$V=22.4\frac{w}{A_w}=22.4\cdot\frac{8.788\times10^{-8}}{222}=8.866\times10^{-9}\ [\ell]$$

10. ある時刻において 12 [MBq] あった ^{90}Y が次の日の同時刻に 9.257 [MBq] まで減衰していた．無限の長い時間が経過して ^{90}Y 原子の放射能がゼロとなるまでに何個の ^{90}Y 原子が崩壊するか．ただし，ln 2＝0.693 とする．

【解】 最初 N_0 個あった ^{90}Y 原子が全数崩壊するのであるから，答えは N_0 個である．まず ^{90}Y の半減期 $T_{1/2}$ を求めると，

$$A=A_0 e^{-\frac{\ln 2}{T_{1/2}}t}$$

A_0 を移項して，両辺の対数をとると，

$$\ln\frac{A}{A_0}=-0.26=-\frac{\ln 2}{T_{1/2}}t=-\frac{0.693}{T_{1/2}}\cdot24\cdot3600$$

$$\therefore\ T_{1/2}=230758.273\ [\text{s}]\ (=64.1\ [\text{h}])$$

第4章　放射性元素

$T_{1/2}$ に $(1/\ln 2)$ を乗じたものが平均寿命 τ であるから，

$$\tau = \frac{230758.273}{\ln 2} = 332984.521 \ [\text{s}]$$

τ に A_0 を乗じたものが N_0 であるから，

$$N_0 = \tau A_0 = 332984.521 \cdot 12 \times 10^6 \cong 4 \times 10^{12} \ [\text{atoms}]$$

もちろん，半減期 $T_{1/2}$ から崩壊定数 λ を求めて，A_0/λ としても結果は同じである．τ と A_0 の積で N_0 が求まる理由は図4.1 (p.177) を参照すること．

11. 親娘関係にない，半減期の異なる2核種の放射性原子が混在している線源がある．その線源の崩壊曲線が図4.6のようなとき，短半減期の核種の半減期は何時間か．ただし，$\ln 2 = 0.693$ とする．

また，崩壊曲線の経過時間ごとの放射能は以下の通りとする．

    2 [h]　　0.9659 [MBq]
    3 [h]　　0.8024 [MBq]
    7 [h]　　0.5452 [MBq]
    9 [h]　　0.4585 [MBq]

【解】　図4.7のように2核種の各経過時間での放射能の和で崩壊曲線がプロットされていると考えればよい．

崩壊曲線の湾曲部を過ぎた直線部が長半減期核種単独のものである．したがって，7 [h] と 9 [h] の放射能から長半減期核種の崩壊定数 λ_l を求めるに

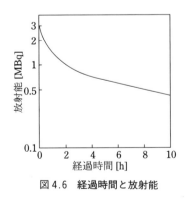

図4.6　経過時間と放射能

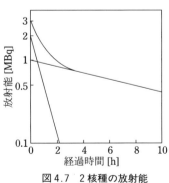

図4.7　2核種の放射能

は，式 (4.1) を使って，

$$\lambda_l = \ln(A_{7,l}/A_{9,l})/t = \frac{\ln(0.5452/0.4585)}{9-7} = 0.0866 \ [\mathrm{h}^{-1}]$$

これを使って最初あった長半減期核種の放射能を求めるには，式 (4.2″) を $A_0 = Ae^{\lambda t}$ と変形して，

$$A_{0,l} = A_{7,l}e^{\lambda t} = 0.5452 \cdot e^{0.0866 \cdot 7} = 1 \ [\mathrm{MBq}]$$

したがって，2 [h] および 3 [h] 経過後の長半減期核種の放射能 A_l は，それぞれ，

$$A_{2,l} = 1 \cdot e^{-0.0866 \cdot 2} = 0.841 \ [\mathrm{MBq}]$$
$$A_{3,l} = 1 \cdot e^{-0.0866 \cdot 3} = 0.771 \ [\mathrm{MBq}]$$

混在している線源の放射能から，各々の経過時間での短半減期核種単独の放射能 A_s を求めると，

$$A_{2,s} = 0.9659 - 0.841 \cong 0.125 \ [\mathrm{MBq}]$$
$$A_{3,s} = 0.8024 - 0.771 = 0.0314 \ [\mathrm{MBq}]$$

短半減期核種の崩壊定数 λ_s は

$$\lambda_s = \ln(A_{2,s}/A_{3,s})/t = \frac{\ln(0.125/0.0314)}{3-2} = 1.3815 \ [\mathrm{h}^{-1}]$$

したがって，求める短半減期核種単独の半減期 $T_{1/2,s}$ は，

$$T_{1/2,s} = \frac{\ln 2}{\lambda} = \frac{0.693}{1.3815} \cong 0.5 \ [\mathrm{h}]$$

● 演習問題 4.1

1. ^{125}I の崩壊定数は $4.8 \times 10^{-4} [\mathrm{h}^{-1}]$ である．60 日経過後には最初にあった ^{125}I の原子数は何%残っているか．
2. ^{133}Xe の崩壊定数は $5.505 \times 10^{-3} \ [\mathrm{h}^{-1}]$ である．8 月 1 日の午前 9 時に 1×10^{10} 個あった ^{133}Xe 原子は 8 月 4 日の午前 0 時にはいくら残っているか．
3. ^{147}Gd を 27.4 時間放置していたところ 60.67 [%] の原子が残っていた．さらに 27.4 時間放置すると何%の原子が残っているか．

4. ^{125}I の崩壊定数は 4.8×10^{-4} [h^{-1}] である．^{125}I を購入後放置していたところ，原子数が最初の 94.4 [％] になっていた．何日間放置していたのか．

5. ^{75}Se の崩壊定数は 2.41×10^{-4} [h^{-1}] である．最初，1.5×10^{13} 個あった ^{75}Se 原子は 60 日経過するまでに何個崩壊するか．

6. ^{81m}Kr の崩壊定数は 0.0533 [s^{-1}] である．^{81}Kr カウで溶出後 15 分経過したとき ^{81m}Kr 原子が 7.5×10^9 個あったとすると，溶出直後（$t=0$）には何個の ^{81m}Kr 原子があったのか．

7. ^{201}Tl を放置していたところ 2.2 日後には最初あった原子数の 60.6 [％] になっていた．^{201}Tl の崩壊定数はいくらか．[d^{-1}] 単位で答えよ．

8. 最初，1×10^{10} 個あった ^{51}Cr 原子が 1 週間後には 8.4×10^9 個になっていた．^{51}Cr の崩壊定数はいくらか．[d^{-1}] 単位で答えよ．

9. ^{57}Co は 10 [％] の原子が崩壊するのに 41.2 日要する．^{57}Co の崩壊定数はいくらか．[d^{-1}] 単位で答えよ．

10. ^{56}Ni を 3 日間放置していたところ最初の 71.1 [％] の原子数になっていた．さらに 5 日間放置すると 3 日目の原子数の 56.66 [％] となった．^{56}Ni の崩壊定数はいくらか．[d^{-1}] 単位で答えよ．

11. ^{113}Sn の崩壊定数は 6.97×10^{-8} [s^{-1}] である．^{113}Sn の半減期は何日か．ただし，$\ln 2 = 0.693$ とする．

12. ^{123}I を 2 日間放置していたところ，原子数が最初の 8 [％] となっていた．^{123}I の半減期は何時間か．

13. ^{64}Cu は部分半減期 31.75 [h] で β^- 崩壊して ^{64}Zn に転移するか，部分半減期 21.17 [h] で電子捕獲か β^+ 崩壊して ^{64}Ni に転移する．^{64}Cu の半減期は何時間か．

14. ^{40}K の半減期は 1.28×10^9 [y] である．また，^{40}K は部分半減期 1.196×10^{10} [y] で電子捕獲して ^{40}Ar に転移するか，β^- 崩壊して ^{40}Ca に転移する．^{40}Ca への分岐比はいくらか．

15. ある時刻において 9.5×10^9 個あった ^{18}F 原子が 1 時間後，6.5×10^9 個になっていた．^{18}F の半減期は何分か．ただし，$\ln 2 = 0.693$ とする．

4.1 放射性崩壊の法則

16. ^{99m}Tc カウから溶出した ^{99m}Tc を 15 時間放置すると，^{99m}Tc の原子数は最初の何分の 1 となっているか．ただし，^{99m}Tc の半減期は 6[h]，$\sqrt{2}=1.414$ とする．（電卓使用不可）

17. ^{60}Co の原子数が最初の $1/\sqrt{32}$ となるには何年かかるか．ただし，^{60}Co の半減期は 5.2 [y] とする．（電卓使用不可）

18. 自由中性子の半減期は 10.6 [min] である．速さ 2200 [m/s] で自由空間を飛び回る中性子はどれくらいの平均距離を飛行できるか．ただし，$(1/\ln 2)=1.44$ とする．

19. 半減期 60 分の核種 a と半減期 30 分の核種 b の混合物がある．ある時刻 ($t=0$) において全原子数が 1.5×10^6 個であったのが，2 時間後には 1.875×10^5 個となっていた．核種 b の $t=0$ における原子数はいくらか．ただし，核種 a, b とも娘核種は安定核である．（電卓使用不可）

20. ある時刻において半減期 40 分の核種 x が半減期 20 分の核種 y の 4 倍の原子数があったとする．核種 x の原子数が核種 y の 1/4 であったのは何時間前か．（電卓使用不可）

21. ^{137}Cs の半減期は 30 [y] である．放射能 3.7×10^{10} [Bq] の ^{137}Cs の原子数はいくらか．ただし，$\ln 2=0.693$ とする．

22. ^{123}I の比放射能の最大値はいくらか．ただし，^{123}I の半減期は 13.2[h]，原子質量は質量数で代用できるものとする．

23. ^{111}In の半減期は 2.83 [d] である．最初，1 [GBq] あった放射能がゼロになるまでに崩壊する ^{111}In の原子数はいくらか．ただし，$(1/\ln 2)=1.44$ とする．

24. 購入後，ちょうど 6 日経過したときの ^{99}Mo の放射能は 0.9[TBq] であったとする．購入後に崩壊して減衰した分の ^{99}Mo の放射能はいくらか．ただし，^{99}Mo の半減期は 66 [h]，$\ln 2=0.693$ とする．

25. 1 [mg] の ^{137}Cs の放射能は何ベクレルか．ただし，^{137}Cs の半減期は 30 [y]，原子質量は 136.907 [u] とする．また，アボガドロ数は 6.022×10^{23}

とする.

26. 12 [mg] の ^{123m}Te の放射能が 3.94 [TBq] あるとき,^{123m}Te の半減期は何日か.ただし,^{123m}Te の原子質量は 122.9 [u] とする.また,アボガドロ数は $6.022×10^{23}$ とする.

27. 標準状態で 0.1 [cm^3] の容積を占める ^{133}Xe の放射能はいくらか.ただし,^{133}Xe の半減期は 5.245 [d],原子質量は質量数で代用できるものとする.また,アボガドロ数は $6.022×10^{23}$,$\ln 2 = 0.693$ とする.

28. ^{14}C は宇宙線中の中性子が ^{14}N と衝突して生成され,大気中の CO_2 に取り込まれる.人体中の ^{14}C 濃度は大気中の濃度と同じで,比放射能は 0.25 [Bq/g-C] である.いま,体重 70 [kg] の人の身体中にある ^{14}C の放射能が 3000 [Bq] であるとすれば,この人の身体を構成するカーボンの重量百分率はいくらか.

29. 人体には平均で 0.2 [%] のカリウムが含まれる.また,^{40}K の存在比は 0.0117 [%] である.体重 65 [kg] の人の身体中に含まれる ^{40}K の放射能はいくらか.ただし,^{40}K の半減期は $1.28×10^9$ [y],原子質量は 39.0983 [u] である.また,アボガドロ数は $6.022×10^{23}$,$\ln 2 = 0.693$ とする.

30. 親娘関係にない,半減期の異なる2核種の放射性原子が混在している線源がある.その線源の崩壊曲線が図4.8のようなとき,短半減期の核種の最初 ($t=0$) の放射能はいくらか.ただし,崩壊曲線の経過時間ごとの放射能は以下の通りとする.また,$\ln 2 = 0.693$ とする.

3 [h]	1.566 [MBq]
5 [h]	1.114 [MBq]
10 [h]	0.694 [MBq]
12 [h]	0.595 [MBq]

31. 放射能の全計数率が $300±15$ [cpm] で,バックグランドの計数率が $50±8$ [cpm] であった.真の計数率を求めなさい.

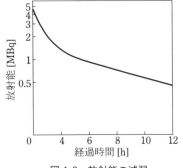

図 4.8 放射能の減弱

4.1 放射性崩壊の法則

演習問題 4.1 解答

1. $\dfrac{N}{N_0} = e^{-\lambda t} = e^{-4.8 \times 10^{-4} \cdot 60 \times 24} \cong 0.5$
   $= 50 \ [\%]$

2. 8月4日午前0時までで63時間経過している.
   $N = N_0 e^{-\lambda t} = 1 \times 10^{10} \cdot e^{-5.505 \times 10^{-3} \cdot 63}$
   $\cong 7.07 \times 10^9 \ [\text{atoms}]$

3. $\dfrac{N}{N_0} = 0.6067 = e^{-27.4\lambda}$

   対数をとると,
   $0.5 = 27.4\lambda$

   λ は一定なので,
   $54.8\lambda = 1$

   したがって 54.8 [h] 経過後は,
   $e^{-1} \cong 0.368 = 36.8 \ [\%]$

   あるいは, もっと単純に,
   $0.6067^2 \cong 0.368 = 36.8 \ [\%]$

   としてもよい.

4. $4.8 \times 10^{-4} \ [\text{h}^{-1}] = 1.152 \times 10^{-2} \ [\text{d}^{-1}]$ なので,
   $\dfrac{N}{N_0} = 0.944 = e^{-1.152 \times 10^{-2} t}$

   対数をとると,
   $0.05763 = 1.152 \times 10^{-2} t$
   $\therefore \quad t \cong 5 \ [\text{d}]$

5. $N_t = N_0(1 - e^{-\lambda t}) = 1.5 \times 10^{13} \cdot (1 - e^{-2.41 \times 10^{-4} \cdot 60 \times 24}) = 1.5 \times 10^{13} \cdot 0.2932$
   $\cong 4.4 \times 10^{12} \ [\text{atoms}]$

6. $N_0 = N e^{\lambda t} = 7.5 \times 10^9 \cdot e^{0.0533 \cdot 60 \times 15} = 7.5 \times 10^9 \cdot 6.81 \times 10^{20}$
   $\cong 5.1 \times 10^{30} \ [\text{atoms}]$

第4章　放射性元素

7. $\dfrac{N}{N_0}=0.606=e^{-2.2\lambda}$

   対数をとると，

   　$0.5=2.2\lambda$

   　∴　$\lambda\cong 0.228\ [\mathrm{d}^{-1}]$

8. $\lambda=\dfrac{\ln(N_0/N)}{t}=\dfrac{\ln(1\times 10^{10}/8.4\times 10^9)}{7}=\dfrac{0.1743}{7}$

   　$\cong 0.025\ [\mathrm{d}^{-1}]$

9. $\dfrac{N_t}{N_0}=1-e^{-\lambda t}$

   　$0.1=1-e^{-41.2\lambda}$

   　$0.9=e^{-41.2\lambda}$

   両辺の対数をとると，

   　$0.10536=41.2\lambda$

   　∴　$\lambda=2.557\times 10^{-3}\ [\mathrm{d}^{-1}]$

10. 8日目の原子数は最初の $0.5666\cdot 0.711\cong 0.40285$ であるから，

    　$\lambda=\dfrac{\ln(N_1/N_2)}{t}=\dfrac{\ln(0.711/0.40285)}{5}\cong\dfrac{0.568}{5}$

    　$=0.1136\ [\mathrm{d}^{-1}]$

11. $T_{1/2}=\dfrac{\ln 2}{\lambda}=\dfrac{0.693}{6.97\times 10^{-8}}\cong 9.9426\times 10^6\ [\mathrm{s}]$

    　$\cong 115.1\ [\mathrm{d}]$

12. $N/N_0=0.08=e^{-\frac{\ln 2}{T_{1/2}}\cdot 24\times 2}$

    対数をとると，

    　$2.52573=\dfrac{0.693}{T_{1/2}}\cdot 48$

    　∴　$T_{1/2}\cong 13.17\ [\mathrm{h}]$

13. $\dfrac{1}{T_{1/2}}=\dfrac{1}{T_{1/2,1}}+\dfrac{1}{T_{1/2,2}}$

4.1 放射性崩壊の法則

$$T_{1/2} = \frac{T_{1/2,1} \cdot T_{1/2,2}}{T_{1/2,1} + T_{1/2,2}} = \frac{31.75 \cdot 21.17}{31.75 + 21.17}$$

$$\cong 12.7 \ [\text{h}]$$

14. $$\frac{1}{1.28 \times 10^9} = \frac{1}{1.196 \times 10^{10}} + \frac{1}{T_{1/2,\beta}}$$

$$\therefore \ T_{1/2,\beta} \cong 1.4334 \times 10^9 \ [\text{y}]$$

したがって，分岐比は，

$$R_b = \frac{1.28 \times 10^9}{1.4334 \times 10^9} \cong 0.893$$

$$= 89.3 \ [\%]$$

15. $1 \ [\text{h}] = 60 \ [\text{min}]$ なので，

$$\lambda = \frac{\ln(9.5 \times 10^9 / 6.5 \times 10^9)}{60} \cong 6.325 \times 10^{-3} \ [\text{min}^{-1}]$$

$$T_{1/2} = \frac{0.693}{6.325 \times 10^{-3}} \cong 109.6 \ [\text{min}]$$

16. $$\frac{N}{N_0} = \left(\frac{1}{2}\right)^{\frac{t}{T_{1/2}}} = \left(\frac{1}{2}\right)^{\frac{15}{6}} = \left(\frac{1}{2}\right)^2 \cdot \left(\frac{1}{2}\right)^{\frac{1}{2}} = \frac{1}{4} \cdot \frac{1}{1.414}$$

$$= \frac{1}{5.656}$$

17. $1/\sqrt{32} = 1/(4 \cdot \sqrt{2})$ であるから，

$$\frac{N}{N_0} = \frac{1}{4} \frac{1}{\sqrt{2}} = \left(\frac{1}{2}\right)^{\frac{t}{5.2}}$$

$$\left(\frac{1}{2}\right)^2 \cdot \left(\frac{1}{2}\right)^{\frac{1}{2}} = \left(\frac{1}{2}\right)^{\frac{t}{5.2}}$$

$$\therefore \ t = \left(2 + \frac{1}{2}\right) 5.2 = 13 \ [\text{y}]$$

18. 自由中性子の平均寿命は，

$$\tau = \frac{1}{\ln 2} T_{1/2} = 1.44 \cdot 10.6 \times 60 = 915.84 \ [\text{s}]$$

したがって，平均飛行距離は，

$$\bar{x} = v \cdot \tau = 2200 \cdot 915.84 \cong 2.015 \times 10^6 \ [\text{m}]$$

19. $t=0$ のとき，
$$N_{\text{total}} = N_a + N_b = 1.5 \times 10^6 \quad \cdots\cdots \quad ①$$
$t=120$ [min] のとき，
$$N_{\text{total}} = N_a\left(\frac{1}{2}\right)^{\frac{120}{60}} + N_b\left(\frac{1}{2}\right)^{\frac{120}{30}}$$
$$= \frac{N_a}{4} + \frac{N_b}{16} = 1.875 \times 10^5 \quad \cdots\cdots \quad ②$$

式①, ②の連立方程式を解くと，
$$\begin{array}{r} N_a + \quad N_b \quad = 1.5 \times 10^6 \\ -)\quad N_a + \ N_b/4 \ = 7.5 \times 10^5 \\ \hline (3/4)N_b = 7.5 \times 10^5 \end{array}$$

$\therefore \ N_b = 1 \times 10^6$ [atoms]

20. 現時刻での核種 y の原子数を N と書く．40 [min] = 2/3 [h], 20 [min] = 1/3 [h] なので
$$N_x = 4N\left(\frac{1}{2}\right)^{\frac{t}{2/3}} = 4N\left(\frac{1}{2}\right)^{\frac{3t}{2}}$$
$$N_y = N\left(\frac{1}{2}\right)^{\frac{t}{1/3}} = N\left(\frac{1}{2}\right)^{3t}$$

核種 x の原子数が核種 y の 1/4 であるので，
$$\frac{N_x}{N_y} = \frac{1}{4} = \frac{4N\left(\frac{1}{2}\right)^{\frac{3t}{2}}}{N\left(\frac{1}{2}\right)^{3t}}$$

移項して，
$$\left(\frac{1}{2}\right)^{3t} = 16\left(\frac{1}{2}\right)^{\frac{3t}{2}} = \left(\frac{1}{2}\right)^{-4} \cdot \left(\frac{1}{2}\right)^{\frac{3t}{2}}$$
$$3t = \frac{3t}{2} - 4$$
$$3t = -8$$

4.1 放射性崩壊の法則

$$\therefore \quad t = -\frac{8}{3} \ [\text{h}]$$

したがって，$\frac{8}{3}$ 時間前である．

21. $1 \ [\text{y}] = 365.2 \ [\text{d}]$ として，$30 \ [\text{y}] \cong 9.466 \times 10^8 \ [\text{s}]$

    $\lambda = \dfrac{\ln 2}{T_{1/2}} = \dfrac{0.693}{9.466 \times 10^8} \cong 7.321 \times 10^{-10} \ [s^{-1}]$

    $N = \dfrac{A}{\lambda} = \dfrac{3.7 \times 10^{10}}{7.321 \times 10^{-10}} \cong 5.054 \times 10^{19} \ [\text{atoms}]$

22. $13.2 \ [\text{h}] = 47520 \ [\text{s}]$ なので，

    $S = \dfrac{\ln 2}{T_{1/2}} \dfrac{N_A}{A} = \dfrac{0.693}{47520} \dfrac{6.022 \times 10^{23}}{123 \times 10^{-3}}$

    $\cong 7.14 \times 10^{19} \ [\text{Bq/kg}]$

23. $2.83 \ [\text{d}] = 244512 \ [\text{s}]$ なので，

    $\tau = \dfrac{1}{\ln 2} T_{1/2} = 1.44 \cdot 244512 \cong 3.521 \times 10^5 \ [\text{s}]$

    $N_0 = \tau A_0 = 3.521 \times 10^5 \cdot 1 \times 10^9 = 3.521 \times 10^{14} \ [\text{atoms}]$

24. $A_t = A_0 - A = A(e^{\lambda t} - 1) = 0.9(e^{\frac{0.693}{66} 6} - 1)$

    $\cong 0.9(1.065 - 1) = 0.0585 \ [\text{TBq}]$

    $= 58.5 \ [\text{GBq}]$

25. $1 \ [\text{y}] = 365.2 \ [\text{d}]$ として，$30 \ [\text{y}] \cong 9.466 \times 10^8 \ [\text{s}]$

    $A = \dfrac{\ln 2}{T_{1/2}} \dfrac{N_A}{M} w = \dfrac{0.693}{9.466 \times 10^8} \cdot \dfrac{6.022 \times 10^{23}}{136.907} \cdot 1 \times 10^{-3}$

    $= 3.22 \times 10^9 \ [\text{Bq}]$

    $= 3.22 \ [\text{GBq}]$

26. $3.94 \times 10^{12} = \dfrac{0.693}{T_{1/2}} \cdot \dfrac{6.022 \times 10^{23}}{122.9} \cdot 12 \times 10^{-3}$

    $T_{1/2} \cong \dfrac{5 \times 10^{21}}{4.84 \times 10^{14}} = 1.0342 \times 10^7 \ [\text{s}]$

    $\cong 119.7 \ [\text{d}]$

27. $22.4 \ [\ell] = 22.4 \times 10^3 \ [\text{cm}^3]$ なので，

第4章　放射性元素

$$0.1 = 22.4 \times 10^3 \frac{w}{133}$$

$$\therefore \quad w = 5.9375 \times 10^{-4} \ [\mathrm{g}]$$

また，5.245 [d] = 453168 [s] なので，

$$A = \frac{0.693}{453168} \cdot \frac{6.022 \times 10^{23}}{133} \cdot 5.9375 \times 10^{-4}$$

$$\cong 4.11 \times 10^{12} \ [\mathrm{Bq}]$$

$$= 4.11 \ [\mathrm{TBq}]$$

28. $\dfrac{3000}{0.25} = 12000 \ [\mathrm{g\text{-}C}] = 12 \ [\mathrm{kg\text{-}C}]$

$\dfrac{12}{70} \cong 0.171 = 17.1 \ [\mathrm{w\%}]$

29. 体重 65 [kg] の人の身体中に含まれる $^{40}\mathrm{K}$ の量は，

$$65 \cdot 0.002 \cdot 1.17 \times 10^{-4} = 1.521 \times 10^{-5} \ [\mathrm{kg}]$$

また，1 [y] = 365.2 [d] として，1.28×10^9 [y] $\cong 4.03882 \times 10^{16}$ [s] なので，$^{40}\mathrm{K}$ の放射能は，

$$A = \frac{0.693}{4.03882 \times 10^{16}} \cdot \frac{6.022 \times 10^{23}}{39.0983 \times 10^{-3}} \cdot 1.521 \times 10^{-5}$$

$$\cong 4019.7 \ [\mathrm{Bq}]$$

30. 長半減期核種の崩壊定数は，

$$\lambda_l = \frac{\ln(0.694/0.595)}{2} \cong 0.077 \ [\mathrm{h}^{-1}]$$

3 [h] における長半減期核種の放射能は，

$$A_{3,l} = A_{10,l} \cdot e^{\lambda t} = 0.694 e^{0.077 \cdot 7} \cong 1.19 \ [\mathrm{MBq}]$$

同じく，5 [h] における長半減期核種の放射能は，

$$A_{5,l} = 0.694 e^{0.077 \cdot 5} \cong 1.02 \ [\mathrm{MBq}]$$

したがって，各経過時間における短半減期核種の放射能は，

$$A_{3,s} = 1.566 - 1.19 = 0.376 \ [\mathrm{MBq}]$$

$$A_{5,s} = 1.114 - 1.02 = 0.094 \ [\mathrm{MBq}]$$

短半減期核種の崩壊定数は，

4.1 放射性崩壊の法則

$$\lambda_s = \frac{\ln(0.376/0.094)}{2} \cong 0.693 \ [\text{h}^{-1}]$$

したがって，$t=0$ における短半減期核種の放射能は，

$$A_{0,s} = A_{3,s} e^{\lambda t} = 0.376 \cdot e^{0.693 \cdot 3} \cong 3 \ [\text{MBq}]$$

31. $(300-50) \pm \sqrt{15^2 + 8^2} = 250 \pm 17 \ [\text{cpm}]$

4.2 放射性崩壊

■要　項■

4.2.1 α崩壊

α崩壊の崩壊エネルギー Q は

$$Q = \{{}^A_Z M - {}^{A-4}_{Z-2} M - m_\alpha\} c^2 \tag{4.10}$$

${}^A_Z M$：親核種の原子質量 [u]，${}^{A-4}_{Z-2} M$：娘核種の原子質量 [u]
m_α：^{4}He の原子質量（$=4.00260325$ [u]），(1 [u]=1 [amu])
c：光速度（$=3 \times 10^8$ [m/s]）

各原子質量のデータは [u] 単位で得られるため，c^2 は 931.5 [MeV/u] と解釈すればよい．この場合，崩壊エネルギー Q の単位は [MeV] である．

α崩壊では，α粒子の質量が重く原子核の反跳が無視できず，α粒子が崩壊エネルギー Q をすべて持ち出すわけではない．α粒子が持ち出すエネルギー T_α は

$$T_\alpha = \frac{Q}{1+(m_\alpha / {}^{A-4}_{Z-2} M)} \simeq \frac{A_p - 4}{A_p} Q \tag{4.11}$$

A_p：親核種の質量数

で与えられる．

また，α崩壊はトンネル効果により生じるが，トンネル効果を予測した古典的な実験式にガイガー–ヌッタルの法則がある．図 4.9 にこれを示す．次式は後にガモフにより改訂されたものである．

$$\log \lambda_\alpha = a - 1.7037 \frac{Z}{\sqrt{T_\alpha}} \tag{4.12}$$

a：定数（偶－偶核の場合 55.5），λ_α：α崩壊定数 [s^{-1}]
Z：原子番号，T_α：α粒子のエネルギー [MeV]

式 (4.12) から正確な崩壊定数や半減期を求めることはできないが，α崩壊の

4.2 放射性崩壊

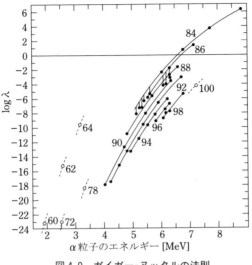

図 4.9 ガイガー-ヌッタルの法則

起こり易さの判定には有効である．

4.2.2 β崩壊

β^- 崩壊の崩壊エネルギー Q は

$$Q = \{{}_{Z}^{A}M - {}_{Z+1}^{A}M\}c^2 \tag{4.13}$$

${}_{Z}^{A}M$：親核種の原子質量 [u]，${}_{Z+1}^{A}M$：娘核種の原子質量 [u]，

$c^2 = 931.5$ [MeV/u]

Q の単位：[MeV]

β^+ 崩壊の崩壊エネルギー Q は

$$Q = \{{}_{Z}^{A}M - {}_{Z-1}^{A}M - 2m_e\}c^2 \tag{4.14}$$

${}_{Z}^{A}M$：親核種の原子質量 [u]，${}_{Z-1}^{A}M$：娘核種の原子質量 [u]

m_e：電子の静止質量（$=0.00054858$ [u]），$c^2 = 931.5$ [MeV/u]

Q の単位：[MeV]

電子捕獲（EC）の崩壊エネルギー Q は

$$Q = \{{}_{Z}^{A}M - {}_{Z-1}^{A}M\}c^2 \tag{4.15}$$

^A_ZM:親核種の原子質量 [u], $_{Z-1}^{A}M$:娘核種の原子質量 [u],
$c^2=931.5$ [MeV/u], Q の単位: [MeV]

　β 崩壊では放出される β 粒子と中性微子の質量が軽いので,一般に原子核の反跳は無視し,崩壊エネルギー Q を β 粒子と中性微子が分け合って持ち出すものと考える.

　β 崩壊は親核種と娘核種が同重体の関係にある.質量数 A を一定として原子番号 Z に対する同重体の質量差(β 崩壊に対する不安定さ)をプロットすると,図 4.10 に示すように奇数の A では 1 曲線,偶数の A では 2 曲線の放物線が得られる.これを同重体放物線といい,極値 Z_A は次式から得られる.

$$Z_A = \frac{A}{1.98 + 0.01493 A^{2/3}} \tag{4.16}$$

この極値 Z_A は β 崩壊に対して安定な位置を示すので,原子番号 Z の放射性核種がどの形式の β 崩壊を起こし易いかを判定する場合に有効である.

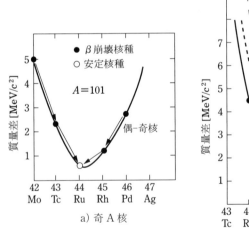

a) 奇 A 核

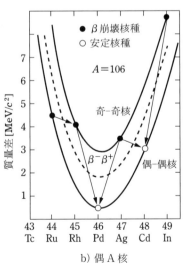

b) 偶 A 核

図 4.10　同重体放物線

4.2.3 γ線放射

γ線エネルギー E_γ は，より高いエネルギー準位 E_i とより低いエネルギー準位 E_f との差分で求まるので，

$$E_\gamma = E_i - E_f \tag{4.17}$$

である．原子核反跳を考慮する場合，反跳エネルギー T_R は

$$T_R = \frac{1}{2M}\left(\frac{E_\gamma}{c}\right)^2 = \frac{E_\gamma^2}{2Mc^2} \tag{4.18}$$

M：反跳核の原子質量 [u]

この場合も，γ線エネルギー E_γ を [MeV] 単位で表した上で，c^2 は 931.5 [MeV/u] と解釈すればよい．

しかし，核異性体転移を除けば，γ線放射が単独で起こることは希で，通常 α 崩壊などに伴い生じる．例えば，娘核種の基底準位に α 崩壊する場合と励起準位に α 崩壊する場合があるとき，γ線エネルギー E_γ は

$$E_\gamma = \frac{A_p}{A_p - 4}(T_{\alpha,1} - T_{\alpha,2}) \tag{4.19}$$

A_p：親核種の質量数，$T_{\alpha,1}$：基底準位へ向かう α 粒子のエネルギー，
$T_{\alpha,2}$：励起準位へ向かう α 粒子のエネルギー

で得られる．

また，X線も含めて光子を放出する放射性核種の空気衝突カーマ率定数 Γ_δ は

$$\Gamma_\delta = \frac{l^2 \dot{K}_\delta}{A} \tag{4.20}$$

A：放射能 [Bq]，l：点線源からの距離 [m]
$\dot{K}_\delta$：δ より高いエネルギーの光子による空気衝突カーマ率 [Gy]
Γ_δ の単位： [m²·Gy·Bq⁻¹·s⁻¹]

Γ_δ も距離の逆2乗則を利用した放射能に関する重要な量である．

【例題 4.2】

1. ^{239}Pu は α 崩壊して ^{235}U となる．その際，崩壊エネルギーとして 5.244

[MeV]を解放する．α粒子と^{235}U原子の反跳エネルギーを求めよ．

【解】 式（4.11）を用いる．この式の意味はα粒子の持ち出すエネルギーの割合が「娘核種の質量/親核種の質量」，反跳エネルギーとして持ち出される割合が「α粒子の質量/親核種の質量」ということに過ぎない．したがって，α粒子のエネルギーをT_a，反跳エネルギーをT_Rとすれば，

$$T_a = \frac{235}{239} \cdot 5.244 = 5.156 \text{ [MeV]}$$

$$T_R = \frac{4}{239} \cdot 5.244 = 0.088 \text{ [MeV]}$$

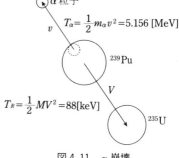

図4.11　α崩壊

すなわち，崩壊エネルギーQのほとんどをα粒子が持ち出す（図4.11）．

2. ^{226}Raはα崩壊して^{222}Rnとなる．その際，放出されるα粒子のエネルギーはいくらか．ただし，^{226}Raの原子質量は226.0254 [u]，^{222}Rnは222.017574 [u]，^{4}Heは4.0026 [u] とする．

【解】 崩壊エネルギーQは，式（4.10）より，

$$Q = {}_Z^A M - {}_{Z-2}^{A-4} M - m_\alpha = 226.0254 - 222.017574 - 4.0026 = 0.005226 \text{ [u]}$$

1 [u] = 931.5 [MeV] であるから，

$$Q = 0.005226 \cdot 931.5 = 4.868 \text{ [MeV]}$$

したがって，求めるα粒子のエネルギーT_aは，

$$T_a = \frac{Q}{1+(m_\alpha / {}_{Z-2}^{A-4}M)} = \frac{4.868}{1+(4.0026/222.017574)} \cong 4.78 \text{ [MeV]}$$

3. α崩壊核種$^{212}_{84}$Poは8.7842 [MeV]，$^{226}_{88}$Raは主として4.7844 [MeV]，$^{234}_{92}$Uは主として4.775 [MeV] のα粒子を放出する．どの核種がもっともはやく崩壊するかをガイガー-ヌッタル則から推定せよ．

【解】 すべて偶－偶核なので，式（4.12）の定数aを55.5として，

4.2 放射性崩壊

$$\log \lambda_\alpha(\mathrm{Po}) = 55.5 - 1.7037 \cdot \frac{84}{\sqrt{8.7842}} = 7.214,$$

$$\therefore \quad \lambda_\alpha(\mathrm{Po}) \cong 1.637 \times 10^7 \; [\mathrm{s}^{-1}]$$

$$\log \lambda_\alpha(\mathrm{Ra}) = 55.5 - 1.7037 \cdot \frac{88}{\sqrt{4.7844}} \cong -13.04,$$

$$\therefore \quad \lambda_\alpha(\mathrm{Ra}) \cong 9.06 \times 10^{-14} \; [\mathrm{s}^{-1}]$$

$$\log \lambda_\alpha(\mathrm{U}) = 55.5 - 1.7037 \cdot \frac{92}{\sqrt{4.775}} \cong -16.23,$$

$$\therefore \quad \lambda_\alpha(\mathrm{U}) \cong 5.9 \times 10^{-17} \; [\mathrm{s}^{-1}]$$

したがって，^{212}Po がもっともはやく α 崩壊する．実際の半減期も ^{212}Po は $0.296\,[\mu\mathrm{s}]$，^{226}Ra は $1600\,[\mathrm{y}]$，^{234}U は $2.45 \times 10^5\,[\mathrm{y}]$ である．ガイガー–ヌッタル則によらなくとも，高原子番号の核ほど一般にポテンシャル障壁が高くなるため，α 粒子のエネルギーが高くないと崩壊が起こりにくい．したがって，もっとも低い原子番号でもっとも高い α 粒子エネルギーである ^{212}Po がもっともはやく α 崩壊するであろうことは予測できる．

4. ^{238}U の α 崩壊に伴い放出される α 粒子のエネルギーは $4.2\,[\mathrm{MeV}]$ ほどである．α 粒子が核内でも同じエネルギーをもっているとすれば，α 粒子は 1 秒間あたり何回ポテンシャル障壁に衝突するか．ただし，α 粒子が核内で動く平均距離は原子核の直径程度と仮定する．また，α 粒子の質量は $4.0026\,[\mathrm{u}]$，$1\,[\mathrm{u}] = 1.6605402 \times 10^{-27}\,[\mathrm{kg}]$ とし，核子半径は $1.4\,[\mathrm{fm}]$ とする．

【解】 α 粒子の速さを v，^{238}U 原子核の半径を R とすると，衝突回数 n は $v/2R$ で求まる．まず，α 粒子の速さ v を求める．α 粒子のエネルギーと質量はそれぞれ，

$$T_\alpha = 4.2 \cdot 1.6022 \times 10^{-13} \cong 6.73 \times 10^{-13} \; [\mathrm{J}]$$
$$m_\alpha = 4.0026 \cdot 1.6605402 \times 10^{-27} \cong 6.646 \times 10^{-27} \; [\mathrm{kg}]$$

であり，また速さ v は非相対論的に扱えるため，

$$v = \sqrt{\frac{2 \cdot 6.73 \times 10^{-13}}{6.646 \times 10^{-27}}} = 1.423 \times 10^7 \; [\mathrm{m/s}]$$

また，^{238}U 原子核の半径 R は，

$$R = 1.4 \times 10^{-15} A^{1/3} = 1.4 \times 10^{-15} \cdot 238^{1/3} = 8.676 \times 10^{-15} \text{ [m]}$$

したがって，求める衝突回数 n は，

$$n = \frac{v}{2R} = \frac{1.423 \times 10^7}{2 \cdot 8.676 \times 10^{-15}} = 8.2 \times 10^{20} \text{ [s}^{-1}\text{]}$$

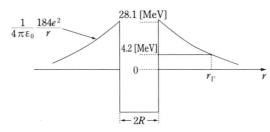

図 4.12 トンネル効果

量子力学的なトンネル効果による α 崩壊における崩壊定数 λ は，この衝突回数と 1 回あたりポテンシャル障壁を滲み出る確率の積で決まる． α 粒子のエネルギーが低いと，衝突回数も少なく，また通過しなければならないポテンシャル障壁も厚くなるため，滲み出る確率も低くなる．したがって，ガイガーーヌッタル則はトンネル効果の古典的，実験的表現といえる（図 4.12）．

5. ^{137}Cs は β^- 崩壊して，そのほとんどは ^{137m}Ba に転移する． β^- 粒子の持ち出す崩壊エネルギーが $\bar{\nu}$ 粒子の半分と仮定した場合， β^- 粒子のエネルギーはいくらか．ただし， ^{137}Cs の原子質量は 136.907075[u]， ^{137m}Ba の原子質量は 136.906526 [u] とする．

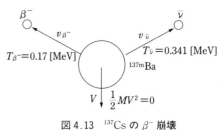

図 4.13 ^{137}Cs の β^- 崩壊

【解】 崩壊エネルギー Q は，式 (4.13) より，

$$Q = {}^A_Z M - {}^A_{z+1} M = 136.907075 - 136.906526 = 5.49 \times 10^{-4} \text{ [u]}$$

1 [u] = 931.5 [MeV] であるから，

$$Q = 5.49 \times 10^{-4} \cdot 931.5 \cong 0.5114 \text{ [MeV]}$$

題意より， β^- 粒子の持ち出すエネルギーはこの 1/3 なので（ $\bar{\nu}$ 粒子の半分だ

4.2 放射性崩壊

から，全体の 1/3)
$$T_\beta = \frac{Q}{3} = \frac{0.5114}{3} = 0.17 \ [\text{MeV}]$$

^{137}Cs の崩壊のようすを図 4.13 に示す．

6. ^{11}C は β^+ 崩壊して ^{11}B に転移する．β^+ 粒子が全ての崩壊エネルギーを持ち出すと仮定した場合，β^+ 粒子の速さはいくらか．ただし，^{11}C の原子質量は 11.0114331 [u]，^{11}B の原子質量は 11.0093053 [u] とする．

【解】 崩壊エネルギー Q は，式（4.14）より，
$$Q = (^A_Z M - ^A_{Z-1} M)c^2 - 2m_e c^2$$
$$= (11.0114331 - 11.0093053) 931.5 - 2 \cdot 0.511$$
$$= 0.96 \ [\text{MeV}]$$

この全てを β^+ 粒子が持ち出すので，β^+ 粒子のエネルギーは 0.96 [MeV] である．したがって，β^+ 粒子の全エネルギーは 1.471 [MeV] なので，その速さ v は，式（1.29′），p.28 より，

$$v = c\sqrt{\frac{m^2 c^4 - m_0^2 c^4}{m^2 c^4}} = c\sqrt{\frac{1.471^2 - 0.511^2}{1.471^2}} \cong 0.9377c$$
$$\cong 2.81 \times 10^8 \ [\text{m/s}]$$

7. $^{117}_{48}$Cd，$^{117}_{50}$Sn，$^{117}_{52}$Te は β 崩壊に対して安定か．もし，β 崩壊するとすれば，どの形式の β 崩壊か．同重体放物線の極値から考えよ．

【解】 まず，質量数 117 の同重体放物線の極値 Z_A を求めると，
$$Z_A = \frac{A}{1.98 + 0.01493 A^{2/3}} = \frac{117}{1.98 + 0.01493 \cdot 117^{2/3}} \cong 50.061$$

したがって，^{117}Sn は β 崩壊に対して安定だといえる．これより原子番号の低い（中性子過剰側）の ^{117}Cd は β^- 崩壊，原子番号の高い（陽子過剰側）の ^{117}Te は β^+ 崩壊か電子捕獲により崩壊すると考えられる．

実際，^{117}Sn は安定核であり，^{117}Cd は半減期 2.49 [h] で β^- 崩壊，^{117}Te は半減期 62 [min] で電子捕獲（75 [%]）か β^+ 崩壊（25 [%]）する（図 4.14）．

8. ^{60}Co は β^- 崩壊して，そのほとんどが ^{60}Ni の第2励起準位に転移し，その際

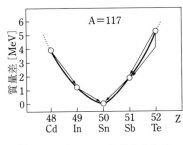
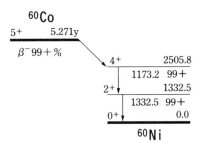

図4.14 $A=117$ の同位体放物線　　図4.15 ^{60}Co の崩壊図

β^-粒子が最大 0.3179 [MeV] のエネルギーを持ち出す。^{60}Ni の第1励起準位と第2励起準位の差を 1.3325 [MeV] として，^{60}Co の β^- 崩壊に伴い放射される γ 線のエネルギーを求めよ。ただし，^{60}Co の原子質量は 59.93382 [u]，^{60}Ni の原子質量は 59.93079 [u] とする。

【解】 崩壊エネルギー Q は，式 (4.13) より，

$Q = 59.93382 - 59.93079 = 3.03 \times 10^{-3}$ [u]

1 [u] = 931.5 [MeV] であるから，

$Q = 3.03 \times 10^{-3} \cdot 931.5 = 2.8224$ [MeV]

β^-粒子が 0.3179 [MeV] のエネルギーを持ち出せるので，^{60}Ni の第2励起準位は，

$E_2 = 2.8224 - 0.3179 = 2.5045$ [MeV]

第2励起準位から第1励起準位への転移に伴う γ 線のエネルギー $h\nu_2$ は題意より 1.3325 [MeV]，第1励起準位から基底準位への転移に伴う γ 線 $h\nu_1$ は

$h\nu_1 = 2.5045 - 1.3325 = 1.172$ [MeV]

したがって，エネルギー 1.3325 [MeV] と 1.172 [MeV] の γ 線を放射する。^{60}Co の崩壊図を示す（図4.15）。

9. ^{99m}Tc は 140 [keV] の γ 線を放射して ^{99}Tc に転移する。転移に伴い ^{99}Tc 原子の得る反跳エネルギーはいくらか。ただし，^{99}Tc の原子質量は 98.9 [u]

4.2 放射性崩壊

とする．

【解】 式（4.18）を用いる．

$$T_R = \frac{E_\gamma^2}{2Mc^2} = \frac{0.14^2}{2 \cdot 98.9 \cdot 931.5} \cong 1.064 \times 10^{-7} \text{ [MeV]} = 0.1064 \text{ [eV]}$$

すなわち，γ 線放射に伴う反跳エネルギーは一般に無視できるほど小さい．

10. ^{232}Th は α 崩壊して，そのほとんどが ^{228}Ra の基底準位か励起準位に転移し，基底準位に転移する場合は 4.013 [MeV] の α 粒子を，励起準位に転移する場合は 3.954 [MeV] の α 粒子を放出する．^{228}Ra の励起準位から基底準位への転移に伴う γ 線のエネルギーはいくらか．

【解】 式（4.19）を用いる．

$$E_\gamma = \frac{A_p}{A_p - 4}(T_{\alpha,1} - T_{\alpha,2}) = \frac{232}{228} \cdot (4.013 - 3.954)$$
$$= 0.06 \text{ [MeV]} = 60 \text{ [keV]}$$

^{232}Th の崩壊図を示す（図 4.16）．

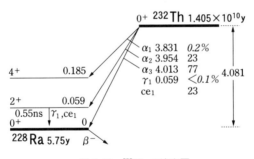

図 4.16 ^{232}Th の壊変図

11. 放射能 1.8 [kBq] の ^{133}Ba と 0.5 [kBq] の ^{137}Cs とを混合した点線源がある．^{133}Ba の空気衝突カーマ率定数は 0.0704 [μGy・m^2・MBq^{-1}・h^{-1}] で，^{137}Cs は 0.0771 [μGy・m^2・MBq^{-1}・h^{-1}] である．この点線源から 30 [cm] の位置での 5 分間あたりの空気衝突カーマはいくらか．

【解】 式（4.20）を，$\dot{K}_\delta = \Gamma_\delta A / l^2$ と変形して，1.8 [kBq] の ^{133}Ba の空気カ

ーマ率 $\dot{K}_\delta(\mathrm{Ba})$ は，1.8×10^{-3} [MBq] であるから，

$$\dot{K}_\delta(\mathrm{Ba})=\frac{\Gamma_\delta A}{l^2}=\frac{0.0704\cdot1.8\times10^{-3}}{0.3^2}=1.408\times10^{-3}\ [\mu\mathrm{Gy}\cdot\mathrm{h}^{-1}]$$

また，$^{137}\mathrm{Cs}$ の空気カーマ率 $\dot{K}_\delta(\mathrm{Cs})$ は，0.5×10^{-3} [MBq] であるから，

$$\dot{K}_\delta(\mathrm{Cs})=\frac{0.0771\cdot0.5\times10^{-3}}{0.3^2}=4.283\times10^{-4}\ [\mu\mathrm{Gy}\cdot\mathrm{h}^{-1}]$$

これを5分間あたりの空気衝突カーマに換算すると，

$$K_\delta(\mathrm{Ba})=\frac{1.408\times10^{-3}}{60/5}=1.173\times10^{-4}\ [\mu\mathrm{Gy}]$$

$$K_\delta(\mathrm{Cs})=\frac{4.283\times10^{-4}}{60/5}=3.57\times10^{-5}\ [\mu\mathrm{Gy}]$$

両者の和が，求める空気衝突カーマ K_δ である．

$$K_\delta=1.713\times10^{-4}+3.57\times10^{-5}=2.07\times10^{-4}\ [\mu\mathrm{Gy}]=0.207\ [\mathrm{nGy}]$$

空気衝突カーマ率定数には，単位 [$\mu\mathrm{Gy}\cdot\mathrm{m}^2\cdot\mathrm{MBq}^{-1}\cdot\mathrm{h}^{-1}$] 中の [$\mathrm{m}^2$] に示されるように，既に $(1/4\pi l^2)$ が含まれている．したがって，0.153 [nGy] は半径30 [cm] の球表面上の1点における値と解釈すべきである．

●演習問題4.2

1. $^{238}\mathrm{U}$ はエネルギー 4.151 [MeV] と 4.198 [MeV] の α 粒子を，それぞれ 0.21 と 0.79 の割合で放出する．100 [g] の $^{238}\mathrm{U}$ から放出される α 粒子は何ワットか．ただし，$^{238}\mathrm{U}$ の比放射能は 12.4 [kBq/g]，1 [eV]$=1.602\times10^{-19}$ [J] とする．

2. $^{210}\mathrm{Po}$ は 5.3044 [MeV] の α 粒子を放出する．$^{206}\mathrm{Pb}$ の反跳エネルギーはいくらか．

3. $^{226}\mathrm{Ra}$ から速さ 1.491×10^7 [m/s] の α 粒子が飛び出してきた．この α 粒子のエネルギーはいくらか．[MeV] 単位で答えよ．ただし，α 粒子の質量は 4 [u] とする．

4. $^{192}\mathrm{Os}$ は α 崩壊することができるか．ただし，$^{192}\mathrm{Os}$ の原子質量は 191.961487 [u]，$^{188}\mathrm{W}$ は 187.958501 [u]，$^4\mathrm{He}$ は 4.0026 [u] とする．

4.2 放射性崩壊

5. ^{252}Cf は α 崩壊し，^{248m}Cm の基底準位に転移することがある．その際，放出される α 粒子のエネルギーはいくらか．[MeV]単位で答えよ．ただし，^{252}Cf の原子質量は 252.081622 [u]，^{248m}Cm の原子質量は 248.072345 [u]，^{4}He は 4.0026 [u] とする．

6. ^{232}U は α 崩壊し，^{228}Th の励起準位 (0.1869 [MeV]) に転移することがある．その際，放出される α 粒子のエネルギーはいくらか．[MeV] 単位で答えよ．ただし，^{232}U の原子質量は 232.037141 [u]，^{228}Th の原子質量は 228.028726 [u]，^{4}He は 4.0026 [u] とする．

7. α 崩壊核種 $^{210}_{84}$Po は 5.3044 [MeV]，$^{222}_{86}$Rn は 5.4895 [MeV]，$^{222}_{88}$Ra は 6.555 [MeV] の α 粒子を放出する．どの核種の半減期がもっとも短いか．

8. 原子番号 58 で偶-偶核の α 崩壊核種があるとする．この核種から放出される α 粒子のエネルギーが 1.8 [MeV] だとすると，平均寿命は宇宙年齢 (150 億年) より長いか短いか．

9. ^{210}Pb はわずかな確率で α 崩壊し，3.792 [MeV] の α 粒子を放出する．この α 粒子が核内でも同じエネルギーをもっていて，平均で原子核の直径ほどの距離を動くとすれば，1 秒間あたり何回ポテンシャル障壁と衝突するか．ただし，α 粒子の質量は 4 [u]，1 核子の半径は 1.4 [fm] とする．

10. $^{238}_{92}$U の α 崩壊におけるポテンシャル障壁の高さはいくらか．[MeV]単位で答えよ．ただし，電荷間距離は ^{238}U 核半径と α 粒子半径の和とし，核子の半径は 1.4 [fm] とする．また，$1/(4\pi\varepsilon_0) = 9 \times 10^9$ [Nm^2/C^2] とする．

11. ネプツニウム系列は親核種 $^{237}_{93}$Np からはじまり，複数回の α 崩壊と β$^-$ 崩壊を経て，安定核の $^{209}_{83}$Bi におわる．何回の α 崩壊と β$^-$ 崩壊が生じるか．

12. β$^-$線の平均エネルギーは最大エネルギーの 1/3 程度である．また，^{32}P は最大エネルギー 1.711 [MeV] の β$^-$ 粒子を放出する．いま，電離槽中で ^{32}P から放出される β$^-$ 粒子のみを測ったとき 1×10^{-12} [A] が得られたとする．^{32}P から放出される β$^-$ 粒子は何ワット程度か．ただし，1 [eV] $= 1.602 \times 10^{-19}$ [J] とする．

13. ^{32}P は β$^-$ 崩壊して ^{32}S に転移する．β$^-$ 粒子が全ての崩壊エネルギーを持ち

出すとすれば，β^- 粒子のエネルギーはいくらか．[MeV] 単位で答えよ．ただし，^{32}P の原子質量は 31.973908 [u]，^{32}S の原子質量は 31.972072 [u] とする．

14. ^{134}Cs は β^- 崩壊して，主として ^{134}Ba の励起準位 (1.4 [MeV]) に転移する．β^- 粒子の持ち出すエネルギーが $\bar{\nu}$ 粒子の半分だとすると，β^- 粒子のエネルギーはいくらか．[MeV] 単位で答えよ．ただし，^{134}Cs の原子質量は 133.9067 [u]，^{134}Ba の原子質量は 133.9045 [u] とする．

15. ^{26}Al は β^+ 崩壊して，そのほとんどが ^{26}Mg の励起準位(1.81[MeV])に転移する．β^+ 粒子が速さ 2.07×10^8 [m/s] で飛び出してきた場合，β^+ 粒子は崩壊エネルギーの何％を持って出たことになるか．ただし，^{26}Al の原子質量は 25.9868948 [u]，^{26}Mg の原子質量は 25.9825954 [u] とする．

16. $^{121}_{50}$Sn は β 崩壊核種である．崩壊形式は何か．

17. $^{137}_{57}$La は β 崩壊することができるか．できるとすれば崩壊形式と崩壊エネルギーを [MeV] 単位で答えよ．ただし，$^{137}_{57}$La の原子質量は 136.90646 [u]，$^{137}_{56}$Ba の原子質量は 136.905816 [u]，$^{137}_{58}$Ce の原子質量は 136.90804 [u] とする．

18. $^{126}_{53}$I は β 崩壊することができるか．できるとすれば崩壊形式と崩壊エネルギーを [MeV] 単位で答えよ．ただし，$^{126}_{53}$I の原子質量は 125.905624 [u]，$^{126}_{52}$Te の原子質量は 125.90331 [u]，$^{126}_{54}$Xe の原子質量は 125.904281 [u] とする．

19. 図 4.17 は ^{41}Ar の崩壊図である．γ_1，γ_2 とも放出率は 1 である．放射能 1 [MBq] の ^{41}Ar があるとき，1 秒間あたりに放射される γ 線のエネルギーは何ワットか．ただし，反跳エネルギーは無視できるものとし，1 [eV] = 1.602×10^{-19} [J] とする．

20. 図 4.18 は ^{24}Ne の崩壊図である．γ_2 の放射に際して ^{24}Na が受け取る反跳エネルギーはいくらか．[eV] 単位で答えよ．ただし，^{24}Na の原子質量は 23.991 [u] とする．

21. ^{7}Be は電子捕獲して ^{7}Li の基底準位か 1 つの励起準位に転移する．励起準

4.2 放射性崩壊

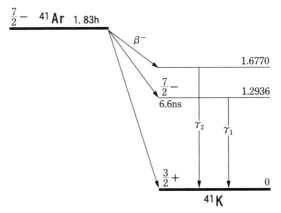

図 4.17 ⁴¹Ar の崩壊図

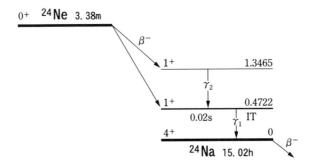

図 4.18 ²⁴Ne の崩壊図

位からの γ 転移が生じるとき，⁷Li の原子核が受け取る反跳エネルギーが 17.45 [eV] であるとすれば，γ 線のエネルギーはいくらか．[MeV] 単位で答えよ．ただし，⁷Li の原子質量は 7.016 [u] とする．

22. 2×10^{-3} [μg] の ²⁴Na と 0.103 [μg] の ⁵⁶Mn を混合した点線源がある．²⁴Na の空気衝突カーマ率定数は 0.28 [μGy・m²・MBq⁻¹・h⁻¹] で比放射能は 3.23×10^{14} [kBq/g] であり，⁵⁶Mn の空気衝突カーマ率定数は 0.202 [μGy・m²・MBq⁻¹・h⁻¹] で比放射能は 8.03×10^{14} [kBq/g] である．この線源から 3 [m] 離れた位置での 1 分間あたりの空気衝突カーマはいくらか．

23. ^{252}Cf は α 崩壊して，娘核種の基底準位か 1 つの励起準位に転移する．基底準位に転移する場合は 6.118 [MeV]，励起準位に転移する場合は 6.076 [MeV] の α 粒子を放出する．娘核種から放射される γ 線のエネルギーはいくらか．[MeV] 単位で答えよ．

24. ^{220}Rn は α 崩壊して，娘核種の基底準位か 1 つの励起準位に転移する．励起準位に転移する場合は 5.748 [MeV] の α 粒子を放出する．娘核種から放出される γ 線のエネルギーが 0.55 [MeV] だとすると，基底準位に転移する場合，α 粒子のエネルギーはいくらか．[MeV] 単位で答えよ．

25. ^{234}U は α 崩壊して，娘核種の基底準位か 2 つの励起準位に転移する．基底準位に転移する場合は 4.775 [MeV]，2 つの励起準位に転移する場合は各々 4.723 [MeV] と 4.604 [MeV] の α 粒子を放出する．高い方の励起準位から直接基底準位に γ 転移することがないとすれば，^{234}U の α 崩壊に伴い放射される 2 本の γ 線のエネルギーはそれぞれいくらか．[MeV] 単位で答えよ．

演習問題 4.2 解答

1. α 粒子の平均エネルギーは，
$$\overline{T}_\alpha = 0.21 \cdot 4.151 + 0.79 \cdot 4.198 \cong 4.188 \,[\text{MeV}]$$
$$\cong 6.71 \times 10^{-13} \,[\text{J}]$$

^{238}U の放射能は，
$$A = 12.4 \times 10^3 \cdot 100 = 1.24 \times 10^6 \,[\text{Bq}]$$

したがって，1 秒間に放出される α 粒子のエネルギーは，
$$\dot{T}_\alpha = 6.71 \times 10^{-13} \cdot 1.24 \times 10^6 = 8.32 \times 10^{-7} \,[\text{J/s}]$$
$$= 0.832 \,[\mu\text{W}] \quad (\because \;\; 1 \,[\text{W}] = 1 \,[\text{J/s}])$$

2. $5.3044 = \dfrac{210-4}{210} \cdot Q$

∴ $Q \cong 5.4074 \,[\text{MeV}]$

したがって，^{206}Pb の反跳エネルギーは，

$T_R = 5.4074 - 5.3044$
$\quad = 0.103 \,[\mathrm{MeV}]$

3. 質量を [kg] 単位に換算する必要はない．まず速さは
$$\frac{v}{c} = \frac{1.491 \times 10^7}{3 \times 10^8} = 0.0497$$
$\therefore \quad v = 0.0497 c$

質量を [MeV] 単位に換算して，
$m_\alpha = 4 \cdot 931.5 = 3726 \,[\mathrm{MeV}]$
したがって，運動エネルギーは，
$$\frac{1}{2} m_\alpha v^2 = \frac{1}{2} \cdot 3726 \cdot 2.47 \times 10^{-3}$$
$\quad = 4.6017 \,[\mathrm{MeV}]$

4. 崩壊エネルギーは，
$Q = (191.961487 - 187.958501 - 4.0026) \cdot 931.5$
$\quad \cong 0.36 \,[\mathrm{MeV}]$

$Q > 0$ だから可能とはならない．1 [MeV] 以下の α 粒子を放出する核種はなく，0.36 [MeV] ではポテンシャル障壁から滲み出すことは事実上不可能である．実際，$^{192}\mathrm{Os}$ は α 崩壊しない．

5. 崩壊エネルギーは
$Q = (252.081622 - 248.072345 - 4.0026) \cdot 931.5$
$\quad \cong 6.22 \,[\mathrm{MeV}]$

α 粒子に配分されるエネルギーは，
$$T_\alpha = \frac{Q}{1 + (m_\alpha/M_d)} = \frac{6.22}{1 + (4.0026/248.072345)}$$
$\quad \cong 6.12 \,[\mathrm{MeV}]$

6. 崩壊エネルギーは，励起準位に転移することに注意して，
$Q = (232.037141 - 228.028726 - 4.0026) \cdot 931.5 - 0.1869$
$\quad \cong 5.23 \,[\mathrm{MeV}]$

α 粒子に配分されるエネルギーは（励起エネルギーを質量換算しても無視で

第4章 放射性元素

きるので),
$$T_\alpha = \frac{5.23}{1+(4.0026/228.028726)}$$
$$\cong 5.14 \text{ [MeV]}$$

7. $\log \lambda_\alpha(\text{Po}) = 55.5 - 1.7037 \cdot \frac{Z}{\sqrt{T_\alpha}} = 55.5 - 1.7037 \cdot \frac{84}{\sqrt{5.3044}}$
$$\cong -6.638$$
$\lambda_\alpha(\text{Po}) \cong 2.3 \times 10^{-7} \text{ [s}^{-1}\text{]}$
∴ $T_{1/2}(\text{Po}) = 3 \times 10^6 \text{ [s]}$

$\log \lambda_\alpha(\text{Rn}) = 55.5 - 1.7037 \cdot \frac{86}{\sqrt{5.4895}}$
$$\cong -7.035$$
$\lambda_\alpha(\text{Rn}) \cong 9.22 \times 10^{-8} \text{ [s}^{-1}\text{]}$
∴ $T_{1/2}(\text{Rn}) \cong 7.5 \times 10^6 \text{ [s]}$

$\log \lambda_\alpha(\text{Ra}) = 55.5 - 1.7037 \cdot \frac{88}{\sqrt{6.555}}$
$$\cong -3.058$$
$\lambda_\alpha(\text{Ra}) \cong 8.7 \times 10^{-4} \text{ [s}^{-1}\text{]}$
∴ $T_{1/2}(\text{Ra}) \cong 792 \text{ [s]}$

したがって, ^{222}Ra の半減期がもっとも短い. 実際の各核種の半減期は,

^{210}Po……138.38 [d]

^{222}Rn……3.824 [d]

^{222}Ra……38 [s]

である.

8. $\log \lambda_\alpha = 55.5 - 1.7037 \cdot \frac{58}{\sqrt{1.8}} \cong -18.152$

$\lambda_\alpha \cong 7.046 \times 10^{-19} \text{ [s}^{-1}\text{]}$

∴ $\tau = \frac{1}{7.046 \times 10^{-19}} \cong 1.42 \times 10^{18} \text{ [s]}$

1 [y] = 365.2 [d] とすると,

4.2 放射性崩壊

1.42×10^{18} [s] $\cong 4.5\times 10^{10}$ [y]

したがって，$\tau > 1.5\times 10^{10}$ [y] である．これにもっとも近い核種に ^{144}Nd があり，平均寿命 3×10^{15} [y] で 1.9 [MeV] の α 粒子を放出する．

9. α 粒子の質量を [MeV] 単位で表すと，

$$m_\alpha = 4\cdot 931.5 = 3726 \text{ [MeV]}$$

したがって，3.792 [MeV] の α 粒子の速さは，

$$\frac{v}{c} = \sqrt{\frac{2T_\alpha}{m_\alpha}} = \sqrt{\frac{2\cdot 3.792}{3726}} \cong 0.0451$$

$$v = 0.0451 c = 1.353\times 10^7 \text{ [m/s]}$$

^{210}Pb 原子核の半径は，

$$R = 1.4\times 10^{-15} A^{1/3} = 1.4\times 10^{-15} \sqrt[3]{210} \cong 8.32\times 10^{-15} \text{ [m]}$$

したがって，衝突回数は，

$$n = \frac{v}{2R} = \frac{1.353\times 10^7}{1.664\times 10^{-14}}$$

$$\cong 8.13\times 10^{20} \text{ [s}^{-1}\text{]}$$

10. ^{238}U 原子核の半径は，

$$R = 1.4\times 10^{-15} A^{1/3} = 1.4\times 10^{-15} \sqrt[3]{238} \cong 8.676\times 10^{-15} \text{ [m]}$$

α 粒子の半径は，

$$r = 1.4\times 10^{-15} \sqrt[3]{4} \cong 2.222\times 10^{-15} \text{ [m]}$$

したがって，ポテンシャル障壁の高さは，

$$U = \frac{1}{4\pi\varepsilon_0}\frac{(Z-2)e\cdot 2e}{R+r} = 9\times 10^9 \cdot \frac{90\cdot 2(1.602\times 10^{-19})^2}{(8.676+2.222)\times 10^{-15}}$$

$$\cong 3.815\times 10^{-12} \text{ [J]}$$

$$\cong 23.8 \text{ [MeV]}$$

11. 質量数の差 ΔA は $237-209=28$ である．β 崩壊では親娘核種は同重体の関係であるから，ΔA は α 崩壊による．したがって，α 崩壊する核種は $28/4=7$ である．一方，原子番号の差 ΔZ は $93-83=10$ である．α 崩壊により原子番号は $2\cdot 7=14$ 下がっているはずであるから，$14-10=4$ は β^- 崩壊による

第4章　放射性元素

増加分である．すなわち，α 崩壊は 7 回，β^- 崩壊は 4 回起こっている．

12. 放出される β^- 粒子数は，
$$N_{\beta^-} = \frac{1 \times 10^{-12}}{1.602 \times 10^{-19}} \cong 6.242 \times 10^6 \ [\text{s}^{-1}] \ (\because \ 1 \ [\text{A}] = 1 \ [\text{C/s}])$$

^{32}P から放出される β^- 粒子の平均エネルギーは，
$$\bar{T}_{\beta^-} = \frac{1.711}{3} = 0.57 \ [\text{MeV}] \cong 9.137 \times 10^{-14} \ [\text{J}]$$

したがって，1 秒間に放出される β^- 粒子のエネルギーは，
$$\dot{T}_{\beta^-} = 9.137 \times 10^{-14} \cdot 6.242 \times 10^6$$
$$= 5.7 \times 10^{-7} \ [\text{J/s}]$$
$$= 0.57 \ [\mu\text{W}] \ (\because \ 1 \ [\text{W}] = 1 \ [\text{J/s}])$$

13. 崩壊エネルギーは，
$$Q = (M_p - M_d)c^2 = (31.973908 - 31.972072) \cdot 931.5$$
$$\cong 1.71 \ [\text{MeV}]$$

崩壊エネルギーのすべてを β^- 粒子が持ち出すのだから，
$$\beta^-_{\max} = 1.71 \ [\text{MeV}]$$

14. 崩壊エネルギーは，励起準位に転移することに注意して，
$$Q = (133.9067 - 133.9045) \cdot 931.5 - 1.4$$
$$= 0.6493 \ [\text{MeV}]$$

崩壊エネルギーの 1/3 を β^- 粒子が持ち出すのだから，
$$T_{\beta^-} = \frac{0.6493}{3} \cong 0.216 \ [\text{MeV}]$$

15. 崩壊エネルギーは，励起準位に転移することに注意して，
$$Q = (25.9868948 - 25.9825954) \cdot 931.5 - 1.022 - 1.81$$
$$\cong 1.173 \ [\text{MeV}]$$

β^+ 粒子の速さは，
$$\frac{v}{c} = \frac{2.07 \times 10^8}{3 \times 10^8} = 0.69$$

であるから，

4.2 放射性崩壊

$$T_{\beta^+} = \left(\frac{1}{\sqrt{1-0.69^2}} - 1\right) \cdot 0.511$$

$$\cong 0.195 \ [\text{MeV}]$$

したがって，β^+粒子の持ち出すエネルギーの割合は，

$$\frac{0.195}{1.173} \cong 0.166 = 16.6 \ [\%]$$

すなわち，1/6 ほどを持ち出したことになる．

16. 奇 A 核なので，同重体放物線から判定しやすい．放物線の極値は，

$$Z_A = \frac{A}{1.98 + 0.01493 A^{2/3}} = \frac{121}{1.98 + 0.01493 \cdot 24.46}$$

したがって，Z_A より原子番号の低い ^{121}Sn は β^- 崩壊する．

17. β^-崩壊として崩壊エネルギーを求めると，

$$Q_{\beta^-} = (136.90646 - 136.90804) \cdot 931.5$$

$$\cong -1.47 \ [\text{MeV}]$$

β^+崩壊として崩壊エネルギーを求めると，

$$Q_{\beta^+} = (136.90646 - 136.905816) \cdot 931.5 - 1.022$$

$$\cong -0.422 \ [\text{MeV}]$$

電子捕獲として崩壊エネルギーを求めると，

$$Q_{EC} = (136.90646 - 136.905816) \cdot 931.5$$

$$\cong 0.6 \ [\text{MeV}]$$

したがって，電子捕獲のみが可能で，崩壊エネルギーは $0.6 \ [\text{MeV}]$ である．

18. β^-崩壊として崩壊エネルギーを求めると，

$$Q_{\beta^-} = (125.905624 - 125.904281) \cdot 931.5$$

$$\cong 1.25 \ [\text{MeV}]$$

β^+崩壊として崩壊エネルギーを求めると，

$$Q_{\beta^+} = (125.905624 - 125.90331) \cdot 931.5 - 1.022$$

$$\cong 1.13 \ [\text{MeV}]$$

電子捕獲として崩壊エネルギーを求めると，

第 4 章　放射性元素

$Q_{EC} = (125.905624 - 125.90331) \cdot 931.5$
$\cong 2.16 \, [\text{MeV}]$

したがって，すべての β 崩壊形式が可能で，崩壊エネルギーは，

β^- 崩壊：$1.25 \, [\text{MeV}]$

β^+ 崩壊：$1.13 \, [\text{MeV}]$

電子捕獲：$2.16 \, [\text{MeV}]$

である．

19. $1.677 \cdot 1.602 \times 10^{-13} \cdot 1 \times 10^7 \cdot 5 \times 10^{-4} \cong 1.34 \times 10^{-9} \, [\text{J/s}]$
$1.2936 \cdot 1.602 \times 10^{-13} \cdot 1 \times 10^7 \cdot 0.992 \cong 2.056 \times 10^{-6} \, [\text{J/s}]$
$1.343 \times 10^{-9} + 2.056 \times 10^{-6} \cong 2.057 \times 10^{-6} \, [\text{J/s}]$
$= 2.057 \, [\mu\text{W}] \quad (\because \, 1 \, [\text{W}] = 1 \, [\text{J/s}])$

20. γ_2 のエネルギーは，

$E_\gamma = 1.3465 - 0.4722 = 0.8743 \, [\text{MeV}]$

したがって，反跳エネルギーは，

$T_R = \dfrac{E_\gamma^2}{2Mc^2} = \dfrac{0.8743^2}{2 \cdot 23.991 \cdot 931.5} \cong 1.71 \times 10^{-5} \, [\text{MeV}]$
$= 17.1 \, [\text{eV}]$

21. $17.45 \times 10^{-6} = \dfrac{E_\gamma^2}{2 \cdot 7.016 \cdot 931.5}$

$E_\gamma^2 \cong 0.2281$

$\therefore \, E_\gamma \cong 0.4776 \, [\text{MeV}]$

22. ^{24}Na の放射能は，

$A(\text{Na}) = 3.23 \times 10^{14} \cdot 2 \times 10^{-9} = 6.46 \times 10^5 \, [\text{kBq}]$
$= 646 \, [\text{MBq}]$

^{56}Mn の放射能は，

$A(\text{Mn}) = 8.03 \times 10^{14} \cdot 0.103 \times 10^{-6} = 8.2709 \times 10^7 \, [\text{kBq}]$
$= 82709 \, [\text{MBq}]$

^{24}Na の空気衝突カーマ率は，

4.2 放射性崩壊

$$\dot{K}_\delta(\mathrm{Na}) = 0.28 \cdot \left(\frac{1}{3}\right)^2 \cdot 646 \cdot \frac{1}{60}$$

$$\cong 0.335 \ [\mu\mathrm{Gy/min}]$$

^{56}Mn の空気衝突カーマ率は，

$$\dot{K}_\delta(\mathrm{Mn}) = 0.202 \cdot \left(\frac{1}{3}\right)^2 \cdot 82709 \cdot \frac{1}{60}$$

$$\cong 30.939 \ [\mu\mathrm{Gy/min}]$$

したがって，混合線源での空気衝突カーマ率は

$$\dot{K}_\delta = 0.335 + 30.939$$

$$= 31.274 \ [\mu\mathrm{Gy/min}]$$

23. 娘核種の質量数は248（^{248}Cm）だから，

$$E_\gamma = \frac{A_p}{A_d} \cdot (T_{\alpha,1} - T_{\alpha,2}) = \frac{252}{248} \cdot (6.118 - 6.076)$$

$$\cong 0.0427 \ [\mathrm{MeV}]$$

24. 娘核種の質量数は216（^{216}Po）だから，

$$0.55 = \frac{220}{216} \cdot (T_{\alpha,1} - 5.748)$$

$$\cong \frac{220}{216} \cdot T_{\alpha,1} - 5.854$$

$$\frac{220}{216} \cdot T_{\alpha,1} = 6.404$$

$$\therefore \quad T_{\alpha,1} = 6.288 \ [\mathrm{MeV}]$$

25. 娘核種の質量数は230（^{230}Th）だから，高い方の励起準位 $E_{\gamma,3}$ は，

$$E_{\gamma,3} = \frac{234}{230} \cdot (4.775 - 4.604)$$

$$\cong 0.174 \ [\mathrm{MeV}]$$

低い方の励起準位から放出される γ 線エネルギー $E_{\gamma,2}$ は，

$$E_{\gamma,2} = \frac{234}{230} \cdot (4.775 - 4.723)$$

$$\cong 0.053 \ [\mathrm{MeV}]$$

第4章　放射性元素

励起準位間の転移で放出される γ 線エネルギー $E_{\gamma,1}$ は，
  $E_{\gamma,1} = 0.174 - 0.053 = 0.121$ [MeV]
したがって，^{234}U の α 崩壊に伴い放出される γ 線のエネルギーは 0.121 [MeV] と 0.053 [MeV] である．

4.3 放射平衡

■要　項■

逐次崩壊（解法）

放射性物質が次のように A──→B──→C──→…… と崩壊してゆく場合，どのような関係式が成立するか解き方を示す．$\lambda_A, \lambda_B, \cdots\cdots$ はそれぞれの崩壊定数で，$N_A, N_B, \cdots\cdots$ はそれぞれの原子数である．

$$A_{N_A}^{\lambda_A} \longrightarrow B_{N_B}^{\lambda_B} \longrightarrow C_{N_C}^{\lambda_C} \longrightarrow D \longrightarrow$$

A について，$\dfrac{dN_A}{dt} = -\lambda_A N_A$ 　　　　　　　　　　　　　(4.21)

B について，$\dfrac{dN_B}{dt} = \lambda_A N_A - \lambda_B N_B$ 　　　　　　　　　　(4.22)

C について，$\dfrac{dN_C}{dt} = \lambda_B N_B - \lambda_C N_C$ 　　　　　　　　　　(4.23)

(4.21) 式を解いて $N_A = N_{A0} e^{-\lambda_A t}$ 　　($t=0$ のとき $N_A = N_{A0}$) 　(4.24)

(4.24) 式を (4.22) 式に代入する．

$$\frac{dN_B}{dt} = \lambda_A N_{A0} e^{-\lambda_A t} - \lambda_B N_B$$

A と B について，分けて整理し，両辺に $e^{\lambda_B t}$ をかける．

$$\frac{dN_B}{dt} \cdot e^{\lambda_B t} + \lambda_B N_B e^{\lambda_B t} = \lambda_A N_{A0} e^{(\lambda_B - \lambda_A)t}$$

左辺は微分の形になっている．

$$\frac{d}{dt}(N_B e^{\lambda_B t}) = \lambda_A N_{A0} e^{(\lambda_B - \lambda_A)t}$$

これを積分して

$$N_B e^{\lambda_B t} = \frac{\lambda_A}{\lambda_B - \lambda_A} \cdot N_{A0} e^{(\lambda_B - \lambda_A)t} + C$$

$t=0$ のとき $N_B = N_{B0}$ とする．

第 4 章　放射性元素

$$N_{B0} = \frac{\lambda_A}{\lambda_B - \lambda_A} N_{A0} + C$$

$$\therefore \quad C = -\frac{\lambda_A}{\lambda_B - \lambda_A} N_{A0} + N_{B0}$$

$$\therefore \quad N_B = \frac{\lambda_A}{\lambda_B - \lambda_A} N_{A0} e^{-\lambda_A t} - \frac{\lambda_A}{\lambda_B - \lambda_A} N_{A0} e^{-\lambda_B t} + N_{B0} e^{-\lambda_B t} \tag{4.25}$$

(4.23) 式から $\dfrac{dN_C}{dt} + \lambda_C N_C = \lambda_B N_B$

(4.25) 式を代入する．

$$\frac{dN_C}{dt} + \lambda_C N_C = \frac{\lambda_A \lambda_B}{\lambda_B - \lambda_A} N_{A0} e^{-\lambda_A t} + \frac{\lambda_A \lambda_B}{\lambda_A - \lambda_B} N_{A0} e^{-\lambda_A t} + \lambda_B N_{B0} e^{-\lambda_B t}$$

両辺に $e^{\lambda_C t}$ をかけて，まず左辺は

$$\frac{dN_C}{dt} e^{\lambda_C t} + \lambda_C N_C e^{\lambda_C t} = \frac{d}{dt}(N_C e^{\lambda_C t})$$

右辺 $= \dfrac{\lambda_A \lambda_B}{\lambda_B - \lambda_A} N_{A0} e^{(\lambda_C - \lambda_A)t} + \dfrac{\lambda_A \lambda_B}{\lambda_A - \lambda_B} N_{A0} e^{(\lambda_C - \lambda_B)t} + \lambda_B N_{B0} e^{(\lambda_C - \lambda_B)t}$

そこで，積分する．

$$N_C e^{\lambda_C t} = \frac{\lambda_A \lambda_B}{(\lambda_B - \lambda_A)(\lambda_C - \lambda_A)} N_{A0} e^{(\lambda_C - \lambda_A)t} + \frac{\lambda_A \lambda_B}{(\lambda_A - \lambda_B)(\lambda_C - \lambda_B)} N_{A0} e^{(\lambda_C - \lambda_B)t}$$

$$+ \frac{\lambda_B}{\lambda_C - \lambda_B} N_{B0} e^{(\lambda_C - \lambda_B)t} + C_1$$

$$\therefore \quad N_C = \frac{\lambda_A \lambda_B}{(\lambda_B - \lambda_A)(\lambda_C - \lambda_A)} N_{A0} e^{-\lambda_A t} + \frac{\lambda_A \lambda_B}{(\lambda_A - \lambda_B)(\lambda_C - \lambda_B)} N_{A0} e^{-\lambda_B t}$$

$$+ \frac{\lambda_B}{\lambda_C - \lambda_B} N_{B0} e^{-\lambda_B t} + C_1 e^{-\lambda_C t}$$

$t = 0$ のとき，$N_C = N_{C0}$ とする．

$$\therefore \quad C_1 = N_{C0} + \frac{\lambda_A \lambda_B}{(\lambda_A - \lambda_B)(\lambda_C - \lambda_A)} N_{A0} + \frac{\lambda_A \lambda_B}{(\lambda_A - \lambda_B)(\lambda_B - \lambda_C)} N_{A0}$$

$$+ \frac{\lambda_B}{(\lambda_B - \lambda_C)} N_{B0}$$

$$\therefore \quad N_C = \frac{\lambda_A \lambda_B}{(\lambda_B - \lambda_A)(\lambda_C - \lambda_A)} N_{A0} e^{-\lambda_A t} + \frac{\lambda_A \lambda_B}{(\lambda_A - \lambda_B)(\lambda_C - \lambda_B)} N_{A0} e^{-\lambda_B t}$$

$$+\frac{\lambda_A \lambda_B}{(\lambda_A - \lambda_C)(\lambda_B - \lambda_C)} N_{A0} e^{-\lambda_C t} + \frac{\lambda_B}{\lambda_C - \lambda_B} N_{B0} e^{-\lambda_B t}$$

$$+\frac{\lambda_B}{\lambda_B - \lambda_C} N_{B0} e^{-\lambda_C t} + N_{C0} e^{-\lambda_C t}$$

初め($t=0$のとき)N_Aのみ存在しており，$N_B=N_C=\cdots=0$とすれば

$$N_A = N_{A0} e^{-\lambda_A t} \tag{4.26}$$

$$N_B = \frac{\lambda_A}{\lambda_B - \lambda_A} N_{A0} e^{-\lambda_A t} + \frac{\lambda_A}{\lambda_A - \lambda_B} N_{A0} e^{-\lambda_B t} \tag{4.27}$$

$$N_C = \frac{\lambda_A \lambda_B}{(\lambda_B - \lambda_A)(\lambda_C - \lambda_A)} N_{A0} e^{-\lambda_A t} + \frac{\lambda_A \lambda_B}{(\lambda_A - \lambda_B)(\lambda_C - \lambda_B)} N_{A0} e^{-\lambda_B t}$$

$$+\frac{\lambda_A \lambda_B}{(\lambda_A - \lambda_C)(\lambda_B - \lambda_C)} N_{A0} e^{-\lambda_C t} \tag{4.28}$$

4.3.1 永続平衡

放射性核種が崩壊によって放射性の娘核種となり，さらに崩壊して孫核になるような一連の崩壊を逐次崩壊という．この逐次崩壊において親核種の崩壊定数 λ_1 より娘核種の崩壊定数 λ_2 の方が大きい場合，放射平衡となる．とくに $\lambda_1 \ll \lambda_2$ の場合

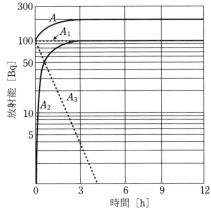

A は親核種の放射能と娘核種の放射能の和，
A_1 は親核種の放射能（$T_{1/2,1} \gg 0.6$ [h]），
A_2 は娘核種の放射能（$T_{1/2,2} = 0.6$ [h]），
A_3 は娘核種が単独で存在するときの減衰を表す．

図 4.19 親核から娘核への分岐比が 1 のときの永続平衡

$$A_1 = A_2 \tag{4.29}$$

A_1：親核種の放射能［Bq］，A_2：娘核種の放射能［Bq］

となり，このような放射能関係を永続平衡という．図 4.19 にその一例を示す．

放射能は等しくても，$\lambda_1 \ll \lambda_2$ であるから，親核種の原子数 N_1 と娘核種の原子数 N_2 は当然異なり，次式のように半減期 $T_{1/2}$ の比となる．

$$\frac{N_1}{N_2} = \frac{\lambda_2}{\lambda_1} = \frac{T_{1/2,1}}{T_{1/2,2}} \tag{4.30}$$

$T_{1/2,1}$：親核種の半減期，$T_{1/2,2}$：娘核種の半減期

ある時刻において娘核種の放射能がゼロのとき，時間 t だけ経過したときの娘核種の放射能 A_2 は

$$A_2 = A_1(1 - e^{-\lambda_2 t}) \tag{4.31}$$

または

$$A_2 = A_1 \left\{ 1 - \left(\frac{1}{2}\right)^{\frac{t}{T_{1/2,2}}} \right\} \tag{4.31'}$$

である．

4.3.2 過渡平衡

親核種の崩壊定数 λ_1 より娘核種の崩壊定数 λ_2 の方が大きいが，永続平衡ほどではない場合，すなわち $\lambda_1 < \lambda_2$ の場合

$$A_2 = \frac{\lambda_2}{\lambda_2 - \lambda_1} A_1 = \frac{T_{1/2,1}}{T_{1/2,1} - T_{1/2,2}} A_1 \tag{4.32}$$

A_1：親核種の放射能［Bq］，A_2：娘核種の放射能［Bq］

$T_{1/2,1}$：親核種の半減期，$T_{1/2,2}$：娘核種の半減期

となり，親核種と娘核種の放射能の比が一定となる．このような放射能関係を過渡平衡という．図 4.20 にその一例を示すが，$\lambda_1 < \lambda_2$ であるから，注目している娘核種への分岐比が 1 のときは娘核種の放射能の方が大きくなる．

過渡平衡の場合，親核種の原子数 N_1 と娘核種の原子数 N_2 との比は次式で示される．

4.3 放射平衡

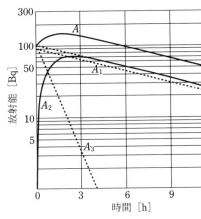

A は親核種の放射能と娘核種の放射能の和，
A_1 は親核種の放射能（$T_{1/2,1}=6$ [h]），
A_2 は娘核種の放射能（$T_{1/2,2}=0.6$ [h]），
A_3 は娘核種が単独で存在するときの減衰を表す．

図 4.20 親核から娘核への分岐比が 1 のときの過渡平衡

$$\frac{N_1}{N_2}=\frac{\lambda_2-\lambda_1}{\lambda_1}=\frac{T_{1/2,1}-T_{1/2,2}}{T_{1/2,2}}=\frac{T_{1/2,1}}{T_{1/2,2}}-1 \tag{4.33}$$

すなわち，半減期 $T_{1/2}$ の比から 1 だけ引いた値となる．

ある時刻において娘核種の放射能がゼロのとき，時間 t だけ経過したときの娘核種の放射能 A_2 は

$$A_2=\frac{\lambda_2}{\lambda_2-\lambda_1}A_{1,0}(e^{-\lambda_1 t}-e^{-\lambda_2 t}) \tag{4.34}$$

$A_{1,0}$：娘核種の放射能がゼロのときの親核種の放射能 [Bq]

であり，経過時間 t での親核種の放射能の減衰が無視できなくなる．

なお，放射平衡において当初ゼロであった娘核種の放射能が親核種の放射能と交差するまでの時間 t_m は

$$t_m=\frac{\ln\frac{\lambda_2}{\lambda_1}}{\lambda_2-\lambda_1} \tag{4.35}$$

で与えられ，t_m で娘核種の放射能は最大値をとる．

4.3.3 平衡不成立の場合

逐次崩壊において親核種の崩壊定数 λ_1 より娘核種の崩壊定数 λ_2 の方が小さ

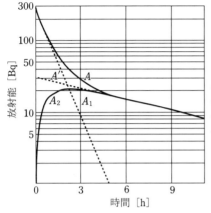

図 4.21 放射平衡不成立の場合（親核から娘核への分岐比は 1）

A は親核種の放射能と娘核種の放射能の和，
A_1 は親核種の放射能（$T_{1/2,1}=0.6$ [h]），
A_2 は娘核種の放射能（$T_{1/2,2}=6$ [h]），
A' は A の直線部を $t=0$ に外挿したもの．

い場合，すなわち $\lambda_1 > \lambda_2$ の場合も当然ありえる．この場合，放射平衡は成立しない．図 4.21 にその一例を示す．

放射平衡不成立の場合は，ある時刻において娘核種の放射能がゼロのとき，時間 t だけ経過したときの娘核種の放射能 A_2 は

$$A_2 = \frac{\lambda_2}{\lambda_1 - \lambda_2} A_{1,0}(e^{-\lambda_2 t} - e^{-\lambda_1 t}) \tag{4.34'}$$

$A_{1,0}$：娘核種の放射能がゼロのときの親核種の放射能 [Bq]

となる．また，当初ゼロであった娘核種の放射能が親核種の放射能と交差するまでの時間 t_m は

$$t_m = \frac{\ln \frac{\lambda_1}{\lambda_2}}{\lambda_1 - \lambda_2} \tag{4.35'}$$

で与えられ，t_m で娘核種の放射能は最大値をとる．

また，特に $\lambda_1 = \lambda_2$ の場合，時間 t だけ経過したときの娘核種の原子数 N_2 は，

$$N_2 = (\lambda \cdot N_{1,0} \cdot t + N_{2,0})e^{-\lambda t} \tag{4.36}$$

$N_{1,0}$：時間 $t=0$ のときの親核種の原子数，
$N_{2,0}$：時間 $t=0$ のときの娘核種の原子数

で与えられる．

4.3 放射平衡

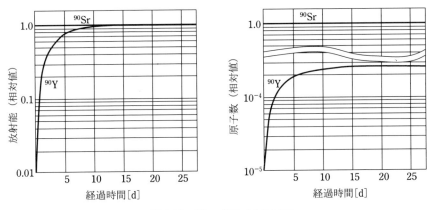

図 4.22 ^{90}Sr → ^{90}Y の永続平衡

【例題 4.3】

1. ^{90}Sr ($T_{1/2}$=28.78 [y]) は分岐比 1 で β^- 崩壊して ^{90}Y ($T_{1/2}$=64.1 [h]) に転移する．純粋に精製した ^{90}Sr を十分長い時間放置し，平衡に達したとする．^{90}Y に対する ^{90}Sr の原子数の比はいくらか．

【解】 永続平衡が成立しているので，両者の放射能 $A(^{90}\mathrm{Sr})$ と $A(^{90}\mathrm{Y})$ は等しい．したがって，原子数の比 $N(^{90}\mathrm{Sr})/N(^{90}\mathrm{Y})$ は，1 [y]=365.2 [d] として式 (4.30) より，

$$\frac{N(^{90}\mathrm{Sr})}{N(^{90}\mathrm{Y})} = \frac{T_{1/2}(^{90}\mathrm{Sr})}{T_{1/2}(^{90}\mathrm{Y})} = \frac{28.78 \times (24 \cdot 365.2)}{64.1} \cong 3935.3$$

約 3935 倍である．このように放射能が等しくても，両者の半減期（崩壊定数）が大きく異なるため，原子数の比は桁違いになる．^{90}Sr と ^{90}Y の放射能と原子数をプロットしたものを図示するが，縦軸が対数であることに注意せよ（図 4.22）．

2. ^{90}Sr ($T_{1/2}$=28.78 [y]) は β^- 崩壊して ^{90}Y ($T_{1/2}$=64.1 [h]) に転移する．純粋に精製した 100 [MBq] の ^{90}Sr を ^{90}Y の半減期だけ放置したとき，^{90}Y の放射能はいくらになるか．（電卓使用不可）

第 4 章　放射性元素

【解】　はじめ ^{90}Y の放射能はゼロであったのだから，式（4.31′）より，

$$A(^{90}\text{Y}) = A(^{90}\text{Sr})\left\{1-\left(\frac{1}{2}\right)^{\frac{t}{T_{1/2}(^{90}\text{Y})}}\right\} = 100\cdot\left\{1-\left(\frac{1}{2}\right)^{1}\right\} = 50 \ [\text{MBq}]$$

3. ^{137}Cs（$T_{1/2}=30.07$ [y]）は β^- 崩壊して 0.946 の割合で $^{137\text{m}}$Ba（$T_{1/2}=2.552$ [min]）に転移する．純粋に精製した ^{137}Cs と $^{137\text{m}}$Ba を 50 [MBq] ずつ混合したとする．5 分後における $^{137\text{m}}$Ba の放射能はいくらか．ただし，$\ln 2=0.693$ とする．

【解】　まず，^{137}Cs 中に生成される $^{137\text{m}}$Ba を求めると，

$$A(^{137\text{m}}\text{Ba})=A(^{137}\text{Cs})\cdot 0.946\cdot (1-e^{-\frac{0.693}{2.552}5})$$

$$\cong 0.946\cdot 0.7428\cdot 50 \cong 35.136 \ [\text{MBq}]$$

一緒に混合した 50 [MBq] の $^{137\text{m}}$Ba は 5 分間の間に，

$$A_0 e^{-\frac{\ln 2}{2.552}5} \cong 0.257\cdot 50 \cong 12.858 \ [\text{MBq}]$$

まで減衰している．両者の和が求める $^{137\text{m}}$Ba の放射能 A なので，

$$A=35.136+12.858=48 \ [\text{MBq}]$$

もし $^{137\text{m}}$Ba へ転移する割合が 1 ならば，$^{137\text{m}}$Ba の放射能が減衰する分だけ生成されるので 50 [MBq] となる．

4. ^{140}Ba（$T_{1/2}=12.75$ [d]）は β^- 崩壊して ^{140}La（$T_{1/2}=40.27$ [h]）に転移する．純粋に精製した ^{140}Ba を ^{140}La の半減期の 10 倍だけ放置したとする．^{140}Ba に対する ^{140}La の放射能の比はいくらか．

【解】　娘核種の半減期の 10 倍の時間が経過しているので，過渡平衡が成立している．したがって，放射能の比 $A(^{140}\text{La})/A(^{140}\text{Ba})$ は，^{140}Ba の半減期を $12.75\times 24=306$ [h] として式（4.32）より，

$$\frac{A(^{140}\text{La})}{A(^{140}\text{Ba})}=\frac{T_{1/2}(^{140}\text{Ba})}{T_{1/2}(^{140}\text{Ba})-T_{1/2}(^{140}\text{La})}=\frac{306}{306-40.27}=1.1515$$

5. ^{140}Ba（$T_{1/2}=12.75$ [d]）は β^- 崩壊して ^{140}La（$T_{1/2}=40.27$ [h]）に転移する．純粋に精製した ^{140}Ba を ^{140}La の半減期の 10 倍だけ放置したとする．^{140}La に対する ^{140}Ba の原子数の比はいくらか．

【解】　娘核種の半減期の 10 倍の時間が経過しているので，過渡平衡が成立し

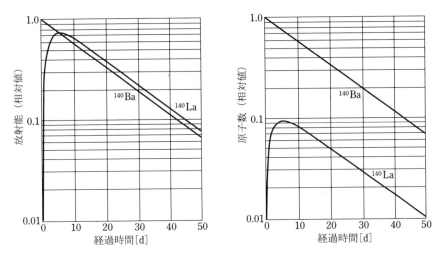

図 4.23　過渡平衡 ^{140}Ba→^{140}La

ている．したがって，原子数の比 $N(^{140}\text{Ba})/N(^{140}\text{La})$ は，^{140}Ba の半減期を $12.75 \times 24 = 306$ [h] として式（4.33）より，

$$\frac{N(^{140}\text{Ba})}{N(^{140}\text{La})} = \frac{T_{1/2}(^{140}\text{Ba})}{T_{1/2}(^{140}\text{La})} - 1 = \frac{306}{40.27} - 1 = 6.6$$

前題とは比のとり方が逆になっていることに注意せよ．したがって，放射能は ^{140}La の方が 15 [%] ほど高いにもかかわらず，原子数は親核種の 15 [%] ほどしかない（図 4.23）．

6. ^{99}Mo（$T_{1/2} = 65.94$ [h]）は β^- 崩壊して 0.86 の割合で ^{99m}Tc（$T_{1/2} = 6.01$ [h]）に転移する．ある日の正午に ^{99}Mo–^{99m}Tc ジェネレーターから ^{99m}Tc を全量溶出した．そのとき，^{99}Mo の放射能は 1 [TBq] あったとする．毎日正午に ^{99m}Tc を全量溶出するとすれば，4 日目の正午に溶出される ^{99m}Tc の放射能はいくらか．ただし，$\ln 2 = 0.693$ とする．

【解】　まず，3 日後の正午の ^{99}Mo の放射能は，

$$A(^{99}\text{Mo}) = A_0 e^{-\frac{\ln 2}{T_{1/2}} t} \cong 0.4692 \text{ [TBq]}$$

このとき ^{99m}Tc が全量溶出されるとすれば，そこから 24 時間後の ^{99m}Tc の放

第 4 章　放射性元素

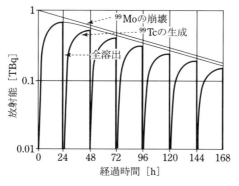

図 4.24　ミルキング

射能 $A(^{99m}\text{Tc})$ を得るには，式 (4.34) の崩壊定数 λ を全て半減期 $T_{1/2}$ で書き直して，

$$A_2 = \frac{T_{1/2,1}}{T_{1/2,1} - T_{1/2,2}} A_{1,0} (e^{\frac{\ln 2}{T_{1/2,1}}t} - e^{-\frac{\ln 2}{T_{1/2,2}}t})$$

さらに ^{99m}Tc に転移する割合 0.86 を代入して，

$$A(^{99m}\text{Tc}) = \frac{65.94}{65.94 - 6.01} \cdot 0.86 \cdot 0.4692 \cdot (e^{\frac{\ln 2}{65.94} 24} - e^{-\frac{\ln 2}{6.01} 24})$$

$$\cong 1.1 \cdot 0.86 \cdot 0.4692 \cdot 0.71424 = 0.317 \; [\text{TBq}] = 317 \; [\text{GBq}]$$

この過程を図示する（図 4.24）．

7. ^{95}Zr（$T_{1/2} = 64.02$ [d]）は β^- 崩壊して ^{95}Nb（$T_{1/2} = 34.98$ [d]）に転移する．純粋に精製した放射能 50 [MBq] の ^{95}Zr の中で ^{95}Nb が最大放射能に達するのはいつか．また，そのときの全放射能 $A(^{95}\text{Zr}) + A(^{95}\text{Nb})$ はいくらか．

【解】　まず，^{95}Nb が最大放射能に達するまでの時間を求める．最大放射能に達するのは ^{95}Zr の減衰曲線と ^{95}Nb の成長曲線が交差するときであるから，式 (4.35) より，

$$t_m = \frac{\ln \frac{\lambda_2}{\lambda_1}}{\lambda_2 - \lambda_1} = \frac{\ln \frac{T_{1/2}(^{95}\text{Zr})}{T_{1/2}(^{95}\text{Nb})}}{\frac{\ln 2}{T_{1/2}(^{95}\text{Nb})} - \frac{\ln 2}{T_{1/2}(^{95}\text{Zr})}}$$

$$= \frac{\ln\left(\frac{64.02}{34.98}\right)}{\frac{\ln 2}{34.98} - \frac{\ln 2}{64.02}} \simeq \frac{0.6044}{8.988 \times 10^{-3}} = 67.24 \ [\mathrm{d}]$$

このときまでに ^{95}Zr の放射能 $A(^{95}\mathrm{Zr})$ は,

$$A(^{95}\mathrm{Zr}) = A_0 e^{-\frac{\ln 2}{T_{1/2}}t} = 50 \cdot e^{-\frac{\ln 2}{64.02} 67.24} \simeq 0.4829 \cdot 50 = 24.14 \ [\mathrm{MBq}]$$

まで減衰している.交差しているので ^{95}Nb の放射能 $A(^{95}\mathrm{Nb})$ も同量である.したがって,全放射能 A は,

$$A = A(^{95}\mathrm{Zr}) + A(^{95}\mathrm{Nb}) = 24.14 + 24.14 = 48.28 \ [\mathrm{MBq}]$$

すなわち,図 4.25 のような関係にある.

なお,図を見れば明らかなように,全放射能の最大値は 67.24 [d] より前にくる.全放射能が最大値に達するまでの時間 t_p は,

$$t_p = \frac{1}{\lambda_1 - \lambda_2} \ln \frac{\lambda_1(2\lambda_2 - \lambda_1)}{\lambda_2^2}$$

で与えられ,$A(^{95}\mathrm{Zr}) + A(^{95}\mathrm{Nb})$ の場合には約 26.8 [d] となる.

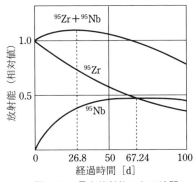

図 4.25 **最大放射能になる時間**

8. ^{18}Ne ($T_{1/2}=1.67$ [s]) は β^+ 崩壊して ^{18}F ($T_{1/2}=109.8$ [min]) に転移する.純粋に精製した放射能 2 [MBq] の ^{18}Ne の中で ^{18}F が最大放射能に達するのはいつか.また,そのときの ^{18}F の放射能はいくらか.

【解】 まず,^{18}F が最大放射能に達するまでの時間を求める.最大放射能に達するのは ^{18}Ne の減衰曲線と ^{18}F の成長曲線が交差するときであり,109.8 [min] $= 6588$ [s] であるから式 (4.35′) より,

$$t_m = \frac{\ln \frac{\lambda_1}{\lambda_2}}{\lambda_1 - \lambda_2} = \frac{\ln \frac{T_{1/2,2}}{T_{1/2,1}}}{\frac{\ln 2}{T_{1/2,1}} - \frac{\ln 2}{T_{1/2,2}}} = \frac{\ln \frac{6588}{1.67}}{\frac{\ln 2}{1.67} - \frac{\ln 2}{6588}} = \frac{8.28}{0.415} = 19.95 \ [\mathrm{s}]$$

このときの ^{18}F の放射能 $A(^{18}\mathrm{F})$ は ^{18}Ne の放射能 $A(^{18}\mathrm{Ne})$ と同じであるか

ら，

$$A(^{18}F) = A(^{18}Ne) = A_0 e^{-\frac{\ln 2}{T_{1/2}}t} = 2 \cdot e^{-\frac{\ln 2}{1.67}19.95}$$
$$\cong 2.53 \times 10^{-4} \cdot 2 = 5 \times 10^{-4} \text{ [MBq]} = 500 \text{ [Bq]}$$

9. ^{18}Ne（$T_{1/2}=1.67$ [s]）は β^+ 崩壊して ^{18}F（$T_{1/2}=109.8$ [min]）に転移する．純粋に精製した 4.82×10^6 個の ^{18}Ne の中で 20 秒後に生成される ^{18}F の原子数を求めよ．

【解】 前題で求めた ^{18}F の最大放射能の原子数を求める問題である．^{18}F の崩壊定数 $\lambda(^{18}F)$ は $\ln 2/6588 = 1.052 \times 10^{-4}$ [s^{-1}] であるから，解答は $500/(1.052 \times 10^{-4}) = 4.8 \times 10^6$ [atoms] となるが，ここでは式（4.34′）を書き直して，別解する．

まず，式（4.34′）を次のように変形する．

$$N_2 = \frac{1}{\lambda_2} \frac{\lambda_1 \lambda_2}{\lambda_1 - \lambda_2} N_{1,0}(e^{-\lambda_2 t} - e^{-\lambda_1 t}) = \frac{\lambda_1}{\lambda_1 - \lambda_2} N_{1,0}(e^{-\lambda_2 t} - e^{-\lambda_1 t})$$

^{18}F の崩壊定数 $\lambda(^{18}F) = 1.052 \times 10^{-4}$ [s^{-1}] と ^{18}Ne の崩壊定数 $\lambda(^{18}Ne) = \ln 2/1.67 = 0.415$ [s^{-1}] を上式に代入して，

$$N(^{18}F) = \frac{\lambda_1}{\lambda_1 - \lambda_2} N(^{18}Ne)_{1,0}(e^{-\lambda_2 t} - e^{-\lambda_1 t})$$
$$= \frac{0.415}{0.415 - 1.052 \times 10^{-4}} \cdot 4.82 \times 10^6 (e^{-1.052 \times 10^{-4} \cdot 20} - e^{-0.415 \cdot 20})$$
$$\cong 0.99765 \cdot 4.82 \times 10^6 = 4.81 \times 10^6 \text{ [atoms]}$$

10. 核種 a（$T_{1/2}=0.693$ [s]）$\xrightarrow{\beta^+}$ 核種 b（$T_{1/2}=0.693$ [s]）$\xrightarrow{EC}$ 核種 c（安定）という関係があるとする．放射能 1 [MBq] の核種 a を純粋に精製した後，3 秒間だけ経過したときの核種 b の放射能はいくらか．[MBq] 単位で答えよ．

【解】 崩壊定数は親娘核種とも 1 [s^{-1}] である．したがって，3 秒間経過したときの核種 b の原子数 N_b は，式（4.36）より，

$$N_b = \lambda \cdot N_{a,0} \cdot t \cdot e^{-\lambda t} = 1 \cdot 1 \times 10^6 \cdot 3 e^{-3} \cong 1.49 \times 10^5 \text{ [atoms]}$$

核種 b の放射能 A_b は，

4.3 放射平衡

$$A_b = \lambda N_b = 1 \cdot 1.49 \times 10^5 = 0.149 \ [\text{MBq}]$$

最初 $N_p = 1 \times 10^6$, $N_d = 0$ で $\lambda_p = \lambda_d = 1 \ [\text{s}^{-1}]$ の場合，親娘核種の放射能（λ が等しいので，原子数でも同じ）が経過時間でどのように変化するかを図示する（図 4.26）．$\lambda_p = \lambda_d$ でも，一般の平衡不成立と同じ親娘関係であることがわかる．ただし，λ が等しいので，親核種の平均寿命で必ず交差するという特徴がある．

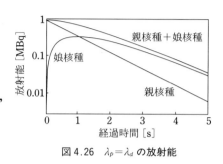

図 4.26 $\lambda_p = \lambda_d$ の放射能

● 演習問題 4.3

1. ウラン系列は $^{238}_{92}\text{U}$ にはじまり $^{206}_{82}\text{Pb}$ に終わる崩壊系列である．鉱石中の ^{238}U の放射能を測定したところ 1 [kBq] であったとする．気体となる核種も鉱石中に封じ込められているとすれば，この鉱石に含まれる全 α 放射能と全 β^- 放射能はそれぞれいくらか．（1.～10. は永続平衡の問題）

2. ^{226}Ra（$T_{1/2} = 1620$ [y]）は α 崩壊して ^{222}Rn（$T_{1/2} = 3.824$ [d]）に転移する．放射平衡成立後の ^{222}Rn の原子数に対する ^{226}Ra の原子数の比はいくらか．

3. トリウム系列の ^{224}Ra の半減期は 3.62 [d] である．鉱石中に ^{224}Ra 原子 1 個あたり ^{228}Th 原子が 193 個含まれているとすれば，^{228}Th の半減期は何年か．

4. アクチニウム系列の ^{227}Ac（$T_{1/2} = 21.773$ [y]）は分岐比 0.9862 で β^- 崩壊して ^{227}Th（$T_{1/2} = 18.718$ [d]）に転移するか，分岐比 0.0138 で α 崩壊して ^{223}Fr（$T_{1/2} = 21.8$ [min]）に転移する．放射平衡が成立しているとすれば，^{227}Th の原子数に対する ^{223}Fr の原子数の比はいくらか．

5. 純粋に精製した 5 [g] の ^{226}Ra（$T_{1/2} = 1620$ [y]）を密封容器に入れて数ヶ月放置した．容器中に占める娘核種の ^{222}Rn（$T_{1/2} = 3.824$ [d]）の容積はいくらか．[cm³] 単位で答えよ．なお，^{226}Ra の 1 [g] は 3.7×10^{10} [Bq] に相当

第4章　放射性元素

する．

6．核種 a（$T_{1/2}=50$ [y]）$\xrightarrow{\beta^-}$ 核種 b（$T_{1/2}=1$ [h]）$\xrightarrow{\beta^-}$ 核種 c（安定）という関係があるとする．純粋に精製した放射能5 [MBq]の核種 a を1.5時間だけ放置したとき，生成される核種 b の放射能はいくらか．ただし，$\sqrt{2}=1.414$ とする．（電卓使用不可）

7．^{137}Cs（$T_{1/2}=30.07$ [y]）は β^- 崩壊して0.946の割合で ^{137m}Ba（$T_{1/2}=2.552$ [min]）に転移する．放射能20 [MBq]の ^{137}Cs を純粋に精製した後，12.76分間経過したとき，生成される ^{137m}Ba の放射能はいくらか．[MBq]単位で答えよ．ただし，$\ln 2=0.693$ とする．

8．核種 i（$T_{1/2}=2.1$ [y]）$\xrightarrow{\alpha}$ 核種 j（$T_{1/2}=2.1$ [h]）$\xrightarrow{\beta^-}$ 核種 k（安定）という関係があるとする．最初，核種 j の放射能が核種 i の1/2だけあったとする．3時間後の全放射能のうち核種 j の放射能が占める割合はいくらか．ただし，$\ln 2=0.693$ とする．

9．^{235}U（$T_{1/2}=7.038\times10^8$ [y]）は α 崩壊して ^{231}Th に転移する．最初，放射能5 [MBq]の ^{235}U だけがあり，2日後の全放射能は8.642 [MBq]だとすると，^{231}Th の半減期は何時間か．

10．^{90}Sr（$T_{1/2}=28.78$ [y]）は β^- 崩壊して ^{90}Y（$T_{1/2}=64.1$ [h]）に転移する．最初，^{90}Sr の放射能が8 [MBq]あり，12時間後の全放射能は9.85 [MBq]だとすると，最初からあった ^{90}Y の放射能はいくらか．[MBq]単位で答えよ．ただし，$\ln 2=0.693$ とする．

11．核種 a（$T_{1/2}=11.55$ [h]）$\xrightarrow{\beta^-}$ 核種 b（$T_{1/2}=0.231$ [h]）$\xrightarrow{\beta^-}$ 核種 c（安定）という関係があるとする．純粋に精製した放射能20 [MBq]の核種 a を3時間放置したとき，生成される核種 b の放射能はいくらか．ただし，$\ln 2=0.693$ とする．（11.〜20.は過渡平衡の問題）

12．核種 i（$T_{1/2}=6$ [h]）$\xrightarrow{\beta^-}$ 核種 j（$T_{1/2}=1$ [h]）$\xrightarrow{\beta^-}$ 核種 k（安定）という関係があるとする．純粋に精製した放射能10 [MBq]の核種 i を12時間放置したときの全放射能はいくらか．（電卓使用不可）

4.3 放射平衡

13. 核種 l ($T_{1/2}$=6 [h]) $\xrightarrow{\beta^-}$ 核種 m ($T_{1/2}$=1 [h]) $\xrightarrow{\beta^-}$ 核種 n (安定) という関係があるとする．放射平衡成立後3時間経過したとき核種 m の放射能が 1 [MBq] だとすると，3時間前の核種 l の放射能はいくらか．

14. ^{95}Zr ($T_{1/2}$=64.02 [d]) は β^- 崩壊して ^{95}Nb ($T_{1/2}$=34.98 [d]) に転移する．純粋に精製した放射能 500 [MBq] の ^{95}Zr を ^{95}Nb の半減期の 15 倍だけ放置したとき，生成される ^{95}Nb の原子数はいくつか．ただし，ln 2＝0.693 とする．

15. ^{99}Mo ($T_{1/2}$=65.94 [h]) は β^- 崩壊して 0.86 の割合で ^{99m}Tc ($T_{1/2}$=6.01 [d]) に転移する．純粋に精製した放射能 1 [GBq] の ^{99}Mo を 12 時間放置したとき，生成される ^{99m}Tc の原子数はいくつか．ただし，ln 2＝0.693 とする．

16. ^{234}U ($T_{1/2}$=2.45×10^5 [y]) は α 崩壊して ^{230}Th ($T_{1/2}$=7.7×10^4 [y]) に転移する．最初 ^{234}U だけがあるとすれば，生成される ^{230}Th が最大放射能に達するまで何年かかるか．

17. ^{212}Bi は分岐比 0.36 で α 崩壊して ^{208}Tl ($T_{1/2}$=3.05 [min]) に転移する．最初 ^{212}Bi だけがあり，生成される ^{208}Tl が最大放射能に達したとき α 崩壊した ^{212}Bi 原子数と ^{208}Tl 原子数との比は 55.148 である．^{212}Bi の半減期 (部分半減期ではない) は何分か．また，^{208}Tl が最大放射能に達するまでに何分かかるか．

18. ^{99}Mo ($T_{1/2}$=65.94 [h]) は β^- 崩壊して 0.86 の割合で ^{99m}Tc ($T_{1/2}$=6.01 [d]) に転移する．ある日の正午に ^{99m}Tc カウから ^{99m}Tc を全量溶出した．そのとき，^{99}Mo の放射能は 100 [GBq] であったとする．その後，2日間正午に ^{99m}Tc を全量溶出したとすれば，3日目の午前9時に溶出できる ^{99m}Tc の放射能はいくらか．

19. 核種 x ($T_{1/2}$=2 [h]) $\xrightarrow{\beta^-}$ 核種 y ($T_{1/2}$=1 [h]) $\xrightarrow{\beta^-}$ 核種 z (安定) という関係があるとする．最初，核種 x と核種 y の放射能が等しい場合，6時間後の全放射能のうち核種 y の放射能が占める割合はいくらか．

20. ^{87}Y ($T_{1/2}$=80.3 [h]) は電子捕獲か β^+ 崩壊して 0.93 の割合で ^{87m}Sr ($T_{1/2}$=2.806 [h]) に転移する．最初，全放射能が 15 [MBq] あり，6時間後の全

放射能は 17.6 [MBq] だとすると，最初からあった ^{87m}Sr の放射能はいくらか．[MBq] 単位で答えよ．ただし，ln 2＝0.693 とする．

21． 核種 a（$T_{1/2}$＝1 [h]）$\xrightarrow{\beta^-}$ 核種 b（$T_{1/2}$＝1 [h]）$\xrightarrow{\beta^-}$ 核種 c（安定）という関係があるとする．放射能 1 [kBq] の核種 a を純粋に精製した後 (1/ln 2) 時間だけ経過したときの核種 b の放射能はいくらか．(21.〜25. は平衡不成立の問題)

22． ^{244}Cf（$T_{1/2}$＝19.4 [min]）は α 崩壊して 0.75 の割合で ^{240}Cm（$T_{1/2}$＝27 [d]）に転移する．^{240}Cm は α 崩壊して ^{236}Pu に転移する．放射能 10 [MBq] の ^{244}Cf を純粋に精製した後 24 時間放置したとき，^{240}Cm の放射能はいくらか．

23． 核種 i（$T_{1/2}$＝2.1 [min]）$\xrightarrow{\beta^-}$ 核種 j（$T_{1/2}$＝2.1 [min]）$\xrightarrow{\beta^-}$ 核種 k（安定）という関係があるとする．放射能 1 [kBq] の核種 i を純粋に精製した後，親核種半減期だけ経過したときの核種 j の放射能はいくらか．

24． 核種 x（$T_{1/2}$＝2.1 [h]）$\xrightarrow{\beta^-}$ 核種 y（$T_{1/2}$＝4.2 [h]）$\xrightarrow{\beta^-}$ 核種 z（安定）という関係があるとする．核種 x を純粋に精製した後 4 時間だけ経過したときの核種 y の原子数と最初の核種 x の原子数の比（$N_y/N_{x,0}$）はいくらか．

25． ^{218}Po（$T_{1/2}$＝3.05 [min]）は α 崩壊して ^{214}Pb（$T_{1/2}$＝26.8 [min]）に転移する．最初 1×10^7 個の ^{218}Po だけがあるとき，生成される ^{214}Pb が最大放射能に達するまで何分かかるか．また，そのとき ^{214}Pb の原子数はいくつか．

演習問題 4.3 解答

1． α 崩壊核種数は，

$$\frac{238-206}{4}=8$$

β^- 崩壊核種数は

$2\cdot8-(92-82)=6$

したがって，放射平衡が成立していれば，全 α 放射能は 8 [kBq]，全 β^- 放射能は 6 [kBq] である．

2． 1 [y]＝365.2 [d] として，1620 [y]＝591624 [d]

4.3 放射平衡

$$\frac{N(\text{Ra})}{N(\text{Rn})} = \frac{591624}{3.824} \cong 1.547 \times 10^5$$

3. $\dfrac{193}{1} = \dfrac{T_{1/2}}{3.62}$

   ∴ $T_{1/2} = 698.66$ [d]

   $\cong 1.913$ [y]

4. 18.718 [d] $\cong 26954$ [min] なので

   $$\frac{N(\text{Fr})}{N(\text{Th})} = \frac{0.9862 \cdot 26954}{0.0138 \cdot 21.8} \cong 88359$$

5. 放射平衡が成立しているので，^{222}Rn の放射能は，

   $A = 3.7 \times 10^{10} \cdot 5 = 1.85 \times 10^{11}$ [Bq]

   3.824 [d] $= 330393.6$ [s] なので，^{222}Rn の崩壊定数は

   $\lambda = \dfrac{0.693}{330393.6} \cong 2.0975 \times 10^{-6}$ [s^{-1}]

   ^{222}Rn の原子数は，

   $N = \dfrac{1.85 \times 10^{11}}{2.0975 \times 10^{-6}} \cong 8.82 \times 10^{16}$ [atoms]

   22.4 [ℓ] $= 22.4 \times 10^3$ [cm^3] なので，容積は，

   $V = 22.4 \times 10^3 \dfrac{8.82 \times 10^{16}}{6.022 \times 10^{23}} \cong 3.28 \times 10^{-3}$ [cm^3]

6. $A_b = A_a \left\{ 1 - \left(\dfrac{1}{2}\right)^{\frac{t}{T_{1/2,b}}} \right\} = 5 \cdot \left\{ 1 - \left(\dfrac{1}{2}\right)^{\frac{1.5}{1}} \right\} = 5 \cdot \left(1 - \dfrac{1}{2} \cdot \dfrac{1}{\sqrt{2}} \right)$

   $= 5 \cdot \left(1 - \dfrac{\sqrt{2}}{4} \right) = 5 \cdot (1 - 0.3535)$

   $= 3.2325$ [MBq]

7. $A(\text{Ba}) = A(\text{Cs}) \cdot 0.946 \cdot (1 - e^{-\frac{\ln 2}{2.552} 12.76})$

   $\cong 20 \cdot 0.946 \cdot (1 - 0.0313)$

   $\cong 18.33$ [MBq]

8. 核種 j の崩壊定数は，

第4章 放射性元素

$$\lambda = \frac{0.693}{2.1} = 0.33 \ [\text{h}^{-1}]$$

核種 i により生成される放射能は,

$$A_{j,1} = A_i(1 - e^{-0.33 \cdot 3})$$

$$\cong 0.6284 A_i$$

最初から存在し,3時間後に残存している放射能は,

$$A_{j,2} = \frac{1}{2} A_i \cdot e^{-0.33 \cdot 3}$$

$$\cong 0.1858 A_i$$

したがって,3時間後の核種 j の放射能は,

$$A_j = 0.6284 A_i + 0.1858 A_i$$

$$= 0.8142 A_i$$

A_j が全放射能に占める割合は,

$$\frac{A_j}{A_i + A_j} = \frac{0.8142}{1.8142} \cong 0.4488$$

$$= 44.88 \ [\%]$$

9. ^{235}U により生成された ^{231}Th の放射能は,

$$A = 8.642 - 5 = 3.642 \ [\text{MBq}]$$

したがって,

$$3.642 = 5 \cdot (1 - e^{-48\lambda})$$

$$e^{-48\lambda} = 0.2716$$

両辺の対数をとると,

$$48\lambda = 1.3034$$

$$\therefore \ \lambda \cong 0.02715 \ [\text{h}^{-1}]$$

^{231}Th の半減期は

$$T_{1/2} = \frac{0.693}{0.02715} \cong 25.52 \ [\text{h}]$$

10. ^{90}Y の崩壊定数は,

4.3 放射平衡

$$\lambda = \frac{0.693}{64.1} \cong 0.0108 \ [\text{h}^{-1}]$$

12 時間中に生成・減衰した ^{90}Y の放射能は，

$$A = 9.85 - 8 = 1.85 \ [\text{MBq}]$$

したがって，

$$1.85 = 8(1 - e^{-0.0108 \cdot 12}) + A_0 e^{-0.0108 \cdot 12}$$
$$= 0.9733 + 0.8783 A_0$$
$$0.8783 A_0 = 0.8767$$
$$\therefore \quad A_0 \cong 1 \ [\text{MBq}]$$

11. 娘核種の半減期の 10 倍以上が経過しているので，放射平衡が成立していると考えてよい．3 時間後の核種 α の放射能は，

$$A_a = A_{a,0} \cdot e^{-\frac{\ln 2}{11.55} 3} \cong 16.7 \ [\text{MBq}]$$

したがって，

$$A_b = \frac{T_{1/2,a}}{T_{1/2,a} - T_{1/2,b}} A_a = \frac{11.55}{11.55 - 0.231} \cdot 16.7$$
$$\cong 17.04 \ [\text{MBq}]$$

12. 12 時間後の核種 i の放射能は，

$$A_i = A_{i,0} \left(\frac{1}{2}\right)^{\frac{12}{6}} = 10 \cdot \frac{1}{4} = 2.5 \ [\text{MBq}]$$

核種 j の放射能は，

$$A_j = \frac{6}{6-1} \cdot 2.5 = 3 \ [\text{MBq}]$$

したがって，全放射能は，

$$A = A_i + A_j = 2.5 + 3 = 5.5 \ [\text{MBq}]$$

13. $1 = \frac{6}{6-1} \cdot A_l$

$$\therefore \quad A_l = \frac{5}{6} \ [\text{MBq}]$$

$$A_{l,0} = A_l \left(\frac{1}{2}\right)^{-\frac{3}{6}} = \frac{5}{6} \cdot \sqrt{2}$$

$\cong 1.18$ [MBq]

14. $34.98 \times 15 = 524.7$ [d] 経過したとき,^{95}Zr の放射能は,

$$A = 500 e^{-\frac{0.693}{64.02} 524.7}$$

$\cong 1.7072$ [MBq]

64.02 [d] $= 5531328$ [s] なので,^{95}Zr の崩壊定数は,

$$\lambda = \frac{0.693}{5531328} \cong 1.253 \times 10^{-7} \text{ [s}^{-1}\text{]}$$

1.7072 [MBq] の ^{95}Zr の原子数は,

$$N(\text{Zr}) = \frac{1.7072 \times 10^6}{1.253 \times 10^{-7}} \cong 1.36 \times 10^{13} \text{ [atoms]}$$

娘核種の半減期の 10 倍が経過しているので,放射平衡が成立していると考えてよい.したがって ^{95}Nb の原子数は,

$$N(\text{Nb}) = \frac{34.98}{64.02 - 34.98} 1.36 \times 10^{13}$$

$$\cong 1.63 \times 10^{13} \text{ [atoms]}$$

15. ^{99}Mo と ^{99m}Tc の崩壊定数は,

$$\lambda(^{99}\text{Mo}) = \frac{0.693}{65.94} \cong 0.0105 \text{ [h}^{-1}\text{]}$$

$$\lambda(^{99m}\text{Tc}) = \frac{0.693}{6.01} \cong 0.1153 \text{ [h}^{-1}\text{]} \cong 3.203 \times 10^{-5} \text{ [s}^{-1}\text{]}$$

12 時間後の ^{99m}Tc の放射能は,

$$A = \frac{\lambda_d}{\lambda_d - \lambda_p} 0.86 \cdot A_{p,0} (e^{-\lambda_p t} - e^{-\lambda_d t})$$

$$= \frac{0.1153}{0.1153 - 0.0105} \cdot 0.86 \cdot 1 (e^{-0.0105 \cdot 12} - e^{-0.1153 \cdot 12})$$

$$\cong 1.1 \cdot 0.86 \cdot 1 \cdot 0.631$$

$$\cong 0.5969 \text{ [GBq]}$$

$$= 596.9 \text{ [MBq]}$$

したがって,^{99m}Tc の原子数は,

4.3 放射平衡

$$N = \frac{596.9 \times 10^6}{3.203 \times 10^{-5}} \cong 1.86 \times 10^{13} \ [\text{atoms}]$$

16. $t_p = \dfrac{\ln\frac{\lambda_d}{\lambda_p}}{\lambda_d - \lambda_p} = \dfrac{\ln\left(\dfrac{0.693/7.7 \times 10^4}{0.693/2.45 \times 10^5}\right)}{\dfrac{0.693}{7.7 \times 10^4} - \dfrac{0.693}{2.45 \times 10^5}} \cong \dfrac{1.157}{6.17 \times 10^{-6}}$

$\cong 1.875 \times 10^5 \ [\text{y}]$

17. 最大放射能に達したとき，親娘核種の放射能は等しいので，

$$\frac{N_p}{N_d} = 55.148 = \frac{\lambda_d}{\lambda_p} = \frac{T_{1/2,p}}{3.05}$$

の関係がある．したがって，^{212}Bi の α 崩壊半減期は，

$$T_{1/2,\alpha} = 3.05 \cdot 55.148 \cong 168.2 \ [\text{min}]$$

α 崩壊する分岐比は 0.36 なので，^{212}Bi の半減期は，

$$T_{1/2} = 168.2 \cdot 0.36 \cong 60.55 \ [\text{min}]$$

^{208}Tl が最大放射能に達するまでにかかる時間は，

$$t_m = \frac{\ln 55.148}{\dfrac{0.693}{3.05} - \dfrac{0.693}{168.2}} \cong \frac{4.01}{0.2272 - 0.00412}$$

$\cong 18 \ [\text{min}]$

18. 2 日後の正午の ^{99}Mo の放射能は，

$$A(\text{Mo}) = 100 e^{-\frac{0.693}{65.94} 48} \cong 60.38 \ [\text{GBq}]$$

このとき ^{99m}Tc が全量溶出されるとすれば，そこから 21 時間後の ^{99m}Tc の放射能は，

$$A(\text{Tc}) = \frac{65.94}{65.94 - 6.01} \cdot 0.86 \cdot 60.38 (e^{-\frac{0.693}{65.94} 21} - e^{-\frac{0.693}{6.01} 21})$$

$\cong 1.1 \cdot 0.86 \cdot 60.38 \cdot 0.713$

$\cong 40.74 \ [\text{MBq}]$

19. 核種 x により生成される核種 y の放射能は，

$$A_{y,1} = \frac{2}{2-1} A_{x,0} (e^{-\frac{0.693}{2} \cdot 6} - e^{-\frac{0.693}{1} \cdot 6})$$

$\cong 0.2188 A_{x,0}$

239

最初から存在し，6時間後に残存している核種 y の放射能は，

$$A_{y,2} = A_{x,0} \cdot e^{-\frac{0.693}{1} \cdot 6}$$

$$\cong 0.0156 A_{x,0}$$

したがって，6時間後の核種 y の放射能は，

$$A_y = 0.2188 A_{x,0} + 0.0156 A_{x,0} = 0.2344 A_{x,0}$$

また，6時間後の核種 x の放射能は，

$$A_x = A_{x,0} \cdot e^{-\frac{0.693}{2} \cdot 6}$$

$$\cong 0.125 A_{x,0}$$

A_y が全放射能に占める割合は，

$$\frac{A_y}{A_x + A_y} = \frac{0.2344 A_{x,0}}{(0.125 + 0.2344) A_{x,0}} \cong 0.652$$

$$= 65.2 \ [\%]$$

20. $t=0$ における全放射能は，

$$A_0 = 15 = A_0(\mathrm{Y}) + A_0(\mathrm{Sr}) \quad \cdots\cdots \quad ①$$

6時間後の全放射能は，

$$A_6 = 17.6 = A_0(\mathrm{Y}) e^{-\frac{0.693}{80.3} 6} + A_0(\mathrm{Sr}) e^{-\frac{0.693}{2.806} 6}$$

$$+ \frac{80.3}{80.3 - 2.806} 0.93 A_0(\mathrm{Y}) (e^{-\frac{0.693}{80.3} 6} - e^{-\frac{0.693}{2.806} 6})$$

$$\cong 0.9495 A_0(\mathrm{Y}) + 0.2272 A_0(\mathrm{Sr}) + 0.6961 A_0(\mathrm{Y})$$

$$= 1.6456 A_0(\mathrm{Y}) + 0.2272 A_0(\mathrm{Sr}) \quad \cdots\cdots \quad ②$$

式①，②の連立方程式を解くと，

$$24.684 = 1.6456 A_0(\mathrm{Y}) + 1.6456 A_0(\mathrm{Sr})$$
$$-) \quad 17.6 \ = 1.6456 A_0(\mathrm{Y}) + 0.2272 A_0(\mathrm{Sr})$$
$$\overline{\quad 7.084 = 1.4184 A_0(\mathrm{Sr}) \quad\quad\quad\quad\quad\quad\quad}$$

$$\therefore \quad A_0(\mathrm{Sr}) \cong 5 \ [\mathrm{MBq}]$$

21. 同一半減期の場合，平均寿命で親娘核種の放射能が交差する．したがって，$(1/\ln 2)$ 時間経過したときの核種 a の放射能と核種 b の放射能は等しいので，

4.3 放射平衡

$$A = A_{a,0}e^{-\lambda t} = 1 \cdot e^{-\frac{\ln 2}{1}\frac{1}{\ln 2}} = 1 \cdot e^{-1}$$
$$\cong 0.368 \; [\text{kBq}]$$

22. $19.4\;[\text{min}] \cong 0.3233\;[\text{h}]$, $27\;[\text{d}] = 648\;[\text{h}]$ なので,

$$A = \frac{0.3233}{648 - 0.3233} \cdot 0.75 \cdot 10 (e^{-\frac{0.693}{648}24} - e^{-\frac{0.693}{0.3233}24})$$
$$\cong 5 \times 10^{-4} \cdot 0.75 \cdot 10 \cdot 0.975$$
$$\cong 3.65 \times 10^{-3}\;[\text{MBq}]$$
$$= 3.65\;[\text{kBq}]$$

23. 核種 l, m の崩壊定数は,

$$\lambda = \frac{0.693}{2.1 \times 60} = 5.5 \times 10^{-3}\;[\text{s}^{-1}]$$

核種 l の原子数は,

$$N_l = \frac{1 \times 10^3}{5.5 \times 10^{-3}} \cong 1.818 \times 10^5\;[\text{atoms}]$$

したがって, $2.1\;[\text{min}] = 126\;[\text{s}]$ 経過後の核種 m の原子数は,

$$N_m = (\lambda \cdot N_{l,0} \cdot t + N_{m,0})e^{-\lambda t}$$
$$= 5.5 \times 10^{-3} \cdot 1.818 \times 10^5 \cdot 126 \cdot e^{-5.5 \times 10^{-3} \cdot 126}$$
$$\cong 6.3 \times 10^4\;[\text{atoms}]$$

核種 m の放射能は,

$$A_m = \lambda N_m = 5.5 \times 10^{-3} \cdot 6.3 \times 10^4$$
$$= 346.5\;[\text{Bq}]$$

24. 核種 x, y の崩壊定数は,

$$\lambda_x = \frac{0.693}{2.1} = 0.33\;[\text{h}^{-1}]$$

$$\lambda_y = \frac{0.693}{4.2} = 0.165\;[\text{h}^{-1}]$$

$$N_y = \frac{\lambda_x}{\lambda_x - \lambda_y} N_{x,0} (e^{-\lambda_y t} - e^{-\lambda_x t})$$

$$N_y / N_{x,0} = \frac{0.33}{0.33 - 0.165} \cdot (e^{-0.165 \cdot 4} - e^{-0.33 \cdot 4})$$

$$\cong 2 \cdot 0.25$$
$$= 0.5$$

25. ^{218}Po と ^{214}Pb の崩壊定数は，

$$\lambda(\mathrm{Po}) = \frac{0.693}{3.05} = 0.2272 \ [\mathrm{min}^{-1}]$$

$$\lambda(\mathrm{Pb}) = \frac{0.693}{26.8} = 0.02586 \ [\mathrm{min}^{-1}]$$

^{214}Pb が最大放射能に達するまでかかる時間は，

$$t_m = \frac{\ln\frac{0.2272}{0.02586}}{0.2272 - 0.02586} = \frac{2.173}{0.20134}$$

$$\cong 10.79 \ [\mathrm{min}]$$

そのときの ^{214}Pb の原子数は，

$$N(\mathrm{Pb}) = \frac{0.2272}{0.2272 - 0.02586} \cdot 1 \times 10^7 \cdot (e^{-0.02586 \cdot 10.79} - e^{-0.2272 \cdot 10.79})$$

$$\cong 1.128 \cdot 1 \times 10^7 \cdot 0.67$$

$$\cong 7.56 \times 10^6 \ [\mathrm{atoms}]$$

第5章

粒子放射線と物質との相互作用

第 5 章　粒子放射線と物質との相互作用

> ●学習のポイント●
> この章では電子，重荷電粒子と中性子などの粒子放射線と物質との相互作用を学ぶ．粒子放射線が電磁放射線と異なる点は，静止質量を有し，エネルギーが速度の関数として与えられることである．粒子放射線の物質内での挙動はこの速度によって左右される場合が多い．したがって，粒子放射線のエネルギーを問題とするとき，常に速度へ還元して考える態度を身につけてもらいたい．また同じ粒子放射線といっても，荷電粒子と非荷電粒子である中性子とは相互作用する「力」が異なる．直接には述べないが直接電離粒子と間接電離粒子との違いを十分に理解した上で，電子，重荷電粒子と中性子の物質内での挙動の違いを習得してもらいたい．

5.1　阻止能と比電離能

■要　　項■

5.1.1　阻止能

荷電粒子に対する物質の阻止能には線阻止能 S，質量阻止能 S/ρ，原子阻止能 S_a があり，各阻止能は減弱係数と同様に互換できる．

線阻止能 S の単位は [J/m] であるが，実用的には [MeV/m] などが使われる．質量阻止能 S/ρ は線阻止能 S を密度 ρ で除したものであり，単位には [J・m²/kg] や [MeV・m²/kg] が使われる．原子阻止能 S_a は

$$S_a = \frac{S}{\rho} \frac{A_w}{N_A} \tag{5.1}$$

N_A：アボガドロ数 $(6.0221367 \times 10^{23} \,[\mathrm{mol}^{-1}])$，$A_w$：原子量 [kg/mol]
S_a の単位：[J・m²]

原子阻止能 S_a の単位も実用的には [MeV・b] などが使われる．

混合物，化合物の質量阻止能 S_c/ρ は，

$$\frac{S_c}{\rho} = \sum_i w_i \left(\frac{S}{\rho}\right)_i \tag{5.2}$$

w_i：成分 i の重量比，$(S/\rho)_i$：成分 i の質量阻止能

この近似法は混合物，化合物の質量減弱係数と同様のものである．

5.1.2 比電離能

荷電粒子が物質中で徐々にエネルギーを損失するとき，その経路に沿って単位長さあたり生成されるイオン対数を比電離能 s という．気体中で1イオン対をつくるのに要する平均エネルギー W とは

$$s = \frac{S}{W} \tag{5.3}$$

S：線阻止能

の関係がある．ただし，この関係式は重荷電粒子の場合にのみ成り立ち，電子線には適用できない．W の値を表5.1に示す．W は荷電粒子の種類やエネルギーにあまり依存しないため，比電離能 s は線阻止能 S にほぼ比例する．

表5.1 各種気体の W 値

気体	電子 W_e [eV]	α 粒子 W_α [eV]
He	41.3	42.7
Ne	35.4	36.8
Ar	26.4	26.4
Kr	24.4	24.1
Xe	22.1	21.9
CO_2	33.0	34.21
空気	33.97	35.08
BF_3	—	35.7

第 5 章　粒子放射線と物質との相互作用

【例題 5.1】

1.　20 [keV] の電子に対するモリブデンの原子阻止能は 1.156×10^3 [MeV·b] である．これを質量阻止能に換算し，[MeV·m²/kg] 単位で答えよ．ただし，モリブデンの原子量は 95.94 とする．また，アボガドロ数は 6.022×10^{23} とする．

【解】 1 [b]＝1×10^{-28} [m²] であるから，1.156×10^3 [MeV·b]＝1.156×10^{-25} [MeV·m²] である．式（5.1）を $S/\rho=S_a(N_A/A_w)$ と変形して，

$$\frac{S}{\rho}=S_a\frac{N_A}{A_w}=1.156\times10^{-25}\cdot\frac{6.022\times10^{23}}{95.94\times10^{-3}}$$

$$=1.156\times10^{-25}\cdot6.277\times10^{24}\cong0.726 \ [\text{MeV·m}^2/\text{kg}]$$

式中，原子量の後ろの 10^{-3} については例題 2.4.4，p.65 参照のこと．

2.　1 [MeV] の電子に対する鉛の線阻止能は 12.7371 [MeV/cm] である．これを原子阻止能に換算せよ．ただし，鉛の原子量は 207.2，密度は 11.342 [g/cm³] とする．また，アボガドロ数は 6.022×10^{23} とする．

【解】 まず，質量阻止能 S/ρ に換算すると

$$\frac{S}{\rho}=\frac{12.7371}{11.342}=1.123 \ [\text{MeV·cm}^2/\text{g}]$$

これを式（5.1）に代入して，

$$S_a=\frac{S}{\rho}\frac{A_w}{N_A}=1.123\cdot\frac{207.2}{6.022\times10^{23}}=1.123\cdot3.44\times10^{-22}$$

$$=3.864\times10^{-22} \ [\text{MeV·cm}^2]$$

1 [b]＝1×10^{-24} [cm²] であるから，

$$S_a=386.4 \ [\text{MeV·b}]$$

3.　空気の 4 [MeV] の電子に対する質量阻止能を求めよ．ただし，空気は組成が複雑なので $N_2:O_2=4:1$ とモデル化する．窒素の 4 [MeV] の電子に対する質量阻止能は 1.857 [MeV·cm²/g]，酸素の 4 [MeV] の電子に対する質量阻止能は 1.842 [MeV·cm²/g] で，窒素の原子量は 14，酸素の原子量は 16 とする．

【解】 式（5.2）をそのまま使う．モデル化した空気 1 分子の分子量は

5.1 阻止能と比電離能

$\frac{4}{5}(14\times 2)+\frac{1}{5}(16\times 2)=28.8$ であるから,

$$\frac{S}{\rho}=\frac{0.8(14\times 2)}{28.8}\cdot 1.857+\frac{0.2(16\times 2)}{28.8}\cdot 1.842$$
$$=0.778\cdot 1.857+0.222\cdot 1.842\cong 1.852\ [\text{MeV}\cdot\text{cm}^2/\text{g}]$$

実際の 4 [MeV] の電子に対する空気の質量阻止能も 1.850 [MeV・cm²/g] であり,重量比による加算はよい近似である.

4. 7 [MeV] の α 粒子は,空気中で完全に停止するまでにどれくらいの数のイオン対を生成するか.

【解】 α 粒子に対する空気の W 値は表 5.1 から約 35 [eV] である.したがって,最初エネルギー T_0 だけもっていた α 粒子がゼロになるまでに,

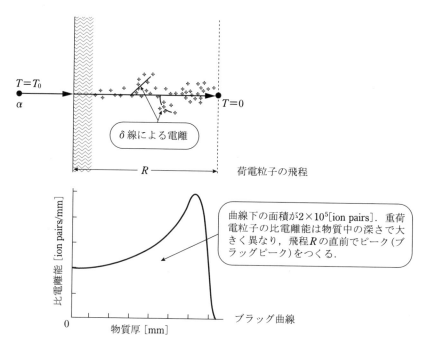

図 5.1 荷電粒子の飛程とブラッグ曲線

$$N_{i.p.} = \frac{T_0}{W} = \frac{7 \times 10^6}{35} = 2 \times 10^5 \text{ [ion pairs]}$$

だけ生成されることが期待される（図5.1）．

5. 空気中で2000 [mm^{-1}] の比電離能をもつ α 粒子がある．この α 粒子の質量阻止能はいくらか．[MeV・cm^2/mg]単位で答えよ．ただし，空気の密度は1.3 [kg/m^3]，α 粒子に対する空気の W 値は 35 [eV] とする．

【解】 2000 [mm^{-1}] $= 2 \times 10^4$ [cm^{-1}] だから線阻止能 S は
$$S = sW = 2 \times 10^4 \cdot 35 = 0.7 \text{ [MeV/cm]}$$
また，密度 1.3 [kg/m^3] は 1.3 [mg/cm^3] に等しいので，質量阻止能 S/ρ は，
$$\frac{S}{\rho} = \frac{0.7}{1.3} \cong 0.538 \text{ [MeV・cm}^2\text{/mg]}$$

6. 2 [MeV] の α 粒子に対するアルゴンの阻止能は 1 [MeV・cm^2/mg] である．2 [MeV] の α 粒子がアルゴンガスの中を進むとき，最初の 1 [μm] の間にどれくらいの数のイオン対を生成するか．比電離能のかたちで答えよ．ただし，α 粒子に対するアルゴンの W 値は 26.4 [eV]，アルゴンガスの密度は 1.66×10^{-3} [g/cm^3] とする．

【解】 阻止能は明記されていないが，その単位から質量阻止能 S/ρ とわかる．これを線阻止能に換算すると，
$$S = \frac{S}{\rho}\rho = 1 \times 10^3 \cdot 1.66 \times 10^{-3}$$
$$= 1.66 \text{ [MeV/cm]} = 1.66 \times 10^{-4} \text{ [MeV/}\mu\text{m]}$$
したがって，最初の 1 [μm] の間の比電離能 s は
$$s = \frac{S}{W} = \frac{166}{26.4} = 6.288 \text{ [}\mu\text{m}^{-1}\text{]} = 6288 \text{ [mm}^{-1}\text{]}$$
と見積もられる．ただし，6288 [mm^{-1}] は実際に 1 [mm] の間に 6288 個ほどのイオン対を生成するという意味ではない．1 [mm] も進む間にエネルギーの低下が必ず起こり，阻止能の値はかわってしまう．

5.1 阻止能と比電離能

●演習問題 5.1

1. 10 [MeV] の電子に対する空気の質量阻止能は 2.159 [MeV·cm²/g] である．空気の密度を 1.205 [kg/m³] として，これを線阻止能に換算せよ．

2. 4 [MeV] の陽子に対するアルミニウムの質量阻止能は 68 [MeV·cm²/g] ほどである．これを原子阻止能に換算し，[eV·cm²] 単位で答えよ．ただし，アルミニウムの原子量は 27，アボガドロ数は 6.022×10^{23} とする．

3. 400 [keV] の電子に対するシリコンの原子阻止能は 81.2 [MeV·b] である．これを線阻止能に換算せよ．ただし，シリコンの原子量は 28.0855，密度は 2.33 [g/cm³] とする．また，アボガドロ数は 6.022×10^{23} とする．

4. 1 [MeV] の電子に対する水素の質量阻止能は 3.821 [MeV·cm²/g] であり，1 [MeV] の電子に対する酸素の質量阻止能は 1.659 [MeV·cm²/g] である．1 [MeV] の電子に対する水の質量阻止能はいくらか．[MeV·cm²/g] 単位で答えよ．ただし，水素の原子量は 1，酸素は 16 とする．

5. 5 [MeV] の電子に対する炭素の質量阻止能は 1.735 [MeV·cm²/g] であり，5 [MeV] の電子に対する酸素の質量阻止能は 1.905 [MeV·cm²/g] である．5 [MeV] の電子に対する二酸化炭素の分子阻止能はいくらか．[MeV·b] 単位で答えよ．ただし，炭素の原子量は 12，酸素は 16 とする．また，アボガドロ数は 6.022×10^{23} とする．

6. 陽子に対する組織等価ガスの W 値は 31 [eV] である．この値が人体に適用できるとして，15 [MeV] の陽子は人体中で完全に停止するまでにどれくらいの数のイオン対を生成するか．

7. α 粒子に対する空気の W 値は 35 [eV] である．5 [MeV] の α 粒子によってある容積の空気に 0.1 [J] のエネルギーが付与されたとき，何個の α 粒子がその容積内で停止したのか．また，そのとき何個のイオン対が生成されたか．ただし，1 [eV]=1.602×10^{-19} [J] とする．

8. 図 5.2 は α 粒子の空気中でのブラッグ曲線である．飛程の終端直前のピークをブラッグピークと呼ぶが，このピークはなぜ形成されるのか（言い換えれば，α 粒子はなぜ飛程終端直前で比電離能が飛躍するのか）簡単に説明せ

第 5 章　粒子放射線と物質との相互作用

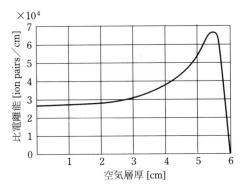

図5.2　α粒子のブラッグ曲線

よ．

9. 陽子に対する組織等価ガスの W 値は 31 [eV] である．また，10 [MeV] の陽子に対する組織等価物質の阻止能は 46 [MeV/cm] ほどである．これらの値が人体に適用できるとして，10 [MeV] の陽子が組織中を 3 [μm] 進む間にどれくらいの数のイオン対を生成するか．ただし，3 [μm] 進む間に阻止能の値は変わらないものとする．

10. 1 [MeV] の α 粒子に対するアルゴンの阻止能は 1.3 [MeV·cm²/mg] である．1 [MeV] の α 粒子がアルゴンガス中を進むとき，最初の 5 [μm] 進む間に 41 個のイオン対を生成したとすると，アルゴンの W 値はいくらか．ただし，アルゴンガスの密度は 1.66×10^{-3} [g/cm³] とし，5 [μm] 進む間に阻止能の値は変わらないものとする．

演習問題5.1 解答

1. 密度 1.205 [kg/m³] は 1.205×10^{-3} [g/cm³] に等しい．したがって，線阻止能 S は，

$$S = \frac{S}{\rho}\rho = 2.159 \cdot 1.205 \times 10^{-3} = 2.6 \times 10^{-3} \ [\text{cm}^{-1}] = 0.26 \ [\text{m}^{-1}]$$

2. アルミニウムの 1 [g] に含まれる原子数 N_a は

5.1 阻止能と比電離能

$$N_a = \frac{6.022 \times 10^{23}}{27} \cong 2.23 \times 10^{22} \; [\mathrm{g^{-1}}]$$

したがって，原子阻止能 S_a は，

$$S_a = \frac{68}{2.23 \times 10^{22}} = 3.049 \times 10^{-21} \; [\mathrm{MeV \cdot cm^2}] = 3.049 \times 10^{-15} \; [\mathrm{eV \cdot cm^2}]$$

3. シリコンの 1 [cm³] 中に含まれる原子数 N_a は

$$N_a = \frac{6.022 \times 10^{23}}{28.0855} \cdot 2.33 = 5 \times 10^{22} \; [\mathrm{cm^{-3}}]$$

したがって，線阻止能 S は，

$$S = 81.2 \times 10^{-24} \cdot 5 \times 10^{22} = 4.06 \; [\mathrm{MeV \cdot cm^{-1}}] = 406 \; [\mathrm{MeV \cdot m^{-1}}]$$

4. 水の分子量を $1+1+16=18$ として，

$$\frac{S}{\rho} = \frac{2}{18} \cdot 3.821 + \frac{16}{18} \cdot 1.659 = 0.425 + 1.475 = 1.9 \; [\mathrm{MeV \cdot cm^2/g}]$$

5. まず，質量阻止能 S/ρ は，

$$\frac{S}{\rho} = \frac{12}{44} \cdot 1.735 + \frac{32}{44} \cdot 1.905 = 0.473 + 1.385 = 1.858 \; [\mathrm{MeV \cdot cm^2/g}]$$

したがって，原子阻止能 S_a は，

$$S_a = 1.858 \cdot \frac{44}{6.022 \times 10^{23}} = 1.36 \times 10^{-22} \; [\mathrm{MeV \cdot cm^2}] = 136 \; [\mathrm{MeV \cdot b}]$$

6. $N_{i.p.} = \dfrac{15 \times 10^6}{31} = 4.84 \times 10^5 \; [\mathrm{ion\ pairs}]$

7. まず α 粒子の個数 N_α は，$0.1 \; [\mathrm{J}] = 6.2422 \times 10^{17} \; [\mathrm{eV}]$ なので，

$$N_\alpha = \frac{6.2422 \times 10^{17}}{5 \times 10^6} \cong 1.25 \times 10^{11} \; [\mathrm{particles}]$$

次にイオン対数 $N_{i.p.}$ は，

$$N_{i.p.} = \frac{6.2422 \times 10^{17}}{35} \cong 1.78 \times 10^{16} \; [\mathrm{ion\ pairs}]$$

8. 荷電粒子と物質との相互作用はクーロン相互作用であり，電離や励起が起こるためには有限の接触時間が必要である．エネルギーが高く，速度の速いときはこの接触時間が短いため，単位距離あたりに生成されるイオン対数は少ない．しかし，エネルギーを消費し，速度が遅くなるに従い接触時間が長

第 5 章　粒子放射線と物質との相互作用

くなり生成されるイオン対数が多くなる．特に，原子内の電子と同程度の速度の場合，生成されるイオン対数が急速に増す．それ以降は，電離した電子が α 粒子に付着したままになり有効な荷電数が減るために生成されるイオン対数が急激に減少する．そのため，飛程の終端直前で単位距離あたりに生成されるイオン対数が急速に増え，以後，急激に減少するため，ブラッグピークが形成される．

9．阻止能が $46[\text{MeV/cm}] = 46 \times 10^2 [\text{eV}/\mu\text{m}]$ で変化しないとすれば，$3[\mu\text{m}]$ 進む間に，

$$46 \times 10^2 \ [\text{eV}/\mu\text{m}] \times 3 \ [\mu\text{m}] = 13800 \ [\text{eV}]$$

のエネルギーが付与されるので，生成されるイオン対数は

$$N_{i.p.} = \frac{13800}{31} = 445 \ [\text{ion pairs}]$$

10．まず，アルゴンの阻止能を線阻止能 S で表すと，

$$S = \frac{S}{\rho} \cdot \rho = 1.3 \cdot 1.66 = 2.158 \ [\text{MeV/cm}] = 215.8 \ [\text{eV}/\mu\text{m}]$$

$5 \ [\mu\text{m}]$ 進む間に 41 個のイオン対が生成されるので比電離能 s は $41/5 = 8.2$ $[\mu\text{m}^{-1}]$．したがって，W 値は，

$$W = \frac{S}{s} = \frac{215.8}{8.2} = 26.3 \ [\text{eV}]$$

5.2 電子線と物質との相互作用

■要　項■

5.2.1　電子線の衝突阻止能

電子線の質量衝突阻止能 $(S/\rho)_{\text{col}}$ は

$$\left(\frac{S}{\rho}\right)_{\text{col}} = \frac{2\pi e^4}{m_0 v^2} \cdot N_A \cdot \frac{Z}{A_w} \cdot B$$

m_0：電子の静止質量，v：電子の速度，e：電子の電荷

N_A：アボガドロ数，Z：物質の原子番号

A_w：物質の原子量，B：阻止数

$$B = \ln\frac{m_0 v^2 T}{2I^2(1-\beta^2)} - (2\sqrt{1-\beta^2} - 1 + \beta^2)\ln 2 + (1-\beta^2)$$
$$+ \frac{1}{8}(1-\sqrt{1-\beta^2})^2 - \delta$$

$\beta \equiv v/c$，T：電子の運動エネルギー，I：平均励起エネルギー，

δ：密度効果の補正項

で表される．阻止数 B，とくに密度効果（分極効果ともいう）の補正項 δ は電子線のエネルギー T が 1 [MeV] 以上では無視できない．これを図 5.3 に模式的に示す．したがって，たかだか数百 keV までならば，電子線の衝突阻止能は $(N_A \cdot Z/A_w)$ で与えられる電子密度 [kg^{-1}] に比例し，速度 v の 2 乗に逆比例するといえる．すなわち，物質 b の速度 v_b の電子に対する衝突阻止能 $(S/\rho)_{\text{col,b}}$ は，物質 a の速度 v_a の電子に対する衝突阻止能 $(S/\rho)_{\text{col,a}}$ を基準として

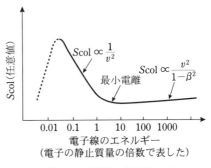

図 5.3　電子線の衝突阻止能

$$(S/\rho)_{\text{col,b}} = \left(\frac{N_{e,\text{b}}}{N_{e,\text{a}}} \cdot \frac{v_\text{a}^2}{v_\text{b}^2}\right) \cdot (S/\rho)_{\text{col,a}} \tag{5.4}$$

$N_{e,\text{a}}$：物質 a の電子密度，$N_{e,\text{b}}$：物質 b の電子密度

と近似できる．

5.2.2 電子線の放射阻止能

電子線の質量放射阻止能 $(S/\rho)_{\text{rad}}$ は

$$\left(\frac{S}{\rho}\right)_{\text{rad}} = 4\alpha \cdot \frac{N_A}{A_w} \cdot Z^2 \cdot r_0^2 \cdot (T + m_0 c^2) \cdot \ln\left[\frac{2(T + m_0 c^2)}{m_0 c^2} - \frac{1}{3}\right]$$

α：微細構造定数（$\equiv 1/137$），N_A：アボガドロ数

A_w：物質の原子量，Z：物質の原子番号

r_0：古典電子半径（$= 2.81794092 \times 10^{-15}$ [m]），

T：電子のエネルギー，m_0：電子の静止質量

で表される．$T + m_0 c^2$ は電子の全エネルギー E であるから，電子線の放射阻止能は電子の全エネルギー E に比例する．また，物質の原子番号 Z の2乗に本来比例するが，Z/A_w がほぼ一定であるため，実効的には原子番号 Z に比例する．すなわち，原子番号 Z_b の物質の全エネルギー E_b の電子に対する放射阻止能 $(S/\rho)_{\text{rad,b}}$ は，原子番号 Z_a の物質の全エネルギー E_a の電子に対する放射阻止能 $(S/\rho)_{\text{rad,a}}$ を基準として

$$(S/\rho)_{\text{rad,b}} = \left(\frac{E_\text{b}}{E_\text{a}} \cdot \frac{Z_\text{b}}{Z_\text{a}}\right) \cdot (S/\rho)_{\text{rad,a}} \tag{5.5}$$

と近似できる．

電子が物質中を通過するとき，制動放射のみでエネルギー損失すると仮定すると，電子の最初のエネルギー T_0 が $1/e (\fallingdotseq 0.37)$ となる物質層の厚さ X_0 は物質に固有である．

$$T = T_0 e^{-(x/X_0)} \tag{5.6}$$

T：物質層を通過したときの電子線のエネルギー，x：物質厚

すなわち，放射エネルギー損失は物質中で距離 x により指数関数的に減弱する．この物質厚 X_0 を放射長（輻射距離ともいう）という．

5.2 電子線と物質との相互作用

表5.2 各種物質の放射長

物質	放射長 X_0 [g/cm²]	物質	放射長 X_0 [g/cm²]
He	85	Fe	13.85
Be	65.3	Cu	13.04
C	43.35	Pb	6.496
N	38	U	6.124
O	34.2	H_2O	35.9
Al	24.46	空気	36.5

$$X_0 = \frac{x}{\ln(T_0/T)} \tag{5.6'}$$

種々の物質の放射長 X_0 を表5.2に示す．

また，特に高エネルギーになると，放射阻止能 S_{rad} と電子線の衝突阻止能 S_{col} は競合する．両者の比は

$$\frac{S_{rad}}{S_{col}} \simeq \frac{(Z+1.2)\cdot T}{800} \tag{5.7}$$

Z：物質の原子番号，T：電子線のエネルギー [MeV]

と近似できる．この比が1となるとき，したがって放射阻止能 S_{rad} と衝突阻止能 S_{col} の大きさが等しくなるエネルギーを臨界エネルギー ε という．

5.2.3 チェレンコフ光放射

屈折率 n の誘電体中での光速度は c/n であり，電子線の速度 v の方が大きい場合がある．このとき，図5.4に示すような機序で，電子線の進行方向に対し角度 θ の方向に可視光領域のチェレンコフ光と呼ばれる電磁波が放射される．チェレンコフ光が放射されるためには

$$\cos\theta = \frac{(c/n)t}{vt} = \frac{c}{nv} = \frac{1}{n\beta} \quad \left(\frac{1}{n} < \frac{v}{c} < 1\right) \tag{5.8}$$

$(c/n)t$：チェレンコフ光の通過距離，vt：電子線の通過距離，$\beta \equiv v/c$

第 5 章　粒子放射線と物質との相互作用

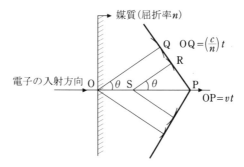

図 5.4　チェレンコフ光放射

が成り立つ必要がある．

5.2.4　電子線の飛程

電子は物質中で，実際には図 5.5 に示すような，ジグザグした飛跡をとる．

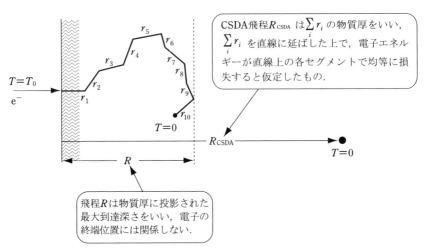

図 5.5　電子の飛跡と飛程の概略

これを電子線の入射方向に投影したものを飛程という．この際，電子が直線上を運動し，連続的にエネルギー損失すると仮定したモデルを CSDA（continu-

256

ous slowing down approximation) 飛程という．電子線の場合，エネルギーが $0.01 \leq T \leq 3$ [MeV] の範囲で，アルミニウム中での CSDA 飛程 $(R\rho)_{\text{CSDA}}$ は

$$(R\rho)_{\text{CSDA}} = 0.41 T^n \tag{5.9}$$

T：電子線のエネルギー [MeV]，$n = 1.27 - 0.1 \cdot \ln T$

$(R\rho)_{\text{CSDA}}$ の単位：[g/cm^2]

と近似できる．また連続エネルギー分布する β 線の場合，同じくアルミニウム中での最大飛程 $(R\rho)_{\text{max}}$ は，β 線の最大エネルギー β_{max} が $0.015 \leq T \leq 0.8$ [MeV] の範囲で，

$$(R\rho)_{\text{max}} = 0.407 \beta_{\text{max}}^{1.38} \tag{5.10}$$

β_{max} が $0.8 < T \leq 3$ [MeV] の範囲で，

$$(R\rho)_{\text{max}} = 0.542 \beta_{\text{max}} - 0.133 \tag{5.11}$$

β_{max}：β 線の最大エネルギー [MeV]

$(R\rho)_{\text{max}}$ の単位：[g/cm^2]

と近似できる．

【例題 5.2】

1. 200 [keV] の電子に対する空気の衝突阻止能は 2.47 [MeV・cm^2/g] である．これを用いて，400 [keV] の電子に対する空気の衝突阻止能を推定せよ．

【解】 式 (5.4) を用いるが，物質が同じなので $1/v^2$ 項に当てはめるだけである．

まず，200 [keV] の電子の速さ v_0 は，電子の全エネルギーが 711 [keV] なので，式 (1.29′), p.28 から

$$v_0 = c\sqrt{\frac{m^2 c^4 - m_0^2 c^4}{m^2 c^4}} = c\sqrt{\frac{711^2 - 511^2}{711^2}} = 0.6953 c$$

次に 400 [keV] の電子の速さ v_1 は，電子の全エネルギーが 911 [keV] なので，同様に，

第5章　粒子放射線と物質との相互作用

$$v_1 = c\sqrt{\frac{911^2 - 511^2}{911^2}} = 0.8279c$$

したがって，400［keV］の電子に対する空気の衝突阻止能は，

$$\frac{S_{col}}{\rho} = \left(\frac{0.6953c}{0.8279c}\right)^2 \cdot 2.47 \cong 0.7053 \cdot 2.47 = 1.74 \; [\text{MeV}\cdot\text{cm}^2/\text{g}]$$

実際の 400［keV］の電子に対する空気の衝突阻止能は 1.902［MeV・cm²/g］であるから 10［％］ほど残差がある．

2. 300［keV］の電子に対するカーボンの衝突阻止能は 2.087［MeV・cm²/g］である．これを用いて，300［keV］の電子に対するアルミニウムの衝突阻止能を推定せよ．ただし，カーボンの原子量は 12.011，アルミニウムの原子量は 26.981539 とする．また，アボガドロ数は 6.022×10^{23} とする．

【解】　式（5.4）を用いるが，エネルギーすなわち速さが同じなので N_e 項に当てはめるだけである．

まず，$_6$C の電子密度は式（2.16′），p.61 より，

$$N_e(\text{C}) = \frac{N_A}{A_w} \cdot Z = \frac{6.022 \times 10^{23}}{12.011} \cdot 6 = 3.00824 \times 10^{23} \; [\text{kg}^{-1}]$$

次に $_{13}$Al の電子密度は同様に

$$N_e(\text{Al}) = \frac{N_A}{A_w} \cdot Z = \frac{6.022 \times 10^{23}}{26.981539} \cdot 13 = 2.90146 \times 10^{23} \; [\text{kg}^{-1}]$$

したがって，300［keV］の電子に対するアルミニウムの衝突阻止能は，

$$\frac{S_{col}}{\rho} = \frac{2.90146 \times 10^{23}}{3.00824 \times 10^{23}} \cdot 2.087 = 2.013 \; [\text{MeV}\cdot\text{cm}^2/\text{g}]$$

実際の 300［keV］の電子に対するアルミニウムの衝突阻止能は 1.84［MeV・cm²/g］であるから 10［％］ほど残差がある．

3. 150［keV］の電子に対するタングステンの衝突阻止能は 1.646［MeV・cm²/g］である．これを用いて，300［keV］の電子に対する鉛の衝突阻止能を推定せよ．ただし，タングステンの原子量は 183.84，鉛の原子量は 207.2 とする．また，アボガドロ数は 6.022×10^{23} とする．

【解】　電子密度も速さも異なるので，式（5.4）をそのまま用いる．

5.2 電子線と物質との相互作用

まず，150 [keV] の電子の速さ v_0 は，電子の全エネルギーが 661 [keV] なので，

$$v_0 = c\sqrt{\frac{661^2 - 511^2}{661^2}} = 0.6343c$$

次に 300 [keV] の電子の速さ v_1 は，電子の全エネルギーが 811 [keV] なので，同様に，

$$v_1 = c\sqrt{\frac{811^2 - 511^2}{811^2}} = 0.7765c$$

タングステンの電子密度 $N_e(\mathrm{W})$ は，原子番号が 74 なので，

$$N_e(\mathrm{W}) = \frac{N_A}{A_w} \cdot Z = \frac{6.022 \times 10^{23}}{183.84} \cdot 74 \simeq 2.424 \times 10^{23} \ [\mathrm{kg}^{-1}]$$

鉛の電子密度 $N_e(\mathrm{Pb})$ は，原子番号が 82 なので，

$$N_e(\mathrm{Pb}) = \frac{N_A}{A_w} \cdot Z = \frac{6.022 \times 10^{23}}{207.2} \cdot 82 \simeq 2.383 \times 10^{23} \ [\mathrm{kg}^{-1}]$$

したがって，300 [keV] の電子に対する鉛の衝突阻止能は，

$$\frac{S_{\mathrm{col}}}{\rho} = \left(\frac{2.383 \times 10^{23}}{2.424 \times 10^{23}}\right) \cdot \left(\frac{0.6343c}{0.7765c}\right)^2 \cdot 1.646 = 0.656 \cdot 1.646$$
$$= 1.08 \ [\mathrm{MeV \cdot cm^2/g}]$$

実際の 300 [keV] の電子に対する鉛の衝突阻止能は 1.193 [MeV·cm²/g] であるからやはり 10 [%] ほど残差がある．

4. $_{74}$W の 10 [MeV] の電子に対する放射阻止能は 1.132 [MeV·cm²/g] である．これを用いて，$_{78}$Pt の 20 [MeV] の電子に対する放射阻止能を推定せよ．

【解】 式 (5.5) をそのまま使う．10 [MeV] の電子の全エネルギーは 10.511 [MeV]，同様に 20 [MeV] の電子は 20.511 [MeV] なので，

$$(S/\rho)_{\mathrm{rad,Pt}} = \left(\frac{E_{\mathrm{Pt}}}{E_{\mathrm{W}}} \cdot \frac{Z_{\mathrm{Pt}}}{Z_{\mathrm{W}}}\right) \cdot (S/\rho)_{\mathrm{rad,W}}$$
$$= \left(\frac{20.511}{10.511} \cdot \frac{78}{74}\right) \cdot 1.132 = 2.328 \ [\mathrm{MeV \cdot cm^2/g}]$$

実際の $_{78}$Pt の 15 [MeV] の電子に対する放射阻止能は 2.486 [MeV·cm²/g]

なので残差は小さい．衝突阻止能の場合も同じであるが，近接したエネルギーや原子番号でないと，一般に近似の残差は大きくなる．

5． 5［MeV］の電子線が鉛ブロックを通過するときの衝突エネルギー損失に対する放射エネルギー損失の比を求めよ．また，全エネルギー損失に対する比はいくらか．

【解】 同一物質中での比であるから，阻止能をエネルギー損失と読み替えればよい．したがって式（5.7）から，衝突エネルギー損失に対する比は

$$\frac{-T_{\rm rad}}{-T_{\rm col}} \simeq \frac{(Z+1.2)T}{800} = \frac{(82+1.2)\cdot 5}{800} = 0.52$$

となり，約 1/2 である．また，全エネルギー損失に対する比は，

$$\frac{-T_{\rm rad}}{-T_{\rm total}} = \frac{0.52}{1+0.52} = 0.342$$

となり，1/3 ほどである．

6． エネルギー 15［MeV］の電子はアルミニウム中を 2［cm］進む間にどれくらいの放射エネルギー損失をするか．ただし，アルミニウムの放射長は 24.46［g/cm²］，密度は 2.7［g/cm³］とする．

【解】 放射長が 24.46［g/cm²］，密度は 2.7［g/cm³］であるから［cm］単位で表した放射長は 24.46/2.7＝9.06［cm］である．これを式（5.6）に代入して，

$$T = T_0 e^{-(x/X_0)} = 15 \cdot e^{-(2/9.06)} \simeq 12 \ [{\rm MeV}]$$

この 12［MeV］は衝突エネルギー損失を含めた残余のエネルギーである．したがって，放射エネルギー損失 $-T_{\rm rad}$ は，

$$-T_{\rm rad} = T_0 - T = 15 - 12 = 3 \ [{\rm MeV}]$$

7． エネルギー 40［MeV］の電子がアルミニウム中を 0.95［mm］進む間に 4［MeV］を放射エネルギー損失したとする．アルミニウムの放射長はいくらか．［g/cm²］単位で答えよ．ただし，アルミニウムの密度は 2.7［g/cm³］とする．

【解】 0.95［mm］進む間に制動放射のみで失ったエネルギーが 4/40＝1/10 な

のだから,衝突エネルギー損失を含めて 9/10 のエネルギーが残っていることになる．したがって式 (5.6′) より,

$$X_0 = \frac{x}{\ln(T_0/T)} = \frac{0.95}{\ln(10/9)} \cong 9 \text{ [cm]}$$

密度が 2.7 [g/cm³] であるから,

$$X_0 = 9 \cdot 2.7 = 24.3 \text{ [g/cm}^2\text{]}$$

実際のアルミニウムの放射長は前題のように 24.46 [g/cm²] である．

8. 速さ 2.5×10^8 [m/s] の電子が屈折率 1.47 のガラス (FK 1) 中でチェレンコフ効果を起こしたとする．チェレンコフ光が放射されたのは電子の進行方向に対して何度の向きか（図 5.6）．

【解】 速さが 2.5×10^8 [m/s] であるから β は $2.5 \times 10^8/3 \times 10^8 = 0.833$ である．また屈折率は 1.47 であるから，式 (5.8) より,

$$\cos\theta = \frac{1}{n\beta} = \frac{1}{1.47 \cdot 0.833} \cong 0.8167$$

$$\therefore \quad \theta = \cos^{-1} 0.8167 \cong 35.25°$$

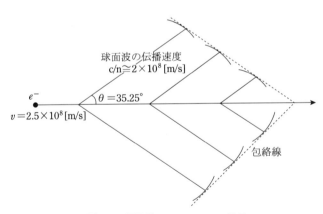

図 5.6 電子線のチェレンコフ効果

9. 水中で電子線がチェレンコフ光放射を起こしはじめるエネルギー（これを閾エネルギーという）を求めよ．ただし，水の屈折率は 1.34 とする．

第5章 粒子放射線と物質との相互作用

【解】 チェレンコフ光の放射方向をゼロとして，$\cos\theta=1$ を満たすエネルギーが求める閾エネルギー T_{th} である．したがって，式 (5.8) を $\beta=1/(n\cos\theta)$ と変形して，

$$\beta=\frac{1}{n\cos\theta}=\frac{1}{1.34}\cong 0.7427$$

すなわち，真空中の光速度の 74.27 [%] の速さをもつ電子のエネルギーを求めればよいので，式 (1.29)，p.28 より，

$$T_{th}=\left(\frac{1}{\sqrt{1-\beta^2}}-1\right)m_0c^2=\left(\frac{1}{\sqrt{1-0.7427^2}}-1\right)\cdot 511$$
$$=0.4934\cdot 511\cong 252\ [\text{keV}]$$

である．

10. エネルギー 0.5 [MeV] の電子がある誘電体中を進むとき，その進行方向に対して 39.41° の向きにチェレンコフ光を放射したとする．この誘電体の屈折率はいくらか．

【解】 エネルギーが 0.5 [MeV] の電子の全エネルギーは 1.011 [MeV] であるから，その速さを β で表すと，式 (1.29′)，p.28 より，

$$\frac{v}{c}\equiv\beta=\sqrt{\frac{m^2c^4-m_0^2c^4}{m^2c^4}}=\sqrt{\frac{1.011^2-0.511^2}{1.011^2}}\cong 0.8629$$

放射の向きが 39.41° であるから，

$$\cos 39.41°=0.7726=\frac{1}{0.8629 n}$$

$$\therefore\ n=\frac{1}{0.7726\cdot 0.8629}=1.5$$

これはアクリルの屈折率である．

11. エネルギー 2 [MeV] の電子線のアルミニウム中での CSDA 飛程はいくらか．[cm] 単位で求めよ．ただし，アルミニウムの密度は 2.7 [g/cm³] とする．

【解】 式 (5.9) にエネルギー 2 [MeV] を代入して求める．まず，次数 n は，

$$n = 1.27 - 0.1 \cdot \ln T = 1.27 - 0.1 \cdot \ln 2 = 1.2$$

したがって，アルミニウム中でのCSDA飛程を[g/cm²]単位で求めると，

$$(R\rho)_{\mathrm{CSDA}} = 0.41 T^n = 0.41 \cdot 2^{1.2} = 0.942 \ [\mathrm{g/cm^2}]$$

密度が2.7[g/cm³]なので，[cm]単位でのCSDA飛程 R_{CSDA} は，

$$R_{\mathrm{CSDA}} = \frac{0.942}{2.7} \cong 0.35 \ [\mathrm{cm}]$$

なお，実際のアルミニウム中でのCSDA飛程は1.224[g/cm²]である．

12．最大エネルギーが2[MeV]のβ線のアルミニウム中での最大飛程はいくらか．[cm]単位で求めよ．ただし，アルミニウムの密度は2.7[g/cm³]とする．

【解】 $\beta_{\max}$ が2[MeV]であるから式（5.11）を用いる．

$$(R\rho)_{\max} = 0.542 \beta_{\max} - 0.133 = 1.084 - 0.133 = 0.951 \ [\mathrm{g/cm^2}]$$

密度が2.7[g/cm³]なので，[cm]単位での最大飛程 $R_{\max}$ は，

$$R_{\max} = \frac{0.951}{2.7} \cong 0.35 \ [\mathrm{cm}]$$

このように同じエネルギーならば，前題で求めた電子線のCSDA飛程 R_{CSDA} とβ線の最大飛程 $R_{\max}$ とはほぼ一致する．これは最大飛程 $R_{\max}$ は，制動放射による大きなエネルギー損失を被らず，また核的弾性散乱での大角散乱も受けずに物質をもっとも直線的に通過したβ粒子に対する投影飛程だからである．しかし，両者の吸収曲線は図5.7のように全く異なる．また，ジグザグした経路をとった電子やβ粒子の場合，投影された物質厚である飛程は飛跡に沿った距離を反映しない（図5.5，p.256も参照のこと）．

13．最大エネルギーが2[MeV]のβ線の空気中での最大飛程はいくらか．[cm]単位で求めよ．ただし，空気の密度は1.3[kg/m³]とする．

【解】 前題と同様，$\beta_{\max}$ が2[MeV]であるから式（5.11）を用いる．したがって，アルミニウム中での最大飛程 $(R\rho)_{\max}$ は0.951[g/cm²]である．空気中の最大飛程 $R_{\max}$ は，密度が1.3[kg/m³]＝1.3×10⁻³[g/cm³]であるから，

第5章 粒子放射線と物質との相互作用

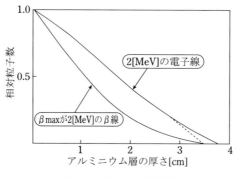

図5.7 電子線の吸収曲線

$$R_{\max}=\frac{0.951}{0.0013}=731.5\ [\mathrm{cm}]$$

このように物質の密度で除すだけで，アルミニウム中における [g/cm²] 単位の最大飛程から任意の物質における [cm] 単位の最大飛程に換算できるのは低原子番号の物質に限られる．低原子番号の物質では電子密度がほぼ同じであり，かつ放射エネルギー損失を無視できるためである．

● 演習問題 5.2

1. 原子の低エネルギー電子に対する電離断面積のオーダーは，原子の投影面積の大きさ程度である．原子の半径がボーア半径として，電離断面積のオーダーを [b] 単位で求めよ．
2. 電子に対する水の線衝突阻止能と氷の線衝突阻止能が等しくなるのは，氷中の電子の速さが水中の何%のときか．ただし，氷の密度は 0.917 [g/cm³] とする．
3. 10 [MeV] の電子に対するアルミニウムの衝突阻止能は 1.64 [MeV·cm²/g] である．これを用いて，10 [MeV] の電子に対する骨等価物質 B 100 の衝突阻止能を，密度効果を無視できるものとして推定せよ．ただし，アルミニウムの原子量は 27，アボガドロ数は 6.022×10^{23} とする．また，B 100 の単位体積あたりの電子密度は 4.61×10^{29} [m⁻³]，密度は 1450 [kg/m³] である．

5.2 電子線と物質との相互作用

4. 0.5 [MeV] の電子に対する空気の衝突阻止能は 1.802 [MeV・cm²/g] である．これを用いて，0.25 [MeV] の電子に対する水の衝突阻止能を推定せよ．ただし，H の原子量は 1，O の原子量は 16，アボガドロ数は 6.022×10^{23} とする．また，空気の電子密度は 3.006×10^{23} [g^{-1}] である．

5. 電子線の衝突阻止能において，最小電離以上では密度効果を無視することはできない．密度効果はなぜ生じるのか，高エネルギーほど影響が大きいことを前提として，簡単に説明せよ．

6. 原子の低エネルギー電子に対する制動放射断面積のオーダーは，
$$\sigma_{\text{brems}} \approx \alpha Z^2 r_0^2$$
で与えられる．ここで，α は微細構造定数（$\equiv 1/137$），Z は原子核の荷電数，r_0 は古典電子半径である．カーボン原子の場合，制動放射断面積のオーダーはどれくらいか．[b] 単位で答えよ．ただし，古典電子半径は 2.82 [fm] とする．

7. 4 [MeV] の電子線が水層を通過するとき，放射エネルギー損失は衝突エネルギー損失の何%か．また，水中で放射エネルギー損失と衝突エネルギー損失が等しくなる電子線のエネルギー（臨界エネルギー）はいくらか．ただし，水の平均原子番号は 6.6 とする．

8. 電子線が鉛ブロックを通過したとき，放射エネルギー損失は衝突エネルギー損失の 62.4 [%] であった．電子線のエネルギーはいくらか．

9. 10 [MeV] の電子線が混合物から成る物質層を通過したとき，放射エネルギー損失の全エネルギー損失に対する比は 7.7 [%] であった．この物質の平均原子番号はいくらか．

10. 同じエネルギーの電子に対する $_{42}$Mo の放射阻止能は $_{74}$W の何倍か．

11. 同一物質では，2 [MeV] の電子に対する放射阻止能は 1 [MeV] の電子に対するものの何倍か．

12. 10 [MeV] の電子に対する $_{79}$Au の放射阻止能は 1.188 [MeV・cm²/g] である．これを用いて，12 [MeV] の電子に対する $_{82}$Pb の放射阻止能を求めよ．

13. 20 [MeV] の電子に対する $_{74}$W の放射阻止能は 2.406 [MeV・cm²/g] である．これを用いて，$_{78}$Pt の放射阻止能が 3.167 [MeV・cm²/g] となる電子のエネルギーを求めよ．

14. 10 [MeV] の電子が厚さ 5 [cm] のカーボン層を通過するとき，どれくらいのエネルギーを放射損失するか．ただし，カーボンの放射長は 43.35 [g/cm²]，密度は 2.267 [g/cm³] とする．

15. 単一エネルギー電子が厚さ 5 [mm] の銅板を通過するとき，制動放射だけで初期エネルギーの 29 [%] を失ったとする．銅の放射長はいくらか．[g/cm²] 単位で答えよ．ただし，銅の密度は 8.933 [g/cm³] とする．

16. 速さ 2.8×10^8 [m/s] の電子が水中でチェレンコフ効果を起こした．チェレンコフ光が放射されたのは電子の進行方向に対して何度の向きか．ただし，水の屈折率は 1.34 とする．

17. 速さ 2.25×10^8 [m/s] の電子がある誘電体中を進むとき，その進行方向に対して 25° の向きにチェレンコフ光を放射したとする．この誘電体の屈折率はいくらか．

18. 空気中で電子線がチェレンコフ効果を起こすのに最低必要なエネルギー（閾エネルギー）はいくらか．ただし，空気の屈折率は 1.000292 とする．

19. 北極海の氷中に違法投棄された放射性廃棄物の周りでチェレンコフ効果が起こったとする．β^- 粒子の進行方向に対して最大 39.06° の向きにチェレンコフ光が放射されたとすると，この β^- 粒子の最大エネルギーはいくらか．ただし，氷の屈折率は 1.31 とする．

20. チェレンコフ光の放射角度 θ の範囲を定めよ．ただし，空間の等質性より，π を越える θ は考慮する必要はない．

21. ^{32}P は最大エネルギー 1.711 [MeV] の β 線を放出する．アルミニウム中でのこの β 線の最大飛程を [mg/cm²] 単位で求めよ．

22. ^{87}Rb は最大エネルギー 283 [keV] の β 線を放出する．アルミニウム中でのこの β 線の最大飛程を [mg/cm²] 単位で求めよ．

23. 電子を電位差 3 [MV] で加速した．アルミニウム中でのこの電子の CSDA

飛程を［kg/m²］単位で求めよ．

24. ³¹Si は最大エネルギー 1.492［MeV］の β 線を放出する．シリコン中にある ³¹Si からこの β 線が放出されたとき，最大飛程は何ミリメートルか．ただし，シリコンの密度は 2.33［g/cm³］とする．

25. β 線を LUCITE（アクリル樹脂）に照射したところ最大飛程が 10.5［mm］であった．β 線の最大エネルギーはいくらか．ただし，LUCITE の密度は 1170［kg/m³］とする．

26. 電子を 1.5［MV］で加速し，未知の密度の組織等価物質に照射したところ，最大飛程が 3.77［mm］であった．この物質の密度はいくらか．［g/cm³］単位で答えよ．

27. β 線の後方散乱係数は最大飛程の 1/3 の物質厚で飽和することが知られている．最大エネルギー 0.357［MeV］の β 線を放出する ⁴⁶Sc をアルミニウム板の上に置いて飽和後方散乱係数を計測する場合，全部で何ミリメートル厚のアルミニウム板を準備しておくべきか．ただし，アルミニウムの密度は 2.7［g/cm³］とする．

28. β 線は物質中で当初，指数関数的に減衰する．アルミニウムの質量吸収係数 μ は実験的に測定されていて，β 線の最大エネルギーを β_{max}^-［MeV］とすると，

$$\mu = 17 \cdot \beta_{max}^{-1.43} \text{［cm}^2\text{/g］}$$

で与えられる．いま，²¹⁰Bi から放出される最大エネルギー 1.163［MeV］の β 線の最大飛程を測っているとする．アルミニウムの厚さが最大飛程の 1/4 のとき，通過してくる β 線の割合はどれくらいか．

29. 電位差 500［kV］で加速した電子を厚さ 1［mm］の銀板に照射した．銀板中で損失した電子のエネルギーはいくらか．ただし，銀の密度は 10.5［g/cm³］とする．

30. 電位差 2.5［MV］で加速した電子を厚さ 50［μm］の金箔に照射した．金箔中で損失した電子のエネルギーはいくらか．ただし，金の密度は 19.32［g/cm³］，金の 2.5［MeV］の電子に対する全阻止能は 1.327［MeV·cm²/g］と

する．

演習問題 5.2 解答

1. ボーア半径を 0.53 [Å] として，電離断面積は，
$$\sigma_{\text{ion}} \approx \pi r_{\text{Bohr}}^2 = 3.14 \cdot (0.53 \times 10^{-10})^2 = 8.82 \times 10^{-21} \ [\text{m}^2] = 8.82 \times 10^7 \ [\text{b}]$$

2. 線阻止能なので，電子密度は単位体積あたりで表すことになる．しかし，同一の原子組成であるため，線阻止能は単に密度に比例すると考えればよい．したがって，
$$\frac{S_{\text{ice}}}{S_{\text{liquid}}} = 1 = \frac{v_{\text{liquid}}^2}{v_{\text{ice}}^2} \cdot \frac{\rho_{\text{ice}}}{\rho_{\text{liquid}}} = \frac{v_{\text{liquid}}^2}{v_{\text{ice}}^2} \cdot \frac{0.917}{1}$$

$$\frac{v_{\text{ice}}^2}{v_{\text{liquid}}^2} = 0.917$$

$$\therefore \ \frac{v_{\text{ice}}}{v_{\text{liquid}}} \cong 0.96 = 96 \ [\%]$$

3. B 100 の単位質量あたりの電子密度は，
$$N_e = \frac{4.61 \times 10^{29}}{1450} = 3.18 \times 10^{26} \ [\text{kg}^{-1}] = 3.18 \times 10^{23} \ [\text{g}^{-1}]$$

一方，アルミニウムの単位質量あたりの電子密度は，
$$N_e = \frac{N_A}{A_w} \cdot Z = \frac{6.022 \times 10^{23}}{27} \cdot 13 = 2.9 \times 10^{23} \ [\text{g}^{-1}]$$

したがって，B 100 の衝突阻止能は，
$$(S/\rho)_{\text{col,B100}} = \frac{N_{e,\text{B100}}}{N_{e,\text{Al}}} \cdot (S/\rho)_{\text{col,Al}} = \frac{3.18 \times 10^{23}}{2.9 \times 10^{23}} \cdot 1.64 \cong 1.8 \ [\text{MeV} \cdot \text{cm}^2/\text{g}]$$

なお，実際の B 100 の 10 [MeV] の電子に対する衝突阻止能は 1.85 [MeV・cm²/g] である．

4. 0.5 [MeV] と 0.25 [MeV] の電子の速度は，それぞれ，
$$v_{0.5} = c\sqrt{\frac{m^2c^4 - m_0^2c^4}{m^2c^4}} = c\sqrt{\frac{1.011^2 - 0.511^2}{1.011^2}} = 0.8629c$$

$$v_{0.25} = c\sqrt{\frac{m^2c^4 - m_0^2c^4}{m^2c^4}} = c\sqrt{\frac{0.761^2 - 0.511^2}{0.761^2}} = 0.741c$$

また，水の電子密度は，
$$N_{e,\mathrm{aq}} = \frac{N_A}{A_w} \cdot Z = \frac{6.022 \times 10^{23}}{18} \cdot 10 = 3.346 \times 10^{23} \ [\mathrm{g}^{-1}]$$
である．したがって，水の 0.25 [MeV] の電子に対する衝突阻止能は，
$$(S/\rho)_{\mathrm{col,aq}} = \frac{v_{\mathrm{air}}^2}{v_{\mathrm{aq}}^2} \cdot \frac{N_{e,\mathrm{aq}}}{N_{e,\mathrm{air}}} \cdot (S/\rho)_{\mathrm{col,air}}$$
$$= \frac{(0.8629c)^2}{(0.741c)^2} \cdot \frac{3.346 \times 10^{23}}{3.006 \times 10^{23}} \cdot 1.802 = 2.72 \ [\mathrm{MeV \cdot cm^2/g}]$$
なお，実際の水の 0.25 [MeV] の電子に対する衝突阻止能は 2.528 [MeV・cm^2/g] である．

5. 電子に伴う電場の作用距離は，高速になるに従い電子の進行方向では収縮するが，垂直な方向では伸びる．ここで作用距離とは，平均励起エネルギーを与えられるだけのクーロン力を及ぼす距離と考えればよい．そのため最小電離以上では，電子の進路を（作用距離を半径とする）パイプ状で考えれば，より太いパイプが通ることになる．すなわち，最小電離以上の高速電子では，遠隔衝突の割合が増大する．一方，電子の進路上の原子は，その通過に伴い分極を起こす．分極原子が電子を取り囲むように存在するため，電子から遠くにある原子内電子からはその電場が遮へいされるように働く．したがって，遠隔衝突の割合が減少する．この遠隔衝突の減少が密度効果（分極効果）である．同じ原子組成の物質の場合（水と水蒸気など），原子密度が高いほど，電子を取り囲む分極原子も密集するため，遮へい効果が大きくなる．主として近距離衝突する低エネルギー電子では，密度効果は大きくない．密度効果は遠隔衝突の割合の増大を打ち消すように働くので，高速電子の場合，無視できない．

6. カーボンの原子番号は 6 であるから，制動放射断面積は，
$$\sigma_{\mathrm{brems}} \approx \alpha \cdot Z^2 \cdot r_0^2 = \frac{1}{137} \cdot 6^2 \cdot (2.82 \times 10^{-15})^2 = 2.1 \times 10^{-30} \ [\mathrm{m}^2] = 0.021 \ [\mathrm{b}]$$

7. まず，衝突損失に対する放射損失の比は，

第5章 粒子放射線と物質との相互作用

$$\frac{-T_{\rm rad}}{-T_{\rm col}}=\frac{(Z+1.2)\cdot T}{800}=\frac{(6.6+1.2)\cdot 4}{800}\cong 0.04=4\ [\%]$$

また，臨界エネルギーは，

$$T_c=\frac{800}{Z+1.2}=\frac{800}{6.6+1.2}\cong 103\ [{\rm MeV}]$$

8. 鉛の原子番号は82なので，

$$\frac{-T_{\rm rad}}{-T_{\rm col}}=0.624=\frac{(Z+1.2)T}{800}=\frac{(82+1.2)T}{800}$$

$$\therefore\ T=\frac{0.624\cdot 800}{82+1.2}=6\ [{\rm MeV}]$$

9. 全エネルギー損失に対する放射損失の比が7.7[%]なので，衝突損失に対する比で表すと，

$$\frac{-T_{\rm rad}}{-T_{\rm total}}=\frac{-T_{\rm rad}}{(-T_{\rm col})+(-T_{\rm rad})}=0.077$$

$$\frac{(-T_{\rm col})+(-T_{\rm rad})}{-T_{\rm rad}}=\frac{800}{(Z+1.2)T}+1=\frac{800}{(Z+1.2)10}+1=\frac{1}{0.077}$$

$$\therefore\ Z=\frac{80}{12}-1.2\cong 5.47$$

これは人体組織の平均原子番号に近く，組織等価物質と考えられる．

10. 放射阻止能は実効的に原子番号に比例するので，

$$\frac{(S/\rho)_{\rm rad,Mo}}{(S/\rho)_{\rm rad,W}}=\frac{42}{74}\cong 0.57$$

11. 放射阻止能は電子の全エネルギーに比例するので，

$$\frac{(S/\rho)_{\rm rad,2}}{(S/\rho)_{\rm rad,1}}=\frac{2+0.511}{1+0.511}\cong 1.66$$

12. エネルギー10[MeV]と15[MeV]の全エネルギーは10.511[MeV]と15.511[MeV]であるから，

$$(S/\rho)_{\rm rad,Pb}=\frac{E_{\rm Pb}}{E_{\rm Au}}\cdot\frac{Z_{\rm Pb}}{Z_{\rm Au}}\cdot(S/\rho)_{\rm rad,Au}=\frac{15.511}{10.511}\cdot\frac{82}{79}\cdot 1.188\cong 1.82\ [{\rm MeV\cdot cm^2/g}]$$

13. 両者の比をつくり，

$$\frac{(S/\rho)_{\mathrm{rad,Pt}}}{(S/\rho)_{\mathrm{rad,W}}} = \frac{3.167}{2.406} = \frac{E_{\mathrm{Pt}}}{20.511} \cdot \frac{78}{74}$$

$$E_{\mathrm{Pt}} = \frac{3.167 \cdot 20.511 \cdot 74}{2.406 \cdot 78} = 25.61$$

$$\therefore \quad T = E_{\mathrm{Pt}} - m_0 c^2 = 25.61 - 0.511 \cong 25 \; [\mathrm{MeV}]$$

14. 放射長を [cm] 単位に換算すると，

$$X_0/\rho = \frac{43.35}{2.267} = 19.12 \; [\mathrm{cm}]$$

厚さ 5 [cm] のカーボン層であるから，

$$T = T_0 e^{-(x/X_0)} = 10 e^{-(5/19.12)} = 7.7 \; [\mathrm{MeV}]$$

したがって，放射損失したエネルギーは，

$$10 - 7.7 = 2.3 \; [\mathrm{MeV}]$$

15. 放射損失が 29[%] なので，衝突損失を含めた残余のエネルギーは 71[%] である．また，5 [mm] = 0.5 [cm] であるから，

$$\frac{T}{T_0} = e^{-(x/X_0)}$$

$$0.71 = e^{-0.5/X_0}$$

両辺の対数をとって，

$$\ln 0.71 = -0.3425 = -0.5/X_0$$

$$\therefore \quad X_0 = 1.46 \; [\mathrm{cm}]$$

銅の密度は 8.933 [g/cm^3] なので，

$$X_0 = 1.46 \cdot 8.933 = 13.04 \; [\mathrm{g/cm^2}]$$

16. 速さが 2.8×10^8 [m/s] であるから，

$$\beta = 2.8 \times 10^8 / (3 \times 10^8) = 0.933$$

屈折率 n が 1.34 なので，

$$\cos \theta = \frac{1}{n\beta} = \frac{1}{1.34 \cdot 0.933} = 0.8$$

$$\therefore \quad \theta = \cos^{-1} 0.8 = 36.9°$$

17. 速さが 2.25×10^8 [m/s] であるから，

$$\beta = \frac{2.25 \times 10^8}{3 \times 10^8} = 0.75$$

放射角度 θ が 25° なので,

$$\cos 25° = 0.9063 = \frac{1}{n\beta} = \frac{1}{0.75 n}$$

$$\therefore \quad n = \frac{1}{0.9063 \cdot 0.75} \cong 1.47$$

18. 放射角度を 0° として,

$$\cos 0° = 1 = \frac{1}{n\beta} = \frac{1}{1.000292 \beta}$$

$$\beta = \frac{1}{1.000292} = 0.99971$$

$$\therefore \quad T = \left(\frac{1}{\sqrt{1-\beta^2}} - 1\right) m_0 c^2 = \left(\frac{1}{\sqrt{1-0.99971^2}} - 1\right) \cdot 0.511 = 20.64 \ [\text{MeV}]$$

19. 放射角度が 39.06°,屈折率が 1.31 なので,

$$\cos 39.06 \cong 0.7765 = \frac{1}{n\beta} = \frac{1}{1.31 \beta}$$

$$\therefore \quad \beta = \frac{1}{1.31 \cdot 0.7765} = 0.9831$$

したがって,β^- 粒子の最大エネルギーは

$$\beta_{\max} = \left(\frac{1}{\sqrt{1-\beta^2}} - 1\right) m_0 c^2 = \left(\frac{1}{\sqrt{1-0.9831^2}} - 1\right) \cdot 0.511 = 2.28 \ [\text{MeV}]$$

これは ^{90}Y から放出される β^- 粒子の最大エネルギーであり,^{90}Sr が投棄されたものと考えられる.

20. 屈折率 n は定義より $n > 1$ である.また,電子線の速さ v は,

$$0 \leq v < c$$

$$\therefore \quad 0 \leq \beta < 1$$

である.したがって,

$$\frac{c}{nv} = \frac{1}{n\beta} \geq 0$$

となり,必ず正の値をとる.また,$c \neq 0$ であるため $\theta = \pi/2$ はあり得ず,$v >$

5.2 電子線と物質との相互作用

c/n より $\theta=0$ もあり得ない．ゆえに，

$$0<\theta<\frac{\pi}{2}$$

である．

21. 1 [g/cm²]＝1000 [mg/cm²] なので，式自体を書き直して，
 $(R\rho)_{\max}=542\cdot\beta_{\max}-133=542\cdot 1.711-133$
 $\cong 794.4$ [mg/cm²]

22. 1 [g/cm²]＝1000 [mg/cm²] なので，式自体を書き直して，
 $(R\rho)_{\max}=407\cdot\beta_{\max}^{1.38}=407\cdot 0.283^{1.38}$
 $\cong 71.3$ [mg/cm²]

23. まず次数は
 $n=1.27-0.1\cdot\ln 3\cong 1.27-0.11$
 $=1.16$
 $(R\rho)_{\mathrm{CSDA}}=0.41\cdot 3^{1.16}\cong 1.47$ [g/cm²]

 1 [kg/m²]＝0.1 [g/cm²] であるから，
 $(R\rho)_{\mathrm{CSDA}}=14.7$ [kg/m²]

24. まずアルミニウム中の最大飛程は，
 $(R\rho)_{\mathrm{Al}}=0.542\cdot\beta_{\max}-0.133=0.542\cdot 1.492-0.133$
 $\cong 0.676$ [g/cm²]

 したがって，シリコン中での飛程に換算すると，
 $R_{\mathrm{Si}}=\dfrac{(R\rho)_{\mathrm{Al}}}{\rho_{\mathrm{Si}}}=\dfrac{0.676}{2.33}\cong 0.29$ [cm]
 $=2.9$ [mm]

25. 10.5 [mm]＝1.05 [cm]，1170 [kg/m³]＝1.17 [g/cm³] なので，
 $(R\rho)_{\mathrm{LUCITE}}=1.05\cdot 1.17=1.2285$ [g/cm²]

 最大飛程が 0.3 [g/cm²] 以上なので，$\beta_{\max}$ は 0.8 [MeV] 以上と考えられる．
 $1.2285=0.542\cdot\beta_{\max}-0.133$

$$\therefore \beta_{\max} = \frac{1.3615}{0.542} \cong 2.5 \ [\text{MeV}]$$

26. $n = 1.27 - 0.1 \cdot \ln 1.5 \cong 1.23$

    $(R\rho)_{\text{CSDA}} = 0.41 \cdot 1.5^{1.23} \cong 0.675 \ [\text{g/cm}^2]$

    $3.77 \ [\text{mm}] = 0.377 \ [\text{cm}]$ なので,

    $$R = 0.377 = \frac{0.675}{\rho}$$

    $\therefore \rho \cong 1.79 \ [\text{g/cm}^3]$

    これは骨等価物質 B 110 の密度である.

27. アルミニウム中の最大飛程は,

    $(R\rho)_{\max} = 0.407 \cdot \beta_{\max}^{1.38} = 0.407 \cdot 0.357^{1.38}$
    $\cong 0.0982 \ [\text{g/cm}^2]$

    $$\frac{(R\rho)_{\max}}{\rho} = \frac{0.0982}{2.7} \cong 0.0364 \ [\text{cm}]$$
    $= 0.364 \ [\text{mm}]$

    この 1/3 が必要なので約 $0.121 \ [\text{mm}]$ 厚となる.

28. まず最大飛程は

    $(R\rho)_{\max} = 0.542 \cdot 1.163 - 0.133 \cong 0.497 \ [\text{g/cm}^2]$

    その 1/4 の厚さなので $0.1243 \ [\text{g/cm}^2]$. また質量吸収係数は,

    $\mu = 17 \cdot 1.163^{-1.43} \cong 13.7 \ [\text{cm}^2/\text{g}]$

    したがって, 通過してくる割合は,

    $$\frac{N}{N_0} = e^{-13.7 \cdot 0.1243} \cong 0.182$$
    $= 18.2 \ [\%]$

29. $n = 1.27 - 0.1 \cdot \ln 0.5 \cong 1.34$

    $(R\rho)_{\text{CSDA}} = 0.41 \cdot 0.5^{1.34} \cong 0.162 \ [\text{g/cm}^2]$

    $$\frac{(R\rho)_{\text{CSDA}}}{\rho} = \frac{0.162}{10.5} \cong 0.0154 \ [\text{cm}] = 0.154 \ [\text{mm}]$$

    銀板の厚さ $1 \ [\text{mm}]$ は飛程と比べて数倍厚いので, 全てのエネルギーを損失

すると考えられる．したがって，500 [keV] である．

30. $n=1.27-0.1\cdot\ln 2.5 \cong 1.178$

   $(R\rho)_{\text{CSDA}} = 0.41\cdot 2.5^{1.178} \cong 1.207$ [g/cm^2]

   $\dfrac{(R\rho)_{\text{CSDA}}}{\rho} = \dfrac{1.207}{19.32} \cong 0.0625$ [cm] $= 625$ [μm]

金箔の厚さを x とすると $x \ll \dfrac{R\rho}{\rho}$ なので，エネルギー損失 $\dfrac{\mathrm{d}T}{\mathrm{d}x}$ は初期エネルギーに対する阻止能と考えてよい．x を面密度で表すと，

   $x = 19.32\cdot 50\times 10^{-4} = 0.0966$ [g/cm^2]

したがって，エネルギー損失量は，

   $\dfrac{\mathrm{d}T}{\mathrm{d}x} = 1.327\cdot 0.0966 \cong 0.128$ [MeV]

5.3 重荷電粒子と物質との相互作用

■要　項■

5.3.1 重荷電粒子の衝突阻止能
重荷電粒子の質量衝突阻止能 $(S/\rho)_{col}$ は

$$\left(\frac{S}{\rho}\right)_{col} = \frac{4\pi z^2 e^4}{m_0 v^2} \cdot N_A \cdot \frac{Z}{A_w} \cdot B$$

z：荷電粒子の荷電数，e：電子の電荷，m_0：電子の静止質量，
v：荷電粒子の速度，N_A：アボガドロ数，Z：物質の原子番号，
A_w：物質の原子量，B：阻止数

$$B = \ln\frac{2m_0 v^2}{I(1-\beta^2)} - \beta^2 - \frac{\delta}{2}$$

I：平均励起エネルギー，δ：密度効果の補正項，$\beta \equiv v/c$

で表される．重荷電粒子の場合，放射エネルギー損失は無視できることが多く，実質上，質量衝突阻止能 $(S/\rho)_{col}$ が全質量阻止能 $(S/\rho)_{total}$ である．また，同一物質では阻止数 B を無視しても差し支えないので，荷電粒子 b に対する衝突阻止能 $(S/\rho)_{col,b}$ は，荷電粒子 a に対する衝突阻止能 $(S/\rho)_{col,a}$ を基準として

$$(S/\rho)_{col,b} = \frac{T_a}{T_b} \cdot \frac{m_b}{m_a} \cdot \frac{z_b^2}{z_a^2} \cdot (S/\rho)_{col,a} \tag{5.12}$$

T_a：荷電粒子 a のエネルギー，T_b：荷電粒子 b のエネルギー，
m_a：荷電粒子 a の質量，m_b：荷電粒子 b の質量，
z_a：荷電粒子 a の荷電数，z_b：荷電粒子 b の荷電数

と近似できる．

5.3.2 核的弾性散乱
重荷電粒子が 1 回の相互作用で大きなエネルギー損失を被るとすれば核的弾性散乱である．いま質量が m でエネルギー T_0 の荷電粒子が質量 M の原子核

と弾性散乱を起こしたとすると，散乱後のエネルギー T は，

$$T = \left[\frac{m\cos\phi + \sqrt{M^2 - \sin^2\phi}}{M+m}\right]^2 \cdot T_0 \tag{5.13}$$

ϕ：散乱角

である．特に完全弾性衝突した場合（最大エネルギー損失する場合）は

$$T_{\min} = \frac{(M-m)^2}{(M+m)^2} T_0 \tag{5.14}$$

である．

核的弾性散乱の結果，角度 ϕ 方向の立体角要素内に散乱される割合である微分断面積 $d\sigma/d\Omega$ はラザフォードによって与えられており，

$$\frac{d\sigma}{d\Omega} = \left[\frac{z \cdot Z \cdot r_0}{4(T/m_0 c^2)}\right]^2 \cdot \sin^{-4}(\phi/2) \tag{5.15}$$

z：荷電粒子の荷電数，Z：原子核の荷電数，

r_0：古典電子半径（$= 2.81794092 \times 10^{-15}$ [m]）

T：荷電粒子のエネルギー [MeV]

$m_0 c^2$：電子の静止質量（$= 0.511$ [MeV]），ϕ：散乱角

5.3.3 重荷電粒子の飛程

重荷電粒子は物質中でほぼ直線的な飛跡をとる．したがって，荷電粒子が直線上を運動し，連続的にエネルギー損失すると仮定したモデルである CSDA（continuous slowing down approximation）飛程を適用することが可能である．式(5.12)を使えば，同一物質中での荷電粒子 b の飛程 R_b は荷電粒子 a の飛程 R_a を基準として，

$$R_b = \frac{T_b^2}{T_a^2} \cdot \frac{m_a}{m_b} \cdot \frac{z_a^2}{z_b^2} \cdot R_a \tag{5.16}$$

T_a：荷電粒子 a のエネルギー，T_b：荷電粒子 b のエネルギー，

m_a：荷電粒子 a の質量，m_b：荷電粒子 b の質量，

z_a：荷電粒子 a の荷電数，z_b：荷電粒子 b の荷電数

であり，特に荷電粒子 b と荷電粒子 a のエネルギーが等しいとき，

$$R_b = \frac{m_a}{m_b} \cdot \frac{z_a^2}{z_b^2} \cdot R_a \tag{5.16'}$$

と簡略化できる．また，荷電粒子 b と荷電粒子 a の速度が等しいときは

$$R_b = \frac{m_b}{m_a} \cdot \frac{z_a^2}{z_b^2} \cdot R_a \tag{5.16''}$$

である．

逆に，同一の荷電粒子の異なる物質中での飛程はブラッグ-クリーマン則により推定することができる．物質 a 中での飛程 R_a がわかっている場合，物質 b 中での飛程 R_b は

$$R_b = \frac{\rho_a}{\rho_b} \cdot \frac{\sqrt{A_{w,b}}}{\sqrt{A_{w,a}}} \cdot R_a \tag{5.17}$$

$A_{w,a}$：物質 a の原子量，$A_{w,b}$：物質 b の原子量，

ρ_a：物質 a の密度，ρ_b：物質 b の密度

また，重荷電粒子の飛程は電子線と比べると非常に短い．代表的な重荷電粒子である α 粒子の空気中での平均飛程 $\bar{R}_{air}$ は

$$\bar{R}_{air} = 0.318\, T^{3/2} \tag{5.18}$$

T：α 粒子のエネルギー [MeV]

$\bar{R}_{air}$ の単位：[cm]

ほどである．

【例題 5.3】

1. 速さ 9.8×10^6 [m/s] の陽子に対する空気の衝突阻止能は 1.4×10^7 [m/s] の陽子に対するものの何倍か．

   【解】 式(5.12)を用いる．速さからエネルギーを求める必要はない．式(5.12)中の T/m の項は，ニュートン力学 $(1/2)mv^2$ を用いて速さの 2 乗を求めようとするもので，本来，重荷電粒子の衝突阻止能にはその質量 m などは含まれていないことに注意すること．したがって，同一物質での阻止能は z^2/v^2 に比例すると考えればよいので，速さ 9.8×10^6 [m/s] の陽子に対する阻止能を

5.3 重荷電粒子と物質との相互作用

S_b とすると式 (5.12) と同様に，
$$\frac{S_b}{S_a}=\frac{v_a^2}{v_b^2}=\frac{(1.4\times10^7)^2}{(9.8\times10^6)^2}=2$$

すなわち，約2倍の阻止能である．速さ 9.8×10^6 [m/s] の陽子は 0.5 [MeV]，1.4×10^7 [m/s] は 1 [MeV] ほどを想定している．これらを式(5.12)に代入しても当然同じ結果を得る．

2. エネルギー 2 [MeV] の重陽子に対するシリコンの衝突阻止能は 40 [keV/μm] ほどである．これを用いて，エネルギー 3 [MeV] の陽子に対するシリコンの衝突阻止能を推定せよ．ただし，各粒子の質量は質量数で代用できるものとする．

【解】 式 (5.12) をそのまま用いる．同一物質中での近似式なので，質量阻止能でも線阻止能でも大差はない．エネルギー 3 [MeV] の陽子に対する阻止能を S_b とすると，
$$S_b=\frac{T_a}{T_b}\cdot\frac{m_b}{m_a}\cdot\frac{z_b^2}{z_a^2}\cdot S_a=\frac{2}{3}\cdot\frac{1}{2}\cdot\frac{1^2}{1^2}\cdot 40=\frac{40}{3}\cong 13.3\ [\text{keV}/\mu\text{m}]$$

実際には 20 [keV/μm] ほどの阻止能なので，かなり粗い近似である．

3. エネルギー 1 [MeV] の陽子，2 [MeV] の重陽子，10 [MeV] の α 粒子に対する同一物質の阻止能を比べてみよ．ただし，各粒子の質量は質量数で代用できるものとする．

【解】 式 (5.12) をそのまま用いる．エネルギー 1 [MeV] の陽子に対する阻止能を S_a とすると，2 [MeV] の重陽子に対する阻止能は，
$$\frac{S_b}{S_a}=\frac{T_a}{T_b}\cdot\frac{m_b}{m_a}\cdot\frac{z_b^2}{z_a^2}=\frac{1}{2}\cdot\frac{2}{1}\cdot\frac{1^2}{1^2}=1$$

同様に，10 [MeV] の α 粒子に対する阻止能は，
$$\frac{S_b}{S_a}=\frac{1}{10}\cdot\frac{4}{1}\cdot\frac{2^2}{1^2}=\frac{8}{5}$$

したがって，1 [MeV] の陽子，2 [MeV] の重陽子に対しては同じであり，10 [MeV] の α 粒子に対しては2倍程度の阻止能となる．例えば，シリコンの 1 [MeV] の陽子と 2 [MeV] の重陽子に対する阻止能は 40 [keV/μm]

279

ほどで，10 [MeV] の α 粒子に対する阻止能は 90 [keV/μm] ほどであるから，大略は正しい結果である．

4. エネルギー 5 [MeV] の α 粒子が ^{197}Au の原子核に弾性散乱され，180°方向に散乱された．散乱後の ^{197}Au 原子の反跳エネルギーはいくらか．[MeV] 単位で答えよ．ただし，各粒子の質量は質量数で代用できるものとする．

【解】 図 5.8 のような散乱が起こったと考えればよい．完全弾性衝突であるため，散乱された α 粒子のエネルギーを求めるには式（5.14）を用いる．

$$T = \frac{(M-m)^2}{(M+m)^2} \cdot T_0 = \frac{(197-4)^2}{(197+4)^2} \cdot 5 = 0.922 \cdot 5 = 4.61 \; [\text{MeV}]$$

入射 α 粒子と散乱された α 粒子のエネルギーの差が反跳エネルギー T_R なので，

$$T_R = T_0 - T = 5 - 4.61 = 0.39 \; [\text{MeV}]$$

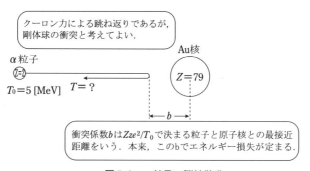

図 5.8 α 粒子の弾性散乱

5. エネルギー 5 [MeV] の α 粒子が ^{197}Au の原子核に弾性散乱され，30°方向に散乱された．散乱後の α 粒子のエネルギーはいくらか．[MeV] 単位で答えよ．ただし，各粒子の質量は質量数で代用できるものとする．

【解】 図 5.9 のような散乱が起こったと考えればよい．式（5.13）を用いる．

$$T = \left[\frac{m\cos\phi + \sqrt{M^2 - \sin^2\phi}}{M+m} \right]^2 \cdot T_0$$

5.3 重荷電粒子と物質との相互作用

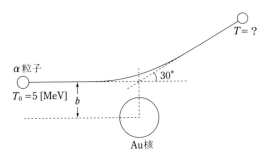

図 5.9 30°方向に散乱された α 粒子

$$= \left[\frac{4\cos 30° + \sqrt{197^2 - \sin^2 30°}}{197 + 4} \right]^2 \cdot 5 \cong 4.97 \ [\text{MeV}]$$

6. エネルギー 5.6 [MeV] の α 粒子が $_{79}$Au と核的弾性散乱を起こし，30° 方向に散乱される微分断面積を [b/sr] 単位で求めよ．

【解】 式 (5.15) に α 粒子の荷電数 2，Au の原子番号 79 などを代入し，

$$\frac{d\sigma}{d\Omega} = \left[\frac{zZr_0}{4(T/m_0c^2)} \right]^2 \cdot \sin^{-4}(\phi/2) = \left[\frac{2\cdot 79 \cdot 2.81794}{4(5.6/0.511)} \right]^2 \cdot \sin^{-4}(30°/2)$$

$$\cong \left[\frac{445.23}{43.836} \right]^2 \cdot 222.85 \cong 103.16 \cdot 222.85 \cong 22989.38 \ [\text{fm}^2/\text{sr}]$$

1 [b] = 100 [fm²] であるから，30° 方向の $d\sigma/d\Omega$ は約 230 [b/sr] である．このようにして算出した微分断面積の一例を図 5.10 に示す．10° 方向以上の大角散乱の断面積が急速に小さくなっていることが理解できる．

7. エネルギー 6 [MeV] の α 粒子のシリコン中の飛程は 30 [μm] である．これを用いて，エネルギー 6 [MeV] の陽子のシリコン中の飛程を求めよ．ただし，各粒子の質量は質量数で代用できるものとする．

【解】 同一エネルギーなので式 (5.16′) を用いる．

$$\frac{R(\text{p})}{R(\alpha)} = \frac{m_\alpha}{m_\text{p}} \cdot \frac{z_\alpha^2}{z_\text{p}^2} = \frac{4}{1} \cdot \frac{2^2}{1^2} = 16$$

したがって，30×16=480 [μm] を得る．実際には，エネルギー 6 [MeV] の陽子のシリコン中の飛程は 300 [μm] ほどである．エネルギー 8 [MeV] の陽子ならば飛程は 480 [μm] ほどとなる．このような残差は重荷電粒子の阻

第5章　粒子放射線と物質との相互作用

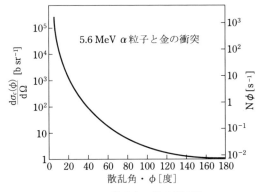

図 5.10　散乱角と微分断面積

止能を阻止数 B を勘案せずに近似しているために，近似の粗さは例題 5.3.2 ならびに 3 で述べたオーダーを下回らない．

8. 速さ 1.39×10^7 [m/s] の α 粒子の空気中の飛程は 2.5 [cm] である．これを用いて，速さ 1.39×10^7 [m/s] の陽子の空気中の飛程を求めよ．ただし，各粒子の質量は質量数で代用できるものとする．

【解】　同一速度なので式 (5.16″) を用いる．

$$\frac{R(\mathrm{p})}{R(\alpha)} = \frac{m_\mathrm{p}}{m_\alpha} \cdot \frac{z_\alpha^2}{z_\mathrm{p}^2} = \frac{1}{4} \cdot \frac{2^2}{1^2} = 1$$

したがって，2.5 [cm] である．この問題はエネルギー 4 [MeV] の α 粒子，1 [MeV] の陽子を想定している．これらを式 (5.16) に代入しても，当然同じ結果が得られる．実際には，1 [MeV] の陽子の空気中の飛程は 2.1 [cm] ほどであり，粗い近似である．

9. エネルギー 8 [MeV] の重陽子のシリコン中の飛程は 300 [μm] である．これを用いて，エネルギー 6 [MeV] の陽子のシリコン中の飛程を求めよ．ただし，各粒子の質量は質量数で代用できるものとする．

【解】　同一物質中における 8 [MeV] の重陽子の飛程に対する 6 [MeV] の陽子の飛程は，式 (5.16) より，

5.3 重荷電粒子と物質との相互作用

$$\frac{R(\mathrm{p})}{R(\mathrm{d})}=\frac{T_\mathrm{p}{}^2}{T_\mathrm{d}{}^2}\cdot\frac{m_\mathrm{d}}{m_\mathrm{p}}\cdot\frac{z_\mathrm{d}{}^2}{z_\mathrm{p}{}^2}=\frac{6^2}{8^2}\cdot\frac{2}{1}\cdot\frac{1^2}{1^2}=1.125$$

したがって,$300\times1.125=337.5$ [μm] である.実際には,6 [MeV] の陽子のシリコン中の飛程も 300 [μm] ほどである.残差は比較的小さいが,これはエネルギーが近く,また質量差も小さいからである.大きくエネルギーが異なり,質量差も大きなときは残差も当然大きくなる.

10. エネルギー 4 [MeV] の α 粒子のシリコン中の飛程は 20 [μm] である.これを用いて,4 [MeV] の α 粒子の空気中での飛程を求めよ.ただし,シリコンの原子量は 28.0855,密度は 2.42 [g/cm³],また空気の分子量は 14.74,密度は 0.0013 [g/cm³] とする.

【解】 異なる物質中での飛程なのでブラッグ-クリーマン則を用いる.シリコンと空気の原子量,分子量などを式 (5.17) に代入して,

$$R(\mathrm{air})=\frac{\rho_\mathrm{Si}}{\rho_\mathrm{air}}\cdot\frac{\sqrt{M_{w,\mathrm{air}}}}{\sqrt{A_{w,\mathrm{Si}}}}\cdot R(\mathrm{Si})=\frac{2.42}{0.0013}\cdot\frac{\sqrt{14.74}}{\sqrt{28.0855}}\cdot 20$$
$$\cong 1861.54\cdot 0.7244=26971.8\ [\mu\mathrm{m}]$$

すなわち,約 2.7 [cm] である.式 (5.18) を用いて,4 [MeV] の α 粒子の空気中での平均飛程 $\bar{R}_\mathrm{air}$ を求めると,

$$\bar{R}_\mathrm{air}=0.318\,T^{3/2}=0.318\cdot 4^{3/2}=2.544\ [\mathrm{cm}]$$

であるから(実際の飛程も約 2.5 [cm]),数%の残差はある.

● 演習問題 5.3

1. 粒子間の衝突で,衝突された粒子が授受する最大エネルギーは,

$$\frac{4Mm}{(M+m)^2}\cdot T$$

で与えられる.ここで,M と m は各々の粒子の質量,T は衝突した粒子のエネルギーである.いま,$^{212\mathrm{m}}\mathrm{Po}$ から放出される 11.7 [MeV] の α 粒子が電子と衝突したとすると,電子の受け取る最大エネルギーはいくらか.[keV] 単位で答えよ.ただし,α 粒子の質量は 4 [u] とする.

第5章　粒子放射線と物質との相互作用

2. 速さ 2.2×10^7 [m/s] の α 粒子に対するアルミニウムの阻止能は 0.4 [MeV・cm^2/mg] ほどである．これを用いて，速さ 3×10^7 [m/s] の陽子に対するアルミニウムの阻止能を推定せよ．

3. 5 [MeV] の陽子に対する NaI の阻止能は 38 [MeV・cm^2/g] である．これを用いて，2.5 [MeV] の重陽子に対する NaI の阻止能を推定せよ．

4. 1 [MeV] の陽子に対するシリコンの阻止能は 40 [keV/μm] である．同じ阻止能を有する重陽子と三重陽子のエネルギーはそれぞれいくらか．

5. 1 [MeV] の陽子，2 [MeV] の三重陽子，4 [MeV] の ^{3}He^{++}，6 [MeV] の α 粒子に対する同一物質の阻止能を大きな順に並べよ．

6. 10 [MeV] の陽子が ^{12}C の原子核と衝突し，180° 方向に弾性散乱された．散乱後の陽子のエネルギーはいくらか．ただし，各粒子の質量は質量数で代用できるものとする．

7. 10 [MeV] の重陽子が ^{16}O の原子核と衝突し，180° 方向に弾性散乱された．^{16}O 原子核の得る反跳エネルギーはいくらか．ただし，各粒子の質量は質量数で代用できるものとする．

8. 10 [MeV] の重陽子が物質層内で衝突し，180° 方向に散乱された．散乱後の重陽子のエネルギーが 5.625 [MeV] とすれば，重陽子は質量数がいくらの原子核と衝突したのか．

9. 4 [MeV] の α 粒子がアルミニウム層内で ^{27}Al の原子核と衝突し，25° 方向に散乱された．散乱後の α 粒子のエネルギーはいくらか．ただし，各粒子の質量は質量数で代用できるものとする．

10. 4 [MeV] の α 粒子が $_{79}$Au と核的弾性散乱を起こし，20° 方向に散乱される微分断面積は 2223.8 [b/sr] である．同じエネルギーの重陽子が $_{79}$Au と衝突して 20° 方向に散乱される微分断面積はいくらか．

11. 4 [MeV] の α 粒子が $_{78}$Pt と核的弾性散乱を起こし，20° 方向に散乱される微分断面積は 2168 [b/sr] である．標的核が $_{39}$Y の場合，α 粒子が 20° 方向に散乱される微分断面積はいくらか．

12. 5.6 [MeV] の α 粒子が $_{79}$Au の原子核と衝突するとき，10° 方向には

5.3 重荷電粒子と物質との相互作用

17878.8 [b/sr] の微分断面積を有している．60°方向の微分断面積はいくらか．

13. 4 [MeV] の α 粒子が $_{28}$Ni の原子核と衝突するとき，24°方向には 136 [b/sr] の微分断面積を有している．1.016 [b/sr] の断面積を有するのは散乱核が何度のときか．

14. 5.6 [MeV] の α 粒子が $_{79}$Au の原子核と衝突した．散乱核 10°の方向の単位立体角に入る散乱粒子が 1×10^4 個のとき，単位立体角あたり 100 個の散乱粒子が入るのは何度の方向か．

15. 4 [MeV] の陽子が $_{28}$Ni の原子核と衝突するとき，30°方向の微分断面積はいくらか．ただし，古典電子半径は 2.82 [fm] とする．

16. 体積を 1/5 に圧縮した（したがって 5 気圧の）空気中における 4 [MeV] の α 粒子の平均飛程は何センチメートルか．

17. アルミニウム中の 4 [MeV] の α 粒子の平均飛程を推定せよ．ただし，空気の密度は 1.3 [kg/m³]，アルミニウムの密度は 2.7×10^3 [kg/m³] とする．

18. 同一物質中で，^{12}C イオンの飛程が同じエネルギーの重陽子の 1/24 ほどであったとする．^{12}C イオンの荷電数はいくらか．（電卓使用不可）

19. シリコン中での 6 [MeV] の陽子の飛程は 300 [μm] ほどである．同じエネルギーの三重陽子と α 粒子のシリコン中での飛程を推定せよ．

20. 同一物質中で，^{12}C イオンの飛程が同じ速さの α 粒子の 3 倍ほどであったとする．^{12}C イオンの荷電数はいくらか．（電卓使用不可）

21. 4 [MeV] の α 粒子のアルミニウム中の飛程は 4 [mg/cm²] ほどである．これを用いて，同じ速さの重陽子の飛程を [μm] 単位で求めよ．ただし，アルミニウムの密度は 2.7×10^3 [kg/m³] とする．

22. ^{3}He$^+$ を 3 [MV] で加速した．同一物質中では 6 [MeV] の α 粒子と比べてこのイオンの飛程はどれくらい長いか．

23. 10 [MeV] の陽子のアルゴン中の飛程は 200 [mg/cm²] ほどである．これを用いて，8 [MeV] の α 粒子のアルゴン中の飛程を推定せよ．

24. 4 [MeV] の α 粒子のアルミニウム中の飛程は 4 [mg/cm²] ほどである．

これを用いて，4［MeV］のα粒子のベリリウム中の飛程を推定せよ．ただし，アルミニウムの原子量は27，密度は2.7×10^3［kg/m³］，ベリリウムの原子量は9，密度は1.85×10^3［kg/m³］とする．

25. 10［MeV］の陽子のシリコン中の飛程は170［mg/cm²］である．一方，1［cm³］あたり5.323［g］ある物質中では240［mg/cm²］である．シリコンの原子量を28.0855，密度を2.33×10^3［kg/m³］とすると，この物質の原子量はいくらか．

演習問題 5.3 解答

1. α粒子の質量を［MeV］単位で表すと，
$$M_\alpha = 4 \cdot 931.5 = 3726 \text{［MeV］}$$
M_αと電子の質量m（$=0.511$［MeV］）を比べると$M_\alpha \gg m$．したがって
$$\frac{4M_\alpha m}{(M_\alpha + m)^2} \cdot T \fallingdotseq \frac{4M_\alpha m}{M_\alpha^2} \cdot T = \frac{4m}{M_\alpha} \cdot T$$
と近似できる．
$$\frac{4m}{M_\alpha} \cdot T = \frac{4 \cdot 0.511}{3726} \cdot 11.7 \cong 6.42 \times 10^{-3} \text{［MeV］}$$
$$= 6.42 \text{［keV］}$$
なお，^{212m}Poはもっとも高いエネルギーのα粒子を放出するものである．

2. 荷電数の2乗に比例し，速さの2乗に反比例するので，
$$S_p = \frac{z_p^2}{z_\alpha^2} \cdot \frac{v_\alpha^2}{v_p^2} \cdot S_\alpha = \frac{1}{2^2} \cdot \frac{(2.2 \times 10^7)^2}{(3 \times 10^7)^2} \cdot 0.4 \cong 0.0583 \text{［MeV·cm²/mg］}$$
$$= 53.8 \text{［MeV·cm²/g］}$$

3. $S_d = \frac{T_p}{T_d} \cdot \frac{m_d}{m_p} \cdot \frac{z_d^2}{z_p^2} \cdot S_p = \frac{5}{2.5} \cdot \frac{2}{1} \cdot \frac{1}{1} \cdot 38 = 152$ ［MeV·cm²/g］

4. 重陽子の場合は，
$$\frac{40}{40} = 1 = \frac{T_p}{T_d} \cdot \frac{m_d}{m_p} \cdot \frac{z_d^2}{z_p^2} = \frac{1}{T_d} \cdot \frac{2}{1} \cdot \frac{1}{1}$$
$$\therefore \quad T_d = 2 \text{［MeV］}$$

5.3 重荷電粒子と物質との相互作用

三重陽子の場合は，

$$\frac{40}{40}=1=\frac{T_p}{T_t}\cdot\frac{m_t}{m_p}\cdot\frac{z_t^2}{z_p^2}=\frac{1}{T_t}\cdot\frac{3}{1}\cdot\frac{1}{1}$$

$$\therefore \quad T_t=3 \text{ [MeV]}$$

5. 1 [MeV] の陽子を基準とすると，

$$\frac{S_t}{S_p}=\frac{T_p}{T_t}\cdot\frac{m_t}{m_p}\cdot\frac{z_t^2}{z_p^2}=\frac{1}{2}\cdot\frac{3}{1}\cdot\frac{1}{1}=\frac{3}{2}$$

$$\frac{S_{He}}{S_p}=\frac{T_p}{T_{He}}\cdot\frac{m_{He}}{m_p}\cdot\frac{z_{He}^2}{z_p^2}=\frac{1}{4}\cdot\frac{3}{1}\cdot\frac{2^2}{1}=3$$

$$\frac{S_\alpha}{S_p}=\frac{T_p}{T_\alpha}\cdot\frac{m_\alpha}{m_p}\cdot\frac{z_\alpha^2}{z_p^2}=\frac{1}{6}\cdot\frac{4}{1}\cdot\frac{2^2}{1}=\frac{8}{3}$$

したがって，$S(^3\text{He}^{++})>S(\alpha)>S(t)>S(p)$ の順である．この結果は，順序こそ誤りはないが，粗い近似にすぎないことに注意すべきである．

6. $T_{min}=\frac{(12-1)^2}{(12+1)^2}\cdot 10\cong 7.16 \text{ [MeV]}$

7. $T_{min}=\frac{(16-2)^2}{(16+2)^2}\cdot 10\cong 6.05 \text{ [MeV]}$

$T_R=10-6.05=3.95 \text{ [MeV]}$

8. $5.625=\frac{(A-2)^2}{(A+2)^2}\cdot 10$

$0.5625(A+2)^2=(A-2)^2$

$0.5625A^2+2.25A+2.25=A^2-4A+4$

$0.4375A^2-6.25A+1.75=0$

$A=\frac{6.25\pm\sqrt{-6.25^2-4\cdot 0.4375\cdot 1.75}}{2\cdot 0.4375}$

$=\frac{6.25\pm 6}{0.875}$

$\therefore \quad A=14 \text{ or } 0.286$

$A\geq 1$ なので $A=14$，すなわち窒素原子核と考えられる．

9. $T=\left[\frac{4\cdot\cos 25°+\sqrt{27^2-\sin^2 25°}}{27+4}\right]^2\cdot 4$

第 5 章　粒子放射線と物質との相互作用

$$= \left[\frac{3.625+\sqrt{729-0.1786}}{31}\right]^2 \cdot 4$$

$$\cong 3.9 \text{ [MeV]}$$

10. ラザフォードの式を簡略化して，

$$\frac{d\sigma}{d\Omega}=[f(T) \cdot zZ]^2 \cdot f(\phi)$$

と書く．いま，$z=2$ のとき $[f(T) \cdot 2Z]^2 \cdot f(\phi)=2223.8$ [b/sr] ならば，

$$[f(T) \cdot 2Z] \cdot \sqrt{f(\phi)} \cong 47.1572$$

$z=1$ とすれば，

$$[f(T) \cdot Z] \cdot \sqrt{f(\phi)} = 23.5786$$

$$\therefore \quad \frac{d\sigma}{d\Omega}=[f(T) \cdot Z]^2 \cdot f(\phi) \cong 556 \text{ [b/sr]}$$

11. ラザフォードの式を簡略化して，

$$\frac{d\sigma}{d\Omega}=[f(T) \cdot zZ]^2 \cdot f(\phi)$$

と書く．いま $Z=78$ のとき $[f(T) \cdot 78z]^2 \cdot f(\phi)=2168$ [b/sr] ならば，

$$[f(T) \cdot 78z] \cdot \sqrt{f(\phi)} \cong 46.562$$

$Z=39$ とすれば，

$$[f(T) \cdot 39z] \cdot \sqrt{f(\phi)} = 23.281$$

$$\therefore \quad \frac{d\sigma}{d\Omega}=[f(T) \cdot 39z]^2 \cdot f(\phi) \cong 542 \text{ [b/sr]}$$

12. $\dfrac{d\sigma}{d\Omega}=17878.8 \cdot \dfrac{\sin^4(10°/2)}{\sin^4(60°/2)}=17878.8 \cdot \dfrac{5.77 \times 10^{-5}}{0.0625}$

$$\cong 16.5 \text{ [b/sr]}$$

13. $\dfrac{136}{1.016}=\dfrac{\sin^4(\phi/2)}{\sin^4(24°/2)}$

$$133.858=\frac{\sin^4(\phi/2)}{1.8686 \times 10^{-3}}$$

$$\sin^4\left(\frac{\phi}{2}\right)=0.25$$

5.3 重荷電粒子と物質との相互作用

$$\sin\left(\frac{\phi}{2}\right)=0.7072$$

$$\frac{\phi}{2}=45°$$

$$\therefore\quad \phi=90°$$

14. $\dfrac{1\times 10^4}{100}=\dfrac{\sin^4(\phi/2)}{\sin^4(10°/2)}$

　　$100=\dfrac{\sin^4(\phi/2)}{5.77\times 10^{-5}}$

　　$\sin^4\left(\dfrac{\phi}{2}\right)=5.77\times 10^{-3}$

　　$\sin\left(\dfrac{\phi}{2}\right)=0.27561$

　　$\dfrac{\phi}{2}\cong 16°$

　　$\therefore\quad \phi=32°$

15. $\dfrac{d\sigma}{d\Omega}=\left[\dfrac{1\cdot 28\cdot 2.82\times 10^{-15}}{4(1/0.511)}\right]^2\cdot\sin^{-4}\left(\dfrac{30°}{2}\right)$

　　　$=\left(\dfrac{7.896\times 10^{-14}}{7.8278}\right)^2\cdot 222.85$

　　　$=2.2675\times 10^{-26}\ [\text{m}^2/\text{sr}]$

　　　$=226.75\ [\text{b/sr}]$

16. $\bar{R}_{\text{air}}=0.318\,T^{3/2}=0.318\cdot 4^{3/2}=2.544\ [\text{cm}]$

体積を 1/5 に圧縮している（密度が 5 倍）ので，

　　$\dfrac{2.544}{5}=0.5088\ [\text{cm}]$

17. $\bar{R}_{\text{air}}=0.318\cdot T^{3/2}=0.318\cdot 4^{3/2}=2.544\ [\text{cm}]$

　　$1.3\ [\text{kg/m}^3]=0.0013\ [\text{g/cm}^3]$，$2.7\times 10^3\ [\text{kg/cm}^3]=2.7\ [\text{g/cm}^3]$ なので，

　　$(\bar{R}\rho)_{\text{air}}=3.3072\times 10^{-3}\ [\text{g/cm}^2]$

　　$\bar{R}_{\text{Al}}=\dfrac{3.3072\times 10^{-3}}{2.7}\cong 1.225\times 10^{-3}\ [\text{cm}]$

第 5 章　粒子放射線と物質との相互作用

$$= 12.25 \; [\mu m]$$

18. $\dfrac{R(^{12}C)}{R(d)} = \dfrac{1}{24} = \dfrac{m_d}{m_C} \cdot \dfrac{z_d^2}{z_C^2} = \dfrac{2}{12} \cdot \dfrac{1}{z_C^2}$

    $z_C^2 = \dfrac{2 \cdot 24}{12} = 4$

    $z_C = 2$

19. 三重陽子は,

    $$R(t) = \dfrac{m_p}{m_t} \cdot \dfrac{z_p^2}{z_t^2} \cdot R(p) = \dfrac{1}{3} \cdot \dfrac{1}{1} \cdot 300 = 100 \; [\mu m]$$

    α 粒子は,

    $$R(\alpha) = \dfrac{m_p}{m_\alpha} \cdot \dfrac{z_p^2}{z_\alpha^2} \cdot R(p) = \dfrac{1}{4} \cdot \dfrac{1}{2^2} \cdot 300 = 18.75 \; [\mu m]$$

20. $\dfrac{R(^{12}C)}{R(\alpha)} = 3 = \dfrac{m_C}{m_\alpha} \cdot \dfrac{z_\alpha^2}{z_C^2} = \dfrac{12}{4} \cdot \dfrac{2^2}{z_C^2}$

    $z_C^2 = \dfrac{12}{3} = 4$

    $\therefore \; z_C = 2$

21. $\dfrac{R(d)}{R(\alpha)} = \dfrac{m_d}{m_\alpha} \cdot \dfrac{z_\alpha^2}{z_d^2} = \dfrac{2}{4} \cdot \dfrac{2^2}{1} = 2$

    $(R\rho)_d = 2(R\rho)_\alpha = 2 \cdot 4 = 8 \; [mg/cm^2] = 8 \times 10^{-3} \; [g/cm^2]$

    $2.7 \times 10^3 \; [kg/m^3] = 2.7 \; [g/cm^3]$ なので,

    $$R(d) = \dfrac{(R\rho)_d}{\rho} = \dfrac{8 \times 10^{-3}}{2.7} \cong 2.96 \times 10^{-3} \; [cm]$$

    $= 29.6 \; [\mu m]$

22. $\dfrac{R(He)}{R(\alpha)} = \dfrac{T_{He}^2}{T_\alpha^2} \cdot \dfrac{m_\alpha}{m_{He}} \cdot \dfrac{z_\alpha^2}{z_{He}^2} = \dfrac{3^2}{6^2} \cdot \dfrac{4}{3} \cdot \dfrac{2^2}{1} = \dfrac{144}{108}$

    $= \dfrac{4}{3}$

    4/3 倍程度の飛程と考えられる.

23. $R(\alpha) = \dfrac{T_\alpha^2}{T_p^2} \cdot \dfrac{m_p}{m_\alpha} \cdot \dfrac{z_p^2}{z_\alpha^2} \cdot R(p) = \dfrac{8^2}{10^2} \cdot \dfrac{1}{4} \cdot \dfrac{1}{2^2} \cdot 200$

5.3 重荷電粒子と物質との相互作用

$$= \frac{64}{1600} \cdot 200 = \frac{200}{25} = 8 \ [\text{mg/cm}^2]$$

24. $R(\text{Be}) = \dfrac{\rho_{\text{Al}}}{\rho_{\text{Be}}} \cdot \dfrac{\sqrt{A_{w,\text{Be}}}}{\sqrt{A_{w,\text{Al}}}} \cdot R(\alpha) = \dfrac{2.7 \times 10^3}{1.85 \times 10^3} \cdot \dfrac{\sqrt{9}}{\sqrt{27}} \cdot 4$

   $\cong 3.37 \ [\text{mg/cm}^2]$

25. $2.33 \times 10^3 \ [\text{kg/m}^3] = 2.33 \ [\text{g/cm}^3]$ なので,

   $$\frac{R}{R(\text{Si})} = \frac{170}{240} = \frac{2.33}{5.323} \frac{\sqrt{A_w}}{\sqrt{28.0855}}$$

   $$\sqrt{A_w} = \frac{4795.6}{559.2} \cong 8.576$$

   ∴ $A_w \cong 73.5$

5.4 中性子と物質との相互作用

■要　項■

5.4.1 捕獲反応

捕獲反応により解放されるエネルギー Q は，

$$Q=\{(^{A}_{Z}M+m_n)-{}^{A+1}_{Z}M\}c^2 \tag{5.19}$$

$^{A}_{Z}M$：標的核の原子質量 [u]

m_n：中性子の質量（1.008664967 [u]）

$^{A+1}_{Z}M$：複合核の原子質量 [u]，$c^2=931.5$ [MeV/u]

であり，発熱反応として起こる．Q は γ 線として放出され，これを捕獲 γ 線という．捕獲 γ 線のエネルギーも，既に学んだように（式（4.18），p.199参照），複合核の反跳エネルギー T_R だけ低くなる．しかも1個の γ 光子として放出されずに，通常3〜5個の γ 光子に分割されて放出されるため，捕獲 γ 線のエネルギーは比較的低い．

捕獲断面積 σ_c は中性子のエネルギー T の平方根に逆比例するため，図5.11に示すように，共鳴吸収域を除いて，

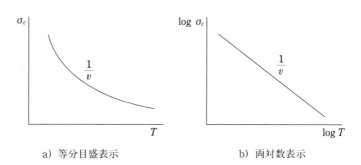

図5.11　中性子捕獲反応断面積 σ_c

5.4 中性子と物質との相互作用

$$\sigma_c \propto \frac{1}{v} \tag{5.20}$$

v：中性子の速度 [m/s]

と表され，これを $(1/v)$ 則という．

5.4.2 弾性散乱

中性子の弾性散乱は核反応エネルギー Q がゼロである核反応に相当し，剛体球の衝突として記述することができる．いまエネルギー T_0 の中性子が原子核と衝突したとすると，原子核の反跳エネルギー T_R は，図 5.12 に示す実験室系で

$$T_R = \frac{4Mm_n}{(M+m_n)^2} \cdot T_0 \cos^2\theta \tag{5.21}$$

M：反跳核の原子質量 [u]

m_n：中性子の質量（$=1.008664967$ [u]），θ：反跳角

もしくは近似的に

$$T_R = \frac{4A}{(A+1)^2} \cdot T_0 \cos^2\theta \tag{5.21'}$$

A：反跳核の質量数

一方，散乱中性子のエネルギー T は

$$T = T_0 - T_R \tag{5.22}$$

である．

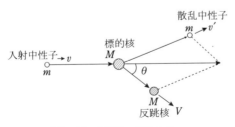

図 5.12　中性子の弾性散乱

第5章　粒子放射線と物質との相互作用

　中性子の弾性散乱は散乱角 ϕ がゼロから π まで一様な頻度で生じる等方散乱として起こり，これに対応する反跳角 θ の範囲は $(\pi/2)$ からゼロまでである．したがって，平均反跳角 $\bar{\theta}$ は $(\pi/4)$，$\cos^2\bar{\theta}$ は $1/2$ となる．結果，最初エネルギー T_0 であった中性子は n 回の衝突によりエネルギー T_n まで減速する．

$$T_n = \left\{1 - \frac{2A}{(A+1)^2}\right\}^n \cdot T_0 \tag{5.23}$$

　　　A：反跳核の質量数

逆に，エネルギー T_0 の中性子を T_n まで減速するのに要する平均衝突回数 $\bar{n}$ は，幾何平均をとって

$$\bar{n} = \frac{\ln(T_0/T_n)}{1 + \frac{(A-1)^2}{2A} \cdot \ln\left\{\frac{A-1}{A+1}\right\}} \tag{5.24}$$

である．特に反跳核の質量数 A が1のときは

$$\bar{n} = \ln(T_0/T_n) \tag{5.24'}$$

を用いる．

5.4.3　マクロ断面積と平均自由行程

　単一エネルギーの場合，中性子の全断面積 σ は起こり得る核反応の断面積の総和で与えられる．

　　　$\sigma = \sigma_c + \sigma_s + \sigma_{s'} + \sigma_f + \cdots$

　　　σ_c：捕獲断面積，　σ_s：弾性散乱断面積

　　　$\sigma_{s'}$：非弾性散乱断面積，　σ_f：核分裂断面積

一方，この σ に原子密度 N_a を乗じたマクロ断面積 Σ を用いる場合がある．

$$\Sigma = \sigma N_a \tag{5.25}$$

　　　σ：断面積（マクロ断面積に対してミクロ断面積と呼ぶ）[m^2]

　　　N_a：原子密度（単位体積あたりの原子数）[m^{-3}]

　　　Σ の単位：[m^{-1}]

マクロ断面積 Σ は，光子の場合の線減弱係数と同義であり，物質の単位長さあ

5.4 中性子と物質との相互作用

たりに中性子フルエンス Φ が減衰していく割合を示す．

$$\Phi = \Phi_0 e^{-\Sigma x} \tag{5.26}$$

Φ_0：物質に入射する中性子フルエンス [m^{-2}]

Φ：物質層通過後の中性子フルエンス [m^{-2}]，x：物質厚 [m]

混合物，化合物のマクロ断面積 Σ_c は，化学結合の影響が無視できるとして，

$$\Sigma_c = \sum_i w_i \cdot N_{a,i} \cdot \sigma_i \tag{5.27}$$

w_i：成分 i の重量比，$N_{a,i}$：成分 i の原子密度 [m^{-3}]

σ_i：成分 i のミクロ断面積 [m^2]

で得られる．これは既に学んだ「混合物，化合物の質量減弱係数」(式 (3.28)，p.148 参照) と結果として同じである．しかし，熱中性子まで考えると，化学結合の影響を無視できない場合が多い．

また，1個の中性子が物質と衝突することなく通過する距離 x を自由行程という．同じエネルギーの中性子でも通過距離 x は非常に異なる．この x の平均を平均自由行程 λ といい，マクロ断面積 Σ の逆数で与えられる．

$$\lambda \equiv \bar{x} = \frac{1}{\Sigma} \tag{5.28}$$

【例題 5.4】

1. 熱中性子が ^{59}Co の原子核と衝突して (n, γ) 反応を起こした．反跳エネルギーは無視できるとすれば，捕獲 γ 線エネルギーの総和はいくらか．ただし，中性子の質量は 1.008665 [u]，^{59}Co の原子質量は 58.933198 [u]，^{60}Co の原子質量は 59.93382 [u] とする．

【解】 反跳エネルギーを無視して捕獲 γ 線エネルギーの総和を求めることは捕獲反応で解放されるエネルギー Q を求めることに等しいので，式 (5.19) より，

$$\begin{aligned} Q &= \{(^A_Z M + m_n) - {^{A+1}_Z M}\} c^2 \\ &= \{(58.933198 + 1.008665) - 59.93382\} \cdot 931.5 = 8.043 \times 10^{-3} \cdot 931.5 \\ &= 7.492 \text{ [MeV]} \end{aligned}$$

第5章　粒子放射線と物質との相互作用

2. 速さ 2200 [m/s] の中性子に対する ^{133}Cs の (n, γ) 反応断面積は 29 [b] である．これを用いて，エネルギー 1 [eV] の中性子に対する ^{133}Cs の (n, γ) 反応断面積を求めよ．ただし，中性子の質量は $1.6749286 \times 10^{-27}$ [kg] とする．

【解】　1 [eV] の中性子の速さはニュートン力学 $(1/2)mv^2$ で求めればよい．$1 [eV] = 1.60217733 \times 10^{-19}$ [J] であるから，

$$v = \sqrt{\frac{2T}{m}} = \sqrt{\frac{2 \cdot 1.60217733 \times 10^{-19}}{1.6749286 \times 10^{-27}}} = 13831.59 \, [\text{m/s}]$$

したがって，式 (5.20) より，1 [eV] の中性子に対する (n, γ) 反応断面積 σ_c は

$$\sigma_c = \frac{2200}{13831.59} \cdot 29 \cong 4.61 \, [\text{b}]$$

なお，速さ 2200 [m/s] はエネルギー 0.0253 [eV] の熱中性子を意味する．また，^{133}Cs は 1 [eV] を越えると共鳴吸収がみられるため，$1/v$ 則には従わない．

3. $1/v$ 則は捕獲反応だけではなく，他の核反応でもみられる．中性子計測上重要な核反応で $1/v$ 則に従うものをあげよ．

【解】　^{3}He(n, p)，^{6}Li(n, α)，^{10}B(n, α) などの荷電粒子放出反応も $1/v$ 則に従

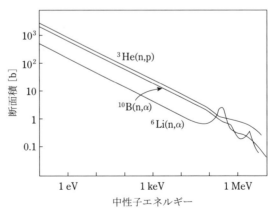

図 5.13　中性子のエネルギーと断面積

5.4 中性子と物質との相互作用

う．これらの荷電粒子放出反応は Q が正の発熱反応として起こり，^{3}He は ^{3}He 計数管，^{6}Li は LiF シンチレーター，^{10}B は BF$_3$ 計数管など，主として熱中性子検出器として利用されている（図 5.13）．

4. エネルギー 0.1 [MeV] の中性子が ^{12}C の原子核と衝突し，弾性散乱を起こした．^{12}C 原子核の最大反跳エネルギーはいくらか．ただし，中性子および原子核の質量は質量数で代用できるものとする．

【解】 最大反跳エネルギーは，図 5.14 のように，反跳角がゼロのときに得られる．したがって $\cos^2\theta = 1$ である．これより式（5.21′）を用いて，

$$T_{R,\max} = \frac{4A}{(A+1)^2} \cdot T_0 = \frac{4 \cdot 12}{(12+1)^2} \cdot 0.1 = 0.0284 \ [\text{MeV}]$$

最大反跳エネルギーは 28.4 [keV] である．

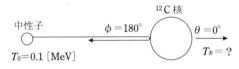

図 5.14 中性子と ^{12}C 核の衝突

5. エネルギー 1 [MeV] の中性子が ^{1}H の原子核と弾性散乱を起こしたとき，30° の方向に ^{1}H の原子核が反跳した．散乱中性子のエネルギーはいくらか．ただし，中性子および原子核の質量は質量数で代用できるものとする．

【解】 まず，式（5.21′）を用いて反跳エネルギー T_R を求めると，

$$T_R = \frac{4A}{(A+1)^2} \cdot T_0 \cos^2\theta = \frac{4}{2^2} \cdot 1 \cdot 0.75 = 0.75 \ [\text{MeV}]$$

したがって，散乱中性子のエネルギー T' は式（5.22）より

$$T = T_0 - T_R = 1 - 0.75 = 0.25 \ [\text{MeV}]$$

6. 中性子の遮へい材としてパラフィンを使う．エネルギー 0.8 [MeV] の中性子がパラフィン中の ^{1}H 原子核とのみ弾性散乱を起こすとして，3 回の弾性散乱を起こした中性子のエネルギーはいくらか．（電卓使用不可）

【解】 式（5.23）を用いる．

$$T_3 = \left\{1 - \frac{2A}{(A+1)^2}\right\}^3 \cdot T_0 = \left\{1 - \frac{2}{2^2}\right\}^3 \cdot 0.8 = \frac{1}{8} \cdot 0.8 = 0.1 \ [\text{MeV}]$$

もちろん，たかだか3回の散乱で平均反跳角が $\pi/4$ となる保証があるわけではない．しかし，1個の中性子ではなく，多数の中性子が遮へい材中で多数の弾性散乱を繰り返したとき，3回の弾性散乱で1/8のエネルギーとなることが期待される．

7. エネルギー1 [MeV] の中性子がカーボン中で弾性散乱を繰り返したとする．そのエネルギーが0.025 [eV] となるまでに平均で何回の衝突が必要か．ただし，中性子および原子核の質量は質量数で代用できるものとする．

【解】 幾何平均で求めるため，式（5.24）を用いる．

$$\bar{n} = \frac{\ln(T_0/T_n)}{1 + \frac{(A-1)^2}{2A} \cdot \ln\left\{\frac{A-1}{A+1}\right\}} = \frac{\ln(1 \times 10^6/0.025)}{1 + \frac{(12-1)^2}{24} \cdot \ln\left\{\frac{12-1}{12+1}\right\}}$$

$$\cong \frac{17.5}{1 - 0.8422} = 110.95 \cong 111$$

8. 天然ウランの熱中性子に対する吸収断面積は7.6[b]，散乱断面積は8.9[b]である．天然ウランの熱中性子に対するマクロ全断面積と平均自由行程はいくらか．ただし，ウランの原子量は238.0289，密度は 18.95×10^3 [kg/m³] とする．また，アボガドロ数は 6.022×10^{23} とする．

【解】 天然ウランのミクロ全断面積 σ は，

$$\sigma = 7.6 \times 10^{-28} + 8.9 \times 10^{-28} = 16.5 \times 10^{-28} \ [\text{m}^2]$$

また，ウランの原子密度 N_a は式（2.15），p.61 より，

$$N_a = \frac{6.022 \times 10^{23}}{238.0289 \times 10^{-3}} \cdot 18.95 \times 10^3 \cong 4.794 \times 10^{28} \ [\text{m}^{-3}]$$

したがって，マクロ全断面積 Σ は式（5.25）より，

$$\Sigma = \sigma \cdot N_a = 16.5 \times 10^{-28} \cdot 4.794 \times 10^{28} = 79.1 \ [\text{m}^{-1}]$$

マクロ全断面積 Σ の逆数が平均自由行程 τ であるから，

$$\tau = \frac{1}{\Sigma} = \frac{1}{79.1} = 0.01264 \ [\text{m}]$$

9. 4×10^6 [m^{-2}·s^{-1}] の熱中性子束が厚さ 3.7 [cm] のモリブデン層を通過すると，5.4×10^5 [m^{-2}·s^{-1}] になっていた．モリブデンの熱中性子に対する平均自由行程はいくらか．ただし，$\ln 0.135 = -2$ とする．（電卓使用不可）

【解】 式（5.26）を $\Phi/\Phi_0 = e^{-\Sigma x}$ と変形して，

$$\frac{5.4\times 10^5}{4\times 10^6} = e^{-3.7\Sigma}$$

両辺の対数をとって，

$$\ln 0.135 = -3.7\Sigma$$
$$-2 = -3.7\Sigma$$

マクロ断面積の逆数が平均自由行程 τ であるから，

$$\tau = \frac{1}{\Sigma} = \frac{3.7}{2} = 1.85 \ [\text{cm}]$$

この場合，厚さ 3.7 [cm] とは 2τ である．中性子束が 2τ だけ通過するとその強さは約 13.5 [%] となる（図 5.15）．

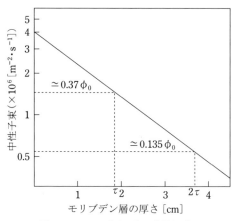

図 5.15 モリブデン中の中性子束

10. $_1$H の熱中性子に対する吸収断面積は 0.332 [b]，$_8$O の吸収断面積は 0.27 [mb]，H_2O の熱中性子に対する散乱断面積は 100 [b] である．H_2O の熱中性子に対するマクロ全断面積はいくらか．ただし，アボガドロ数は $6.022\times$

10^{23} とする．

【解】 H_2O の吸収断面積 σ_a は，
$$\sigma_a = \frac{2}{18}\sigma_a(H) + \frac{16}{18}\sigma_a(O) = \frac{2}{18}0.332 + \frac{16}{18}0.00027 \cong 0.03713 \ [b]$$

したがって，H_2O のミクロ全断面積 σ は，
$$\sigma = 0.03713 + 100 = 100.03713 \ [b]$$

また，H_2O の分子密度 N_m は，
$$N_m = \frac{6.022 \times 10^{23}}{18} 1 \cong 3.346 \times 10^{22} \ [cm^{-3}]$$

したがって，H_2O の熱中性子に対するマクロ全断面積 Σ は，
$$\Sigma = 100.03713 \times 10^{-24} \cdot 3.346 \times 10^{22} = 3.347 \ [cm^{-1}]$$

11. 速さ v の中性子 n 個が物質の単位体積中を運動しているとき，nv は何を意味するか．また，この nv にその物質のマクロ全断面積 Σ を乗じたものは何を意味するか．簡単に説明せよ．

【解】 v の単位は $[m/s]$，n の単位は $[m^{-3}]$ である．両者の積 nv は単位 $[m^{-2} \cdot s^{-1}]$ をもつ量，すなわち中性子フルエンス率 $\dot{\Phi}$ である．これを概念的に図5.16に示す．

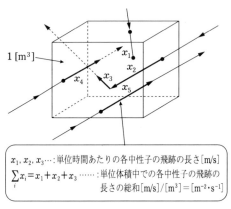

図5.16 中性子のフルエンス

5.4 中性子と物質との相互作用

この中性子フルエンス率は慣用的に，例題 5.4.9 で既に用いたように，中性子束ともいう．そして，$\dot{\Phi}$ とマクロ断面積 Σ の積は単位 $[\mathrm{m}^{-3}\cdot\mathrm{s}^{-1}]$ をもつ．$\dot{\Phi}$ は放射線場の強さを，Σ は相互作用の係数であるから，その積は効果量である．すなわち，速さ v の中性子 n 個が物質の単位体積あたり，単位時間あたりに起こす核反応数を意味する．

● 演習問題 5.4
1. 速さ 2200 [m/s] の中性子のエネルギーはいくらか．[eV] 単位で答えよ．ただし，中性子の質量は 1.008665 [u]，1 [eV]＝1.602×10^{-19} [J] とする．
2. ^{12}C の原子核が熱中性子を捕獲したとき，複合核の原子質量はいくらか．[GeV] 単位で答えよ．ただし，中性子の質量は 1.008665 [u] とする．
3. 熱中性子が ^{46}Ca の原子核と衝突して (n, γ) 反応を起こした．反跳エネルギーを無視できるとすれば，捕獲 γ 線エネルギーの総和はいくらか．ただし，中性子の質量は 1.008665 [u]，^{46}Ca の原子質量は 45.9537 [u]，^{47}Ca の原子質量は 46.9545 [u] とする．
4. 熱中性子がシリコン層内で (n, γ) 反応を起こし，^{29}Si が生成された．捕獲 γ 線エネルギーの全てが検出でき，その総和が 8.537 [MeV] だとすると，^{28}Si の原子質量はいくらか．[u]単位で答えよ．ただし，中性子の質量は 1.008665 [u]，^{29}Si の原子質量は 28.9765 [u] とする．
5. 中性子捕獲した原子核は捕獲 γ 線を放出しても安定核にならない場合がある．なぜか，理由を簡単に説明せよ．
6. ^{6}Li は大きな (n, α) 反応断面積を有し，$1/v$ 則に従う．1 [keV] の中性子に対する ^{6}Li の全吸収断面積が 4.73 [b] のとき，速さ 2200 [m/s] の中性子に対する全吸収断面積は何バーンか．
7. 0.01 [eV] の中性子に対する ^{113}In の (n, γ) 反応断面積は 19 [b] ほどである．中性子のエネルギーがいくらのとき 6 [b] の断面積をもつか．
8. 0.1 [MeV] の中性子が ^{16}O の原子核と衝突し，弾性散乱を起こした．^{16}O 原子核の最大反跳エネルギーはいくらか．ただし，各粒子の質量は質量数で

代用できるものとする．

9. 20 [keV] の中性子が ^{1}H の原子核と衝突し，弾性散乱を起こした．反跳角が 30° のとき，^{1}H 原子核の反跳エネルギーはいくらか．（電卓使用不可）

10. 10 [keV] の中性子が ^{1}H の原子核と衝突し，弾性散乱を起こした．反跳角が 45° のとき，散乱中性子のエネルギーはいくらか．（電卓使用不可）

11. 0.1 [MeV] の中性子が物質層内で原子核と衝突し，弾性散乱を起こした．1 回散乱した中性子のうちエネルギーのもっとも低いものが 0.064 [MeV] のとき，衝突した原子核の質量数はいくらか．

12. 中性子の減速材としてベリリウムを使う．0.1 [MeV] の多数の中性子がベリリウム層に入射して ^{9}Be の原子核と弾性散乱を起こすとすれば，1 回の衝突だけで中性子の平均エネルギーはいくらになるか．

13. 中性子の減速材としてカーボンを使う．1 [MeV] の多数の中性子がカーボン層に入射して ^{12}C の原子核と弾性散乱を起こすとすれば，5 回の衝突で中性子の平均エネルギーはいくらになるか．

14. 0.5 [MeV] の中性子が物質層内で原子核と衝突し，弾性散乱を起こした．4 回散乱した中性子の平均エネルギーが 0.03125 [MeV] のとき，衝突した原子核の質量数はいくらか．

15. 1 [MeV] の中性子を ^{1}H の原子核との弾性散乱だけで 0.025 [eV] まで減速させるには平均何回の衝突回数が必要か．

16. 1 [MeV] の中性子がカーボン中で弾性散乱を繰り返し，そのエネルギーが 0.025 [eV] になるまでに平均 110.95 回の衝突が必要である．1 [keV] までなら平均衝突回数はいくら必要か．

17. 1 [MeV] の中性子がベリリウム中で弾性散乱を繰り返し，そのエネルギーが 1 [eV] になるまでに平均 66.87 回の衝突が必要である．平均衝突回数が 52.37 回のとき，中性子のエネルギーはいくらか．

18. 黒鉛（カーボンから成る）の熱中性子に対する散乱断面積は 0.24 [cm^2/g] である．密度を 2.25 [g/cm^3] とすると，黒鉛のマクロ散乱断面積はいくらか．

5.4 中性子と物質との相互作用

19. 熱中性子に対するカドミウムの吸収断面積は 2450 [b]，吸収断面積は 5.6 [b] である．カドミウムのマクロ全断面積はいくらか．ただし，カドミウムの原子量は 112.411，密度は 8.69 [g/cm³]，アボガドロ数は 6.022×10^{23} とする．

20. ^{235}U を 3 [％] に濃縮したウランの熱中性子に対するマクロ吸収断面積を求めよ．ただし，熱中性子に対する ^{235}U の吸収断面積は 683[b]，^{238}U は 2.72 [b] である．また，原子質量は質量数で代用できるものとし，ウランの密度は 18.95 [g/cm³]，アボガドロ数は 6.022×10^{23} とする．

21. 熱中性子に対する黒鉛（カーボンから成る）の全断面積は 4.75 [b] ほどである．黒鉛中における熱中性子の平均自由行程は何センチメートルか．ただし，カーボンの原子量は 12.011，黒鉛の密度は 2.25 [g/cm³]，アボガドロ数は 6.022×10^{23} とする．

22. 中性子束が物質中で平均自由行程だけ進んだとき 1×10^5 [m⁻²·s⁻¹] であったとする．物質層に入射するとき，中性子束はいくらであったか．

23. 水中のある深さで速さ 2200 [m/s] の中性子の粒子フルエンスは 1×10^6 [cm⁻²] であった．そこから 3 [cm] 深い位置での中性子フルエンスは 4360 [cm⁻²] であったとすると，この中性子に対する水の平均自由行程はいくらか．

24. 速さ 2200 [m/s] で 1×10^8 [cm⁻²·s⁻¹] の中性子束が厚さ 100 [μm] のカドミウム箔を通過すると，3.128×10^7 [cm⁻²·s⁻¹] になっていた．この中性子に対するカドミウムのミクロ全断面積を求めよ．ただし，カドミウムの原子量は 112.411，密度は 8.69 [g/cm³]，アボガドロ数は 6.022×10^{23} とする．

25. 100 [m³] の自由空間中を速さ 2200 [m/s] の中性子が 1×10^8 個飛び回っている．この空間中での中性子フルエンス率はいくらか．SI 単位で答えよ．

26. 速さ 2200 [m/s] の中性子に対する水の全断面積は 100 [b] ほどである．いま，1×10^6 個の中性子が体積 1 [m³] の水中を飛び回っているとすると，1 秒間に何個の核反応が生じるか．ただし，水の分子量は 18，アボガドロ数は 6.022×10^{23} とする．

27. 速さ 2200 [m/s] の中性子に対するベリリウムの全断面積は 6.15 [b] である．いま，体積 20 [m³] のベリリウム中で 1 秒間に 8×10^{12} 個の核反応が生じているとすると，その容積内には何個の中性子が存在しているか．ただし，ベリリウムの原子量は 9，密度は 1.85 [g/cm³]，アボガドロ数は 6.022×10^{23} とする．

演習問題 5.4 解答

1. 質量を [kg] 単位に換算する必要はない．まず速さは
$$\frac{v}{c} = \frac{2200}{3 \times 10^8} \cong 7.333 \times 10^{-6}$$
$$\therefore \quad v = 7.333 \times 10^{-6} c$$
質量を [eV] 単位に換算して，
$$m_n = 1.008665 \cdot 931.5 \times 10^6 \cong 9.3957 \times 10^8 \text{ [eV/c}^2\text{]}$$
したがって，運動エネルギーは，
$$\frac{1}{2} m_n v^2 = \frac{1}{2} \cdot 9.3957 \times 10^8 \cdot 5.377 \times 10^{-11}$$
$$\cong 0.0253 \text{ [eV]}$$

2. ^{12}C 原子の質量は正確に 12 [u] であり，これを用いて，
$$M_c + m_n = 12 + 1.008665 = 13.008665$$
1 [u] = 0.9315 [GeV] なので
$$(M_c + m_n) c^2 = 13.008665 \cdot 0.9315 \cong 12.12 \text{ [GeV]}$$

3. $Q = \{(^{46}M + m_n) - {}^{47}M\} c^2$
$\quad = (45.9537 + 1.008665 - 46.9545) \cdot 931.5$
$\quad \cong 7.33 \text{ [MeV]}$

4. $Q = \{(^{28}M + m_n) - {}^{29}M\} \cdot 931.5 = 8.537$
$^{28}M + 1.008665 - 28.9765 \cong 9.165 \times 10^{-3}$
$\therefore \quad ^{28}M \cong 27.977 \text{ [u]}$

5. 中性子捕獲した原子核は中性子数がより過剰となる．特に標的物質が安定

5.4 中性子と物質との相互作用

核種の場合は，中性子過剰側に傾かざるを得ない．偶－偶核の特別な安定性が中性子数が1だけ増えることで失われることも考慮せねばならない．その結果，捕獲 γ 線の放出のみでは安定とならず，一般に β^- 崩壊核種となる場合が多い．逆に，β^- 崩壊核種の生成には，^{98}Mo(n,γ)^{99}Mo などのように捕獲反応がよく用いられる．なお，(n, γ) 反応断面積は放射捕獲断面積ともいう．

6. 速さ 2200 [m/s] の中性子のエネルギー T は，演習問題 5.4.1 で求めたように 0.0253 [eV] である．$T=\frac{1}{2}mv^2$ としてよいので，$1/v$ 則は $1/\sqrt{T}$ 則ともいえる．したがって，

$$\sigma_a = \sqrt{\frac{1000}{0.0253}} \cdot 4.73 \cong 940 \ [\text{b}]$$

もちろん，1 [keV] から 4.377×10^5 [m/s] を求めて計算しても，結果は同じである．

7. $1/v \propto 1/\sqrt{T}$ を用いる．

$$\frac{19}{6} = \sqrt{\frac{T}{0.01}}$$

$$\frac{T}{0.01} \cong 10$$

∴ $T = 0.1$ [eV]

8. 最大反跳エネルギーは反跳角がゼロのとき得られるので，

$$T_{R,\max} = \frac{4A}{(A+1)^2} \cdot T_0 = \frac{4 \cdot 16}{(16+1)^2} \cdot 0.1 \cong 0.0221 \ [\text{MeV}]$$
$$= 22.1 \ [\text{keV}]$$

9. $T_R = \frac{4}{(1+1)^2} \cdot 20 \cos^2 30° = 20 \cdot \left(\frac{\sqrt{3}}{2}\right)^2 = 20 \cdot \frac{3}{4}$
$$= 15 \ [\text{keV}]$$

10. $T_R = \frac{4}{(1+1)^2} \cdot 10 \cos^2 45° = 10 \cdot \left(\frac{1}{\sqrt{2}}\right)^2 = \frac{10}{2}$
$$= 5 \ [\text{keV}]$$

∴ $T' = T_0 - T_R = 10 - 5 = 5$ [keV]

第5章　粒子放射線と物質との相互作用

11. $T_{R,\max}=0.1-0.064=0.036$ [MeV]

$0.036=\dfrac{4A}{(A+1)^2}\cdot 0.1$

$\dfrac{A}{(A+1)^2}=\dfrac{9}{100}$

$9A^2-82A+9=0$

$(9A-1)(A-9)=0$

$\therefore\ A=\dfrac{1}{9}$ or 9

したがって，原子核の質量数は9である．

12. $\bar{T}=\left\{1-\dfrac{2\cdot 9}{(9+1)^2}\right\}\cdot 0.1=\left(1-\dfrac{18}{100}\right)\cdot 0.1=0.082$ [MeV]

   $=82$ [keV]

13. $\bar{T}=\left\{1-\dfrac{2\cdot 12}{(12+1)^2}\right\}^5\cdot 1=(1-0.142)^5\cdot 1$

   $\cong 0.465$ [MeV]

14. $\bar{T}=0.03125=\left\{1-\dfrac{2A}{(A+1)^2}\right\}^4\cdot 0.5$

   $0.0625=\left\{1-\dfrac{2A}{(A+1)^2}\right\}^4$

   $1-\dfrac{2A}{(A+1)^2}=0.5$

   $\dfrac{2A}{(A+1)^2}=\dfrac{1}{2}$

   $A^2-2A+1=0$

   $(A-1)^2=0$

   $\therefore\ A=1$

15. $\bar{n}=\ln\left(\dfrac{1\times 10^6}{0.025}\right)=\ln(4\times 10^7)$

   $\cong 17.5$ [回]

5.4 中性子と物質との相互作用

16. $110.95 = \dfrac{\ln(1\times 10^6/0.025)}{\xi}$

    $110.95 = \dfrac{17.5044}{\xi}$

    $\xi \cong 0.1577$

    したがって，1 [keV] までなら，

    $\bar{n} = \dfrac{\ln(1\times 10^6/1\times 10^3)}{0.1577}$

    $\cong 43.8$ [回]

17. $66.87 = \dfrac{\ln(1\times 10^6/1)}{\xi}$

    $66.87 = \dfrac{13.8155}{\xi}$

    $\xi \cong 0.2066$

    したがって，平均衝突回数が 52.37 回ならば，

    $52.37 = \dfrac{\ln(1\times 10^6/T)}{0.2066}$

    $\ln(1\times 10^6) - \ln T = 10.82$

    $\ln T \cong 2.996$

    ∴ $T = 20$ [eV]

18. $\Sigma_s = 0.24 \cdot 2.25 = 0.54$ [cm^{-1}]

19. ミクロ全断面積は，

    $\sigma = 2450 + 5.6 = 2455.6$ [b]

    1 [cm^3] 中に含まれるカドミウムの原子（核）数は，

    $N_a = \dfrac{6.022\times 10^{23}}{112.411} \cdot 8.69 \cong 4.655\times 10^{22}$ [cm^{-1}]

    したがって，マクロ全断面積は，

    $\Sigma = 2455.6\times 10^{-24} \cdot 4.655\times 10^{22}$

    $\cong 114.3$ [cm^{-1}]

第5章　粒子放射線と物質との相互作用

20. $\Sigma = 0.03 \cdot 683 \times 10^{-24} \cdot \dfrac{6.022 \times 10^{23}}{235} \cdot 18.95$

$\qquad + 0.97 \cdot 2.72 \times 10^{-24} \cdot \dfrac{6.022 \times 10^{23}}{238} \cdot 18.95$

$\quad = 0.03 \cdot 683 \times 10^{-24} \cdot 4.856 \times 10^{22} + 0.97 \cdot 2.72 \times 10^{-24} \cdot 4.795 \times 10^{22}$

$\quad \cong 0.995 + 0.127$

$\quad = 1.122 \ [\text{cm}^{-1}]$

21. 1 [cm³] 中に含まれるカーボンの原子（核）数は，

$N_a = \dfrac{6.022 \times 10^{23}}{12.011} \cdot 2.25 \cong 1.1281 \times 10^{23} \ [\text{cm}^{-3}]$

マクロ全断面積は，

$\Sigma = 4.75 \times 10^{-24} \cdot 1.1281 \times 10^{23} \cong 0.5358 \ [\text{cm}^{-1}]$

平均自由行程は，マクロ全断面積の逆数なので，

$\lambda = \dfrac{1}{\Sigma} = \dfrac{1}{0.5358} \cong 1.866 \ [\text{cm}]$

22. $\dot{\Phi}_0 = \dot{\Phi} e^{\lambda \bar{x}} = \dot{\Phi} e^{\lambda \frac{1}{\lambda}} \cong 1 \times 10^5 \cdot 2.718$

$\quad = 2.718 \times 10^5 \ [\text{m}^{-2} \cdot \text{s}^{-1}]$

23. $4360 = 1 \times 10^6 \cdot e^{-3\Sigma}$

$\quad 4.36 \times 10^{-3} = e^{-3\Sigma}$

両辺の対数をとって，

$\quad 5.4353 = 3\Sigma$

$\quad \therefore \ \Sigma \cong 1.812 \ [\text{cm}^{-1}]$

したがって，平均自由行程は，

$\lambda = \dfrac{1}{1.812} \cong 0.552 \ [\text{cm}]$

24. 100 [μm] = 0.01 [cm] なので，

$\quad 3.128 \times 10^7 = 1 \times 10^8 \cdot e^{-0.01\Sigma}$

$\quad 0.3128 = e^{-0.01\Sigma}$

両辺の対数をとって，

$1.1405 = 0.01\Sigma$

∴ $\Sigma \cong 114$ [cm^{-1}]

1 [cm³] 中のカドミウムに含まれる原子（核）数は，

$$N_a = \frac{6.022 \times 10^{23}}{112.411} \cdot 8.69 \cong 4.655 \times 10^{22} \text{ [cm}^{-3}\text{]}$$

したがって，ミクロ全断面積は，

$$\sigma = \frac{\Sigma}{N_a} = \frac{114}{4.655 \times 10^{22}} \cong 2.45 \times 10^{-21} \text{ [cm}^2\text{]}$$

$$= 2450 \text{ [b]}$$

25． 100 [m³] 中で 1×10^8 なので，単位体積中の中性子数は 1×10^6 [m^{-3}] と見積もられる．したがって，中性子フルエンス率は，

$$\dot{\Phi} = nv = 1 \times 10^6 \cdot 2200 = 2.2 \times 10^9 \text{ [m}^{-2} \cdot \text{s}^{-1}\text{]}$$

26． 1 [m³] 中の水に含まれる分子数は，

$$N_m = \frac{6.022 \times 10^{23}}{18 \times 10^{-3}} \cdot 1 \times 10^3 \cong 3.3456 \times 10^{28} \text{ [m}^{-3}\text{]}$$

水のマクロ全断面積は，

$$\Sigma = 100 \times 10^{-28} \cdot 3.3456 \times 10^{28} \cong 334.56 \text{ [m}^{-1}\text{]}$$

中性子フルエンス率は，

$$\dot{\Phi} = nv = 1 \times 10^6 \cdot 2200 = 2.2 \times 10^9 \text{ [m}^{-2} \cdot \text{s}^{-1}\text{]}$$

したがって，核反応数は，

$$N_R = \dot{\Phi} \cdot \Sigma = 2.2 \times 10^9 \cdot 334.56$$

$$\cong 7.36 \times 10^{11} \text{ [m}^{-3} \cdot \text{s}^{-1}\text{]}$$

27． 1.85 [g/cm³] $= 1.85 \times 10^3$ [kg/m³] なので，1 [m³] 中のベリリウムに含まれる原子（核）数は，

$$N_a = \frac{6.022 \times 10^{23}}{9 \times 10^{-3}} \cdot 1.85 \times 10^3 \cong 1.238 \times 10^{29} \text{ [m}^{-3}\text{]}$$

ベリリウムのマクロ断面積は，

$$\Sigma = 6.15 \times 10^{-28} \cdot 1.238 \times 10^{29} \cong 76.128 \text{ [m}^{-1}\text{]}$$

1秒間あたり20 [m³] 中で 8×10^{12} の核反応が生じているのだから，単位体積

中では $4\times10^{11}\,[\mathrm{m^{-3}\cdot s^{-1}}]$ と見積もられる．したがって，中性子フルエンス率は

$$\dot{\Phi}=nv=\frac{4\times10^{11}}{76.128}\cong 5.254\times10^9\ [\mathrm{m^{-2}\cdot s^{-1}}]$$

$$\therefore\ n=\frac{5.254\times10^9}{2200}\cong 2.388\times10^6\ [\mathrm{m^{-3}}]$$

20 [m³] の容積中では，

$$2.388\times10^6\cdot 20=4.777\times10^7$$

付　録

《付録1》放射線と放射能の単位

放射線の単位	照射線量	クーロン/キログラム C/kg	レントゲン（R）
	吸収線量	グレイ Gy	ラド（rad）
	線量当量	シーベルト Sv	レム（rem）
放射能の単位	放　射　能	ベクレル Bq	キュリー（Ci）
		37 GBq	1 Ci
		37 MBq	1 mCi

《付録2》単位の接頭語

E	エクサ	exa	10^{18}
P	ペタ	peta	10^{15}
T	テラ	tera	10^{12}
G	ギガ	giga	10^{9}
M	メガ	mega	10^{6}
k	キロ	kilo	10^{3}
m	ミリ	mili	10^{-3}
μ	マイクロ	micro	10^{-6}
n	ナノ	nano	10^{-9}
p	ピコ	pico	10^{-12}
f	フェムト	femto	10^{-15}

《付録3》物理定数

原子質量単位	$1\,\mathrm{amu} = 1\,\mathrm{u} = 1.660540 \times 10^{-27}\,\mathrm{kg}$
電気素量	$e = 1.602177 \times 10^{-19}\,\mathrm{C}$
光速度	$c = 2.997924 \times 10^{8}\,\mathrm{m/s}$
電子質量	$m_\mathrm{e} = 9.109389 \times 10^{-31}\,\mathrm{kg}$
陽子質量	$m_\mathrm{p} = 1.672623 \times 10^{-27}\,\mathrm{kg}$
中性子質量	$m_\mathrm{n} = 1.674928 \times 10^{-27}\,\mathrm{kg}$
電子の比電荷	$e/m = 1.758819 \times 10^{11}\,\mathrm{C/kg}$
ボルツマン定数	$k = 1.380658 \times 10^{-23}\,\mathrm{J/K}$
アボガドロ数	$N_\mathrm{A} = 6.022136 \times 10^{23}\,/\mathrm{mol}$
プランク定数	$h = 6.626075 \times 10^{-34}\,\mathrm{J \cdot s}$
リードベリー定数	$R = 1.097373 \times 10^{7}\,/\mathrm{m}$
ファラデー定数	$F = 9.648530 \times 10^{4}\,\mathrm{C/mol}$

$1\,\mathrm{m} = 10^{2}\,\mathrm{cm} = 10^{3}\,\mathrm{mm} = 10^{10}\,\mathrm{\AA}$

$1\,\mathrm{\AA} = 10^{-8}\,\mathrm{cm} = 10^{-10}\,\mathrm{m} = 0.1\,\mathrm{nm}$

$1\,\mathrm{J} = 10^{7}\,\mathrm{erg}$

$1\,\mathrm{eV} = 1.602 \times 10^{-19}\,\mathrm{J}$

$1\,\mathrm{T} = 1\,\mathrm{Wb/m^{2}} = 10^{4}\,$ガウス

$1\,\mathrm{u} = 931.478\,\mathrm{MeV}$

$1\,$年$= 365.2\,$日$= 3.156 \times 10^{7}\,\mathrm{s}$

$\log xy = \log x + \log y$　　$\log_e e = 1$　　$\log_e x = \ln x$

$\log \dfrac{x}{y} = \log x - \log y$　　$\log_e e^x = x$　　$\log_e 2 = 0.693$

$\log x^n = n \log x$　　$\log_e a = 2.303 \log_{10} a$　　$\log_e 10 = 2.301$

$\log_a x = \dfrac{\log_c x}{\log_c a}$　　$\log_{10} e = 0.434 \log_e a$　　$\log_{10} e = 0.4343$

付　録

《付録4》 主要な公式

1. 電磁波

    1.1　電磁波の波長と速度　　$\lambda \nu = c$

    1.2　光速，誘電率，透磁率　$c = \dfrac{1}{\sqrt{\varepsilon_0 \cdot \mu_0}}$

2. 電子

    2.1　エネルギー　　　　$1\,\mathrm{eV} = 1.602 \times 10^{-19}\;[\mathrm{J}]$

    　　　　　　　　　　　　$1\,\mathrm{eV} = 1.602 \times 10^{-12}\;[\mathrm{erg}]$

    2.2　静止質量　　　　　$m_0 = 9.1 \times 10^{-31}\;[\mathrm{kg}]$

    2.3　比電荷　　　　　　$\dfrac{e}{m} = 1.7825 \times 10^{11}\;[\mathrm{C/kg}]$

    2.4　運動エネルギー　　$\mathrm{eV} = \dfrac{1}{2} m v^2$

    2.5　速度　　　　　　　$v = \sqrt{\dfrac{2eV}{m}}$

3. 電界中の電子の運動は放物運動，電界の外では等速度運動

    3.1　電界の強さ　　　　$E = \dfrac{V}{d}$

    3.2　電界から受ける力　$F = eE$

    3.3　電子の加速度　　　$a = \dfrac{eE}{m}\;[\mathrm{m/s^2}]$

4. 磁界中の電子の運動は磁界に垂直な面で等速円運動

    4.1　電子が磁界から受ける力　　$F = Bev$
    　　　ローレンツ力

    4.2　円運動の半径　　　　　　　$r = \dfrac{mv}{eB}$

4.3 向心力 $\dfrac{mv^2}{r} = Bev$

4.4 磁界内で電子の速さは一定

4.5 円運動の周期 $T = 2\pi \cdot \dfrac{m}{eB}$

　　サイクロトロン運動　　f_c（サイクロトロン角周波数）

4.6 磁界に平行な方向の運動は等速度運動

5. 光子

　5.1 光子エネルギー　$E = h\nu$

　5.2 光子の運動量　$p = \dfrac{h\nu}{c} = \dfrac{h}{\lambda}$

　5.3 光子の有効質量　$m = \dfrac{h\nu}{c^2}$

6. X線

　6.1 X線の最短波長　$\lambda_{\min} = \dfrac{12.4}{V\,[\mathrm{kV}]}\,\text{Å} = \dfrac{1.24}{V\,[\mathrm{kV}]}\,\mathrm{nm}$

　6.2 ブラッグの反射式　$n\lambda = 2d\sin\theta$

　6.3 X線束の減弱　$I = I_0 e^{-\mu x}$

　　　　　　　　　　　$\mu X = 0.693$

　　　　　　　　　　　$I = I_0 \left(\dfrac{1}{2}\right)^{\frac{x}{X}}$

7. 原子

　7.1 アボガドロ数　$N_A = 6.0221 \times 10^{23}\,[\text{個/mol}]$

　7.2 1ファラデー　$F = 96500\,[\mathrm{C}]$

　7.3 原子質量単位　$1\,\mathrm{u} = 1.6605 \times 10^{-27}\,[\mathrm{kg}]$

　7.4 ボーア半径　$r_0 = 5.29177 \times 10^{-11}\,[\mathrm{m}]$

8. 原子構造

   8.1 水素原子のスペクトル系列 $\dfrac{1}{\lambda}=R\left(\dfrac{1}{n^2}-\dfrac{1}{m^2}\right)$

   8.2 軌道電子に働く力 $\dfrac{e^2}{r^2}=\dfrac{mv^2}{r}$

   8.3 量子条件 $mvr=\dfrac{nh}{2\pi}$

   8.4 電子の軌道半径 $r=\dfrac{n^2h^2}{4\pi^2me^2}$

   8.5 電子の全エネルギー $E=-\dfrac{2\pi^2me^4}{n^2h^2}$

   8.6 電子の速度 $v=\dfrac{2\pi e^2}{nh}$

   8.7 電子の角速度 $\omega=\dfrac{8\pi^3me^4}{n^3h^3}$

   8.8 電子の周期 $T=\dfrac{n^3h^3}{4\pi^2me^4}$

9. 原子核

   9.1 α 壊変 ${}^A_Z X \longrightarrow {}^{A-4}_{Z-2} Y + {}^4_2\alpha$

   9.2 β 壊変 ${}^A_Z X \longrightarrow {}^A_{Z+1} Y + e^- + \bar{\nu}$

                         ${}^A_Z X \longrightarrow {}^A_{Z-1} Y + e^+ + \nu$

                         ${}^A_Z X + e^- \longrightarrow {}^A_{Z-1} Y + \nu$

10. 崩壊定数と半減期

   10.1 $\dfrac{dN}{dt}=-\lambda N$

   10.2 $N=N_0 e^{-\lambda t}$

          $\lambda T=0.693$

          $N=N_0 \left(\dfrac{1}{2}\right)^{\frac{t}{T}}$

10.3 $\quad \log_e N = \log_e N_0 - \lambda t$

11. 元素の人工変換

11.1 $\quad {}^{27}_{13}\mathrm{Al} + \alpha \longrightarrow {}^{30}_{15}\mathrm{P} + {}^{1}_{0}n \qquad {}^{27}\mathrm{Al}(\alpha, n){}^{30}\mathrm{P}$

11.2 $\quad {}^{31}_{15}\mathrm{P} + {}^{1}_{0}n \longrightarrow {}^{32}_{15}\mathrm{P} + \gamma \qquad {}^{31}\mathrm{P}(n, \gamma){}^{32}\mathrm{P}$

11.3 $\quad {}^{32}_{15}\mathrm{P} \longrightarrow {}^{32}_{16}\mathrm{S} + e^{-}$

11.4 $\quad {}^{30}_{15}\mathrm{P} \longrightarrow {}^{30}_{14}\mathrm{Si} + e^{+}$

12. 質量と速度

12.1 質量とエネルギー $\quad E = mc^2$

12.2 質量の増加 $\quad m = \dfrac{m_0}{\sqrt{1 - \left(\dfrac{v}{c}\right)^2}}$

12.3 速度 $\quad v = c\sqrt{1 - \left(\dfrac{m_0}{m}\right)^2}$

$\qquad v = c\sqrt{\dfrac{m^2 c^4 - m_0^2 c^4}{m^2 c^4}}$

$\qquad v = c\sqrt{1 - \left(\dfrac{m_0 c^2}{T + m_0 c^2}\right)^2}$

全エネルギー＝運動エネルギー＋静止エネルギー

$mc^2 = T + m_0 c^2$

13. 放射能の平均値と標準偏差

13.1 和と差 $\quad (A \pm \sqrt{A}) \pm (B \pm \sqrt{B}) = (A \pm B) \pm \sqrt{A + B}$

13.2 積 $\quad (A \pm \sqrt{A})(B \pm \sqrt{B}) = AB \pm AB\sqrt{\dfrac{1}{A} + \dfrac{1}{B}}$

13.3 商 $\quad \dfrac{A \pm \sqrt{A}}{B \pm \sqrt{B}} = \dfrac{A}{B} \pm \dfrac{A}{B}\sqrt{\dfrac{1}{A} + \dfrac{1}{B}}$

《付録 5》 元素の周期律表

(アイソトープ手帳 (1979年))

I A	II A		IIIA	IVA	V A	VIA	VIIA	VIII			I B	IIB	IIIB	IVB	V B	VIB	VIIB	0
1 H 1.0079 水素																		2 He 4.00260 ヘリウム
3 Li 6.941 リチウム	4 Be 9.01218 ベリリウム												5 B 10.811 ホウ素	6 C 12.011 炭素	7 N 14.0067 窒素	8 O 15.9994 酸素	9 F 18.998403 フッ素	10 Ne 20.179 ネオン
11 Na 22.98977 ナトリウム	12 Mg 24.305 マグネシウム												13 Al 26.89154 アルミニウム	14 Si 28.0855 ケイ素	15 P 30.97376 リン	16 S 32.06 硫黄	17 Cl 35.453 塩素	18 Ar 39.948 アルゴン
19 K 39.0983 カリウム	20 Ca 40.06 カルシウム		21 Sc 44.9559 スカンジウム	22 Ti 47.84 チタン	23 V 50.9415 バナジウム	24 Cr 51.996 クロム	25 Mn 54.9380 マンガン	26 Fe 55.847 鉄	27 Co 58.9332 コバルト	28 Ni 58.69 ニッケル	29 Cu 63.546 銅	30 Zn 65.38 亜鉛	31 Ga 69.72 ガリウム	32 Ge 72.59 ゲルマニウム	33 As 74.9216 ヒ素	34 Se 78.96 セレン	35 Br 79.904 臭素	36 Kr 83.80 クリプトン
37 Rb 85.4678 ルビジウム	38 Sr 87.62 ストロンチウム		39 Y 88.9059 イットリウム	40 Zr 91.22 ジルコニウム	41 Nb 92.9064 ニオブ	42 Mo 95.94 モリブデン	43 Tc (98) テクネチウム	44 Ru 101.07 ルテニウム	45 Rh 102.9055 ロジウム	46 Pd 106.42 パラジウム	47 Ag 107.868 銀	48 Cd 112.41 カドミウム	49 In 114.82 インジウム	50 Sn 118.69 スズ	51 Sb 121.75 アンチモン	52 Te 127.60 テルル	53 I 126.9045 ヨウ素	54 Xe 131.29 キセノン
55 Cs 132.9054 セシウム	56 Ba 137.33 バリウム		57～71 ランタノイド元素	72 Hf 178.49 ハフニウム	73 Ta 180.9479 タンタル	74 W 183.85 タングステン	75 Re 186.207 レニウム	76 Os 190.2 オスミウム	77 Ir 192.22 イリジウム	78 Pt 195.07 白金	79 Au 196.9665 金	80 Hg 200.59 水銀	81 Tl 204.383 タリウム	82 Pb 207.2 鉛	83 Bi 208.9804 ビスマス	84 Po (209) ポロニウム	85 At (210) アスタチン	86 Rn (222) ラドン
87 Fr (223) フランシウム	88 Ra 226.0254 ラジウム		89～103 アクチノイド元素	104 Rf (261) ラザホージウム	105 Db (262) ドブニウム	106 Sg (263) シーボーギウム	107 Bh (264) ボーリウム	108 Hs (269) ハッシウム	109 Mt (268) マイトネリウム	110 Ds (269) ダームスタチウム	111 Uuu (272) ウンウンウニウム	112 Uub (277) ウンウンビウム		114 Uuq (289) ウンウンクアジウム		116 Uuh (292) ウンウンヘキシウム		

ランタノイド元素	57 La 138.9055 ランタン	58 Ce 140.12 セリウム	59 Pr 140.9077 プラセオジム	60 Nd 144.24 ネオジム	61 Pm (145) プロメチウム	62 Sm 150.36 サマリウム	63 Eu 151.96 ユウロピウム	64 Gd 157.25 ガドリニウム	65 Tb 158.9254 テルビウム	66 Dy 162.50 ジスプロシウム	67 Ho 164.9304 ホルミウム	68 Er 167.26 エルビウム	69 Tm 168.9342 ツリウム	70 Yb 173.04 イッテルビウム	71 Lu 174.967 ルテチウム
アクチノイド元素	89 Ac 227.0278 アクチニウム	90 Th 232.0381 トリウム	91 Pa 231.0359 プロトアクチニウム	92 U 238.0289 ウラン	93 Np 237.0482 ネプツニウム	94 Pu (244) プルトニウム	95 Am (243) アメリシウム	96 Cm (247) キュリウム	97 Bk (247) バークリウム	98 Cf (251) カリホルニウム	99 Es (252) アインスタイニウム	100 Fm (257) フェルミウム	101 Md (258) メンデレビウム	102 No (259) ノーベリウム	103 Lr (260) ローレンシウム

備考：イタリック体は遷移金属元素。元素記号の上の数字は原子番号、下の数字は原子量 (1979年) をそれぞれ示す。本表の原子量は、地球上に自然に存在する元素ならびにいくつかの人工放射性元素に適用される。値の信頼度は、最後の桁の±1、小活字の場合は ±3 である。( ) を付した数字は半減期の最も長い同位体の質量数である。

族に付した A, B は遷移元素とそれ以外のものとを区別するための記号で、従来の a, b 由族を表すものとは無関係である。

索　　引

[あ]

アクチニウム系列 ……………………51
アボガドロの法則 ……………………39
α 壊変 ……………………………………51
α 線 ………………………………………50
α 崩壊 …………………………………196
アルミニウム板 ………………………155

[い]

イオン対 ………………………………250
位置エネルギー ………………………43
陰電子 …………………………………140

[う]

ウラニウム系列 ………………………51
運動エネルギー ………………………43
運動量 ……………………………………14
運動量保存則 ……………106, 117, 133

[え]

永続平衡 ………………………………222
X 線束 ……………………………………94
エネルギー損失 ………………………254
エネルギーフルエンス ………………60
エネルギー保存則 …………117, 133
円運動 ……………………………………9
遠心力 ……………………………………8

[お]

オージェ効果 …………………………100
親核種 …………………………………196

[か]

ガイガー-ヌッタル …………………196
核異性体転移 …………………………199
角運動量 …………………………………43
殻構造 ……………………………………84
核子 ………………………………………49
核反応式 …………………………………51
核分裂 ……………………………………53
核融合 ……………………………………53
核融合反応 ………………………………53
核力 ………………………………………52
加速度 ……………………………………4
荷電粒子 …………………………3, 5, 245
過渡平衡 ………………………………222
干渉性散乱 ………………………………89
完全弾性衝突 …………………………280
管電圧 ……………………………………77
管電流 ……………………………………79
γ 壊変 ……………………………………51
γ 線 ………………………………………50
γ 線放射 ………………………………199

[き]

軌道電子 …………………………………43
吸収端 …………………………………101

318

索　　引

求心加速度 …………………5
鏡像核 ………………………50
共鳴吸収 ……………………292
共鳴中性子 …………………53

[く]

空気衝突カーマ率定数 ……199
クーロン力 …………………52
クライン–仁科 ……………115
クラマース …………………81

[け]

K 吸収端 ……………………70
蛍光収率 ……………………100
結合エネルギー ……………52
原子価 ………………………38
原子核 …………………38, 49
原子質量単位 ………………39
原子阻止能 …………………244
原子断面積 …………………62
原子番号 ……………………49
原子番号 Z …………………76
原子密度 ……………………61
減弱係数 ……………………147
原子量 ………………………38

[こ]

格子定数 ……………………91
高速中性子 …………………53
光速度 ………………………17
光電吸収 ……………………100
光電子 ………………………100
古典散乱 ……………………116
古典電子半径 ………………90
コンプトン …………………114
コンプトンシフト …………114
コンプトン波長 ……………16

[さ]

サイクロトロン角周波数 …7
歳差運動 ……………………43
最大飛程 ……………………257
最短波長 ……………………78
三対子生成 …………………140
散乱角 ………………………114

[し]

ジェネレーター ……………227
磁界 …………………………3
磁気量子数 …………………43
仕事 …………………………2
仕事関数 ……………………107
指数関数 ………………148, 177
磁束密度 ……………………5
実効原子番号 ………………63
質量エネルギー転移係数 …150, 159
質量欠損 ……………………52
質量減弱係数 …………147, 245
質量衝突阻止能 ……………253
質量数 ………………………49
質量阻止能 …………………244
質量とエネルギー …………27
遮へい定数 …………………77
重荷電粒子 …………………276
周期 …………………………5
自由電子 ………………89, 115
周波数 ………………………15
主量子数 ……………………77
硝酸銀 ………………………39
照射線量率 …………………158
衝突阻止能 …………………279
常用対数 ……………………158
振動数 ……………………14, 15
振動数条件 …………………44

319

[す]

水素原子 ……………………… 42
スターク効果 ………………… 43
ストーム ……………………… 77
スペクトル系列 ……………… 42

[せ]

静止質量 ……………………… 14
制動 X 線 …………………… 78
制動放射 ……………………… 254
ゼーマン効果 ………………… 43
赤外線 ………………………… 19
遷移 …………………………… 77
線減弱係数 …………………… 147
線阻止能 ……………………… 244
選択律 ………………………… 84

[そ]

速度 …………………………… 3
束縛エネルギー ……………… 102
阻止能 ………………………… 244
存在比 ………………………… 188

[た]

W 値 ………………………… 247
弾性散乱 ……………… 53, 277, 293
断面積 ………………………… 62

[ち]

チェレンコフ光 ……………… 255
逐次崩壊 ……………………… 221
中性子 ………………… 52, 292
中性子数 ……………………… 49
中性子フルエンス …………… 295
中性微子 ……………………… 198

[て]

DEXA ………………………… 92
デュエン-ハント ……………… 78
電圧 …………………………… 9
電荷 …………………………… 2
電界 …………………………… 2
電気化学当量 ………………… 38
電気素量 …………………… 2, 43
電気分解 ……………………… 38
電子 …………………………… 2
電子質量 ……………………… 43
電子線 ………………………… 15
電子断面積 …………………… 62
電子対生成 …………………… 140
電子対生成断面積 …………… 140
電磁波 ………………………… 13
電子捕獲 …………………… 51, 197
電子ボルト …………………… 2
電子密度 ……………………… 61
伝播速度 ……………………… 13

[と]

同位元素 ……………………… 49
同位体 ………………………… 49
透過率 ………………………… 155
同重体 ………………………… 49
同重体放物線 ………………… 198
同重同位体 …………………… 50
透磁率 ………………………… 19
等速円運動 …………………… 5
等速度運動 …………………… 6
同中性子体 …………………… 50
銅板 …………………………… 155
同余体 ………………………… 50
特性 X 線 …………………… 76
特性線 ………………………… 44
トムソン ……………………… 101

索　引

トリウム系列 ……………………… 51
トンネル効果 ……………………… 196

[ね]

熱中性子 …………………………… 53
ネプツニウム系列 ………………… 51

[は]

パッシェン系列 …………………… 42
発生効率 …………………………… 79
バルマー系列 ……………………… 42
半価層 ……………………………… 149
半減期 ……………………………… 177
反跳運動量 ………………………… 103
反跳角 …………………… 115, 293, 294
反跳電子 …………………………… 114

[ひ]

非干渉性散乱 ……………………… 114
非弾性散乱 ………………………… 53
ピッチ ……………………………… 6
飛程 ………………………………… 256
比電荷 ……………………………… 7, 8
比電離能 …………………………… 245
微分断面積 ………………………… 90
比放射能 …………………………… 178
標準状態 …………………………… 183

[ふ]

副殻 ………………………………… 84
複合核 ……………………………… 292
物質波 ……………………………… 15
ブラケット系列 …………………… 42
ブラッグ …………………………… 89
ブラッグ曲線 ……………………… 249
プランク定数 ……………… 15, 16, 43
分岐崩壊 …………………………… 177
分極効果 …………………………… 253

プント系列 ………………………… 42

[へ]

平均自由行程 ……………………… 294
平均寿命 …………………………… 176
平均飛程 …………………………… 278
β 線 ……………………………… 50
β^+ 壊変 ………………………… 51
β 崩壊 ………………………… 197
β^- 壊変 ………………………… 51

[ほ]

崩壊エネルギー …………………… 198
崩壊曲線 …………………………… 184
崩壊図 ……………………………… 205
崩壊定数 …………………………… 176
放射性崩壊 ………………………… 176
放射阻止能 ………………………… 254
放射長 ……………………………… 254
放射能 ……………………………… 178
放射平衡 …………………………… 221
放物運動 …………………………… 5
放物線 ……………………………… 198
ボーア半径 ………………………… 39
捕獲 γ 線 ……………………… 292
捕獲断面積 ………………………… 292
捕獲反応 …………………………… 53, 292
補正項 ……………………………… 253
ポテンシャル障壁 ………………… 201

[ま]

マイケルソン・モーレーの実験 …… 26
マクロ断面積 ……………………… 294
マックスウェル …………………… 19

[み]

ミクロ断面積 ……………………… 294
密度効果 …………………………… 253

321

索　引

ミルキング …………………… 228

[む]

無担体 ………………………… 183

[め]

面密度 ………………………… 95

[も]

モーズレー …………………… 76

[ゆ]

有効質量 ………………… 14, 16

[よ]

陽子 …………………………… 10
陽子数 ………………………… 49
陽電子 ………………………… 140
横波 …………………………… 93

[ら]

ライマン系列 ………………… 42

ラザフォード ………………… 277
ラセン運動 …………………… 6

[り]

リードベリー定数 ………… 44, 77
立体角 …………………… 92, 93
粒子フルエンス ……………… 60
粒子フルエンス率 …………… 60
量子条件 ……………………… 43
量子力学 ……………………… 202
臨界エネルギー ……………… 255

[れ]

励起 …………………………… 44
励起電圧 ……………………… 77
連続エネルギー ……………… 78

[ろ]

ローレンツ変換 ……………… 26
ローレンツ力 ………………… 5

<著者紹介>

福田　覚（ふくだ　さとる）
- 1942 年　長崎県に生まれる。
- 1968 年　東京理科大学卒
- 1986 年　名古屋市立大学医学部解剖学　医学博士
- 現　在　東京大学医学部附属病院放射線科電子顕微鏡室
  文部科学技官，中央医療技術専門学校講師

前川昌之（まえかわ　まさゆき）
- 1954 年　兵庫県に生まれる。
- 1978 年　神戸医療技術専門学校卒　診療放射線技師
  第一種放射線取扱主任者　核燃料取扱主任者
- 現　在　鈴鹿医療科学大学保健衛生学部放射線技術科学科

放射線物理学演習［第2版］
― 特に計算問題を中心に ―

価格はカバーに表示してあります

2001 年 10 月 10 日　初版 第 1 刷 発行
2005 年 4 月 10 日　第二版 第 1 刷 発行
2015 年 3 月 20 日　第二版 第 3 刷 発行
2016 年 1 月 21 日　第二版 第 4 刷 発行
2017 年 8 月 10 日　第二版 第 5 刷 発行

著　者	福田　覚（ふくだ さとる）ⓒ・前川　昌之（まえかわ まさゆき）
発行人	古屋敷　信一
発行所	株式会社 医療科学社

〒 113-0033　東京都文京区本郷 3 − 11 − 9
TEL 03（3818）9821　　FAX 03（3818）9371
ホームページ　http://www.iryokagaku.co.jp

ISBN978-4-86003-472-6　　　　　（乱丁・落丁はお取り替えいたします）

本書の複製権・翻訳権・上映権・譲渡権・公衆送信権（送信可能化権を含む）は（株）医療科学社が保有します。

JCOPY ＜(社)出版者著作権管理機構　委託出版物＞

本書の無断複写は著作権法上での例外を除き，禁じられています。複写される場合は，そのつど事前に（社）出版者著作権管理機構（電話 03-3513-6969，FAX 03-3513-6979，e-mail: info@jcopy.or.jp）の許諾を得てください。

2015 年 5 月出版元の東洋書店廃業により、2016 年 1 月より刊行の上記書籍は医療科学社が発行元となります。

医療科学社の書籍案内

装いも新たに、【Base of Medical Science】シリーズ刊行！

初歩の数学演習 ─ 分数式・方程式から微分方程式まで ─
共著：小林毅範・福田 覚・本田信広
- 数学計算が不得手な人でも必要最小限の計算力が身に付く内容構成。
- 各章冒頭に要項・公式・ポイントを示し、例題は解答と説明も示した。

● A5判 318頁　● 定価（本体 2,800 円+税）
● ISBN978-4-86003-466-5

画像数学入門〔3訂版〕─ 三角関数・フーリエ変換から装置まで ─
共著：氏原真代・波田野浩・福田賢一・福田 覚
- 学生・初学者向けにフーリエ変換など応用数学の基礎を平易に解説。
- 教科書としても使いやすいように例題・練習問題を豊富に設ける。
- 3訂版では、ディジタル画像処理の初歩について詳述した。

● A5判 362頁　● 定価（本体 3,200 円+税）
● ISBN978-4-86003-467-2

放射線技師のための数学〔3訂版〕
著：福田 覚
- デルタ関数の項を追加し、最近のディジタル表示についても説明。
- 放射線技師に必要な対数計算、微分、積分等の数学を詳しく解説。
- 例題→解説→練習問題の流れで無理のない学習ができる。

● A5判 330頁　● 定価（本体 3,700 円+税）
● ISBN978-4-86003-468-9

初歩の医用工学
共著：西山 篤・大松将彦・長野宣道・加藤広宣・賈 棋・福田 覚
- 最新の診療放射線技師国家試験出題基準をもとにしたテキスト。
- 医用画像情報と診療画像機器の内容を含め系統的学習ができるよう配慮。

● A5判 310頁　● 定価（本体 3,500 円+税）
● ISBN978-4-86003-469-6

医用工学演習 ─ よくわかる電気電子の基礎知識 ─
編：西山 篤　共著：飯田孝保・高瀬勝也・福田 覚
- 医用工学の基礎となる電気・電子の知識について平易に解説。
- 独習で取り組める演習問題を数多く収録し、学習の便を図った。
- レーザーの性質や、2進法、16進法なども説明。

● A5判 268頁　● 定価（本体 2,500 円+税）
● ISBN978-4-86003-470-2

初歩の物理学
共著：尾花 寛・小林嘉雄・高橋正敏・福嶋 裕・福田 覚・本間康浩
- 文科系の学生や専門学校の学生にわかるように、編集・記述。
- 学習の単調化をなくすよう、例題・練習問題を適度に配してある。

● A5判 302頁　● 定価（本体 2,800 円+税）
● ISBN978-4-86003-471-9

放射線物理学演習〔第2版〕─ 特に計算問題を中心に ─
共著：福田 覚・前川昌之
- 最新の学生の計算力が"低下している"といわれるなか、本書は、その計算力が確実に身に付く絶好のテキスト。国家試験受験にも最適。
- 豊富な例題と詳しい解説、演習問題で構成。

● A5判 334頁　● 定価（本体 3,000 円+税）
● ISBN978-4-86003-472-6

放射線技師のための物理学〔3訂版〕
著：福田 覚
- 診療放射線技師、第1種、第2種放射線取扱主任者、X線作業主任者をめざす人のための入門書で、国家試験受験に最適の書。
- 3訂版では「中性子の測定」などの補正や例題等の充実を図った。

● A5判 330頁　● 定価（本体 3,700 円+税）
● ISBN978-4-86003-473-3

新版 わかる 音響の基礎と腹部エコーの実技
編著：菅 和雄
本書は、腹部超音波検査の教科書、実習テキストとして画像を深く理解ならびに推察できるよう画像収集までの過程である音響の基礎を充実。また、臓器別に基礎、基本走査法と超音波解剖、病態、症例を収載し、特に広い見識で画像を観察、検索する必要のために病態の解説も多くした。典型症例の供覧は経験にも値するといってよく、可能な限りを収載。参考の項では日常的に使用される略語や超音波サインについての収載を行った。

● A5判 304頁　● 定価（本体 3,500 円+税）　● ISBN978-4-86003-474-0

2015年5月出版元の東洋書店廃業により、2015年12月より刊行の上記書籍は医療科学社が発行元となります。

医療科学社
〒113-0033　東京都文京区本郷3丁目11-9
TEL 03-3818-9821　FAX 03-3818-9371　郵便振替 00170-7-656570
ホームページ http://www.iryokagaku.co.jp

本書のお求めは、もよりの書店にお申し込み下さい。
弊社へ直接お申し込みの場合は、電話、FAX、ハガキ、ホームページの注文欄でお受けします（送料300円）。